Walter Spielberger · Spezial-Panzerfahrzeuge des Deutschen Heeres

Walter Spielberger

SPEZIAL-PANZERFAHRZEUGE DES DEUTSCHEN HEERES

Maßstabskizzen: Hilary L. Doyle

Motor buch Verlag spezial

Einbandgestaltung: Sven Rauert

Bildnachweis:
Bundesarchiv/Militärarchiv (23), P. Chamberlain Collection (5), Dipl.-Ing. H. Crohn (3), Hilary L. Doyle Collection (3), Col. Robert J. Icks Collection (8), Archiv Walter J. Spielberger (192), Thyssen-Henschel (46).
Die Zusammenbauzeichnung E 100 stellte Ing. Werner Oswald zur Verfügung.
Illustrationen: Anthony J. Kaye, Patrick Loughran und Franz Gruber

Bei dem auf dem Cover abgebildeten Fahrzeug handelt es sich um den Panzerjäger Tiger (Sd.Kfz. 184), der zwar ein Sonderentwicklung darstellt, aber in die Serie überführt wurde und auf den daher nicht näher eingegangen wird. Alles über den Tiger und seine Varianten finden Sie im Band »Panzer VI Tiger und seine Abarten«, ISBN 978-3-613-03164-7.

ISBN: 978-3-613-03487-7

Spezialausgabe: 1. Auflage 2012

Sie finden uns im Internet unter www.motorbuch-verlag.de

Reproduktionen: Gold Rose Publishing Ltd., 70190 Stuttgart
Druck und Bindung: Druck- und Medienzentrum Gerlingen, 70839 Gerlingen

Printed in Germany

Inhalt

Vorwort

Im großen und ganzen hat sich bis heute die Geschichtsschreibung über die Motorisierung des deutschen Heeres vorwiegend mit den allgemein bekannten Fahrzeugen befaßt. Darüber liegen nun fast lückenlose Dokumentationen vor. Was immer wieder fehlte, war eine Zusammenfassung der am Rande liegenden Entwicklungen die, technisch zwar überaus interessant, nie richtig ins Blickfeld der Öffentlichkeit gelangten. Der vorliegende Band machte den Versuch, diese Konstruktionen vorzustellen und technisch näher zu erklären.

So wird erstmals die Geschichte der Funklenk- und Sprengpanzer eingehend beschrieben und anderes gepanzertes Pioniergerät vorgestellt. Auch bringen wir die gesamte Panzerentwicklung der Dr.-Ing. h. c. F. Porsche KG in fast allen Einzelheiten. Der Versuch, alle Produktions-Panzerfahrzeuge abzulösen, findet seinen Niederschlag in der Geschichte der »E-Baureihe«. Eine vollständige Übersicht über die Entwicklung der Selbstfahrlafetten-Artillerie und Waffenträger-Fahrzeuge schließt sich an. Schließlich werden alle bisher bekannt gewordenen Ideen, Vorschläge und Prototypen von gepanzerten Fahrzeugen, die außerhalb jeglicher Produktionsmöglichkeit entstanden, erwähnt. Die Größenskala reicht letztlich vom 370 kp wiegenden Sprengstoffträger »Goliath« bis zum 1000t Panzerprojekt der Firma Krupp. Daß immer wieder Produktionsfahrzeuge tangiert werden, die bereits in den betreffenden Spezialbänden erfaßt wurden, ist unvermeidlich und war sogar beabsichtigt. Dadurch werden wiederholt Zusammenhänge hervorgerufen und in Erinnerung gebracht. So fügt sich ein weiteres Kapitel Kraftfahrzeuggeschichte in die Gesamtdokumentation ein.

Ohne monoton werden zu wollen, erwähnen wir gerne wieder die Namen derer in diesem Vorwort, die jahrzehntelang geholfen haben, mit großem Interesse die Einzelheiten dieser Entwicklung zusammenzutragen. Col. Robert J. Icks hatte wie üblich entscheidenden Anteil. Sein vom Krieg unberührtes Archiv, hilfsbereit von ihm interessierten Forschern zur Verfügung gestellt, schuf auch bei mir wieder die Grundlage für meine spätere Arbeit. Meine jahrelange, enge Verbindung mit Hofrat Dr. F. Wiener ergab immer wieder neue Aspekte und Anregungen. Daneben denke ich an P. Chamberlain, U. Feist, Oberst a.D. Dipl.-Ing. Th. Icken, T. Jentz und A. Sohns und bedanke mich für die erfreuliche Zusammenarbeit. Hilary L. Doyle hat in gekonnter Weise wieder dazu beigetragen, der Dokumentation den schon bewährten Rahmen zu geben.

Mehr als ein anderer Band in unserer Buchreihe »Militärfahrzeuge« zeigt der vorliegende die Grenzen unserer Forschung. Es gibt vor allem bei diesen »Rand-Entwicklungen« noch zu viele weiße, unerforschte Gebiete. Hier können vielleicht nur noch die in den Archiven liegenden, bis heute noch nicht entdeckten Unterlagen Abhilfe schaffen. Trotzdem sollte es möglich sein, daß einige unserer Leser mit noch in Privatbesitz befindlichem Material helfen können. Wir nehmen ihre Hilfe dankbar an.

Walter J. Spielberger
Trieblach 9
A-9210 Pörtschach a. W.

Spezial-Panzer-Fahrzeuge

Spezialpionier-Einheiten der neu aufgestellten Panzertruppe erhielten im Rahmen der Entwicklung eine Reihe interessanter Spezialfahrzeuge. Wenn auch die Ausstattung damit nie zur Zufriedenheit aller Dienststellen abgeschlossen werden konnte, so waren doch einige dieser Entwicklungen richtungsweisend. Neben mittleren Schützenpanzern kamen vor allem die »Pionier-Kampfwagen I und II« zur Verwendung. Daneben ergaben sich Spezialfahrzeuge wie der »Ladungsträger I«, das »Hammerschlaggerät« und die »Brückenleger«-Fahrzeuge auf »Panzer I und II«. Beim »Panzer III« findet sich ein »Minenräumpanzer« und Fahrzeuge zum Befördern von Panzerschnellbrücken. Der »Panzer IV« letztlich bot einen »Infanterie-Sturm-Steg« und mehrere »Brückenleger«-Versionen. Daneben gab es noch eine Reihe interessanter Entwicklungen, auf welche nun in Einzelheiten eingegangen werden soll:

Die Panzerpioniere erhielten eine Anzahl von »Panzer I« Fahrzeugen, die mit oben offenen Aufbauten versehen waren. A und B-Fahrgestelle wurden dafür verwendet.

Die erste Ausführung des »Ladungslegers I« hatte über dem Motorraum eine Gleitrampe angebracht, auf der eine explosive Ladung ruhte. Nachdem das Fahrzeug rückwärts an das zu zerstörende Ziel herangefahren war, wurde die Ladung abgelassen und dann durch Zeitzündung angesprochen.

Die verbesserte Ausführung des »Ladungslegers I« hatte einen ausziehbaren Schwenkarm, mit dem die ıdung nach vorne oder rückwärts abgesetzt werden ınnte.

Panzer I Fahrgestelle wurden mit Brückenaufbauten versehen, um anderen Panzerfahrzeugen das Überqueren tiefer Geländeeinschnitte zu ermöglichen.

Panzer-Pioniereinheiten erhielten umgebaute »Panzerkampfwagen II« als »Pionier-Panzerwagen« zugeteilt.

Eine Schnellbrücke, welche von der Firma C. D. Magirus auf einem Panzer II Ausf. »b« aufgebaut wurde.

Eine andere Ausführung der Panzerschnellbrücke auf dem »c« Fahrgestell des Panzerkampfwagens II.

Ab 1943 erhielten Panzer-Pioniereinheiten auch umgeänderte Panzer III Fahrzeuge. Sie führten neben der normalen Pionierausrüstung ein Schnellbrückengerät zum Überwinden von Geländehindernissen.

Vom Minenräumpanzer III wurden nur Prototypen gebaut. Durch eine erhebliche Vergrößerung der Bodenfreiheit sollte ein besserer Schutz der Besatzung gegen Minenexplosionen erreicht werden.

Eine andere Lösung des Minenräumfahrzeuges versah den Panzer III mit vorgeschobenen Walzen. Auch hier blieb es bei Einzelexemplaren.

Von der Firma C. D. Magirus wurde ein Sturmbrükken-Fahrzeug geschaffen, welches auf dem Panzer IV Fahrgestell aufgesetzt war.

Später wurde der Brückenaufbau auch auf das Produktionsfahrgestell des Panzers IV aufgesetzt.

Der erste Brückenlegepanzer der Firma Krupp lief auf dem Fahrgestell des Panzers IV vom Typ »BW 40« mit einem Drehstab-Laufwerk.

Zum Überwinden von Hindernissen für die Infanterie wurde der »Infanterie-Sturmsteg« entwickelt, der von C. D. Magirus ebenfalls auf einem Panzer IV Fahrgestell gesetzt wurde.

Versuchsweise wurden Panzer IV auch mit Minenrollern versehen, eine Methode, die noch heute Verwendung findet.

Im September 1937 forderte das AHA/Ag K (In 6) von der Firma Carl F. W. Borgward in Bremen die Entwicklung eines gepanzerten Munitionsschleppers. Laut gestellter Forderung war ein Kettenfahrzeug mit einer Höchstgeschwindigkeit von 30 km/h und einer Tragfähigkeit von 500 kp verlangt. Als Zugleistung war ein Munitionsanhänger mit 500 kp Nutzlast angesetzt. Das 3,5 t schwere Fahrzeug war SmK-sicher (14,5 mm) gepanzert und hatte als Triebwerk den Borgward »6 M 2,3 RTBV« Motor mit 55 PS Leistung eingebaut. Dessen Hubraum betrug 2247 cm³. 2 Mann Besatzung waren vorgesehen. Einhundert dieser Fahrzeuge waren in Auftrag gegeben, mit einem voraussichtlichen Beginn des Massenausstoßes Ende 1940. Eine 0-Serie von 20 Stück befand sich im Truppenversuch, bei WaPrüf 6 liefen 3 dieser Fahrzeuge, 5 weitere sollten geliefert werden, davon waren 3 Stück mit genieteten Wannen versehen. Aufbauhersteller für die Wanne war die Firma Schoeller-Bleckmann in Ternitz an der Südbahn, die jedoch die für Dezember 1939/Januar 1940 vorgesehene Auslieferung der Wannen wegen Facharbeitermangel in Frage stellte. Von diesem »gepanzerten Munitionsschlepper« (VK. 302), von dem im »Panzerprogramm 41« 5035 Stück als Erstausrüstung gefordert wurden, waren Ende November 1941 zwanzig Stück abgabebereit. Ab Dezember sollte eine monatliche Fertigung von 10 bis 12 Stück einsetzen. Tatsächlich wurden im Dezember 1941 4 Stück, im Januar 1942 nochmals 4 und im Februar 2 Stück geliefert. Daraufhin wurde die Produktion zugunsten des Ladungsschleppers »RK 4« (Saurer) zurückgestellt. Die Fahrgestellnummern liefen ab 330 001. Das Fahrgestell dieser

Der von der Firma Borgward entwickelte gepanzerte Munitionsschlepper »VK. 301/302« kam nur in geringen Stückzahlen zur Truppe. Das Fahrgestell bildete jedoch die Grundlage für die spätere Entwicklung der »Ladungsträger«.

Fahrzeuge mit seinen geschmierten, gummibewehrten Gleisketten bildete später die Grundlage für die noch zu beschreibenden Ladungsträger und für eine Reihe anderer, interessanter Entwicklungen.

Das »Panzerprogramm 41« forderte ebenfalls auf der Grundlage des »VK. 302« einen leichten Panzerjäger für die Panzerjäger-Abteilungen der nicht motorisierten Infanterie- und Luftlande-Truppen. Insgesamt wurden als Erstausstattung 4714 dieser Fahrzeuge verlangt. Der Auftrag darüber erfolgte am 5. 7. 1940 durch das Waffenamt (Az. 73a/p AgK/In 6 (VIIIa) Nr. 1684/40 g). Als Entwicklungsfirmen wurden die Rheinmetall in Düsseldorf für Geschütz und Aufbau und die C. F. W. Borg-

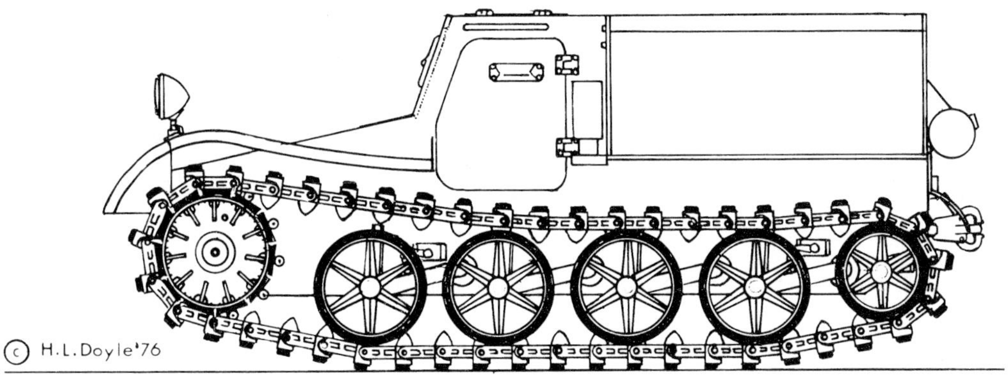

Gepanzerter Munitionsschlepper VK 301/302

Die Vorderansicht der 5 cm Pak Selbstfahrlafette zeigt die am Munitionsschlepper vorgenommenen Änderungen der Wanne.

Die Innenaufnahmen des oben offenen Kampfraumes zeigen die Einzelheiten des Waffeneinbaus und der Zieleinrichtung.

Die »5 cm Pak 38 auf gepanzertem Munitionsschlepper (Ps. Sfl Ia)« sollte in größeren Stückzahlen bei den Panzerjäger-Abteilungen der nicht motorisierten Infanterie- und Luftlandetruppen eingestellt werden.

5 cm Pak 38 auf gepanzertem Munitionsschlepper (Pz. Sfl. Ia)

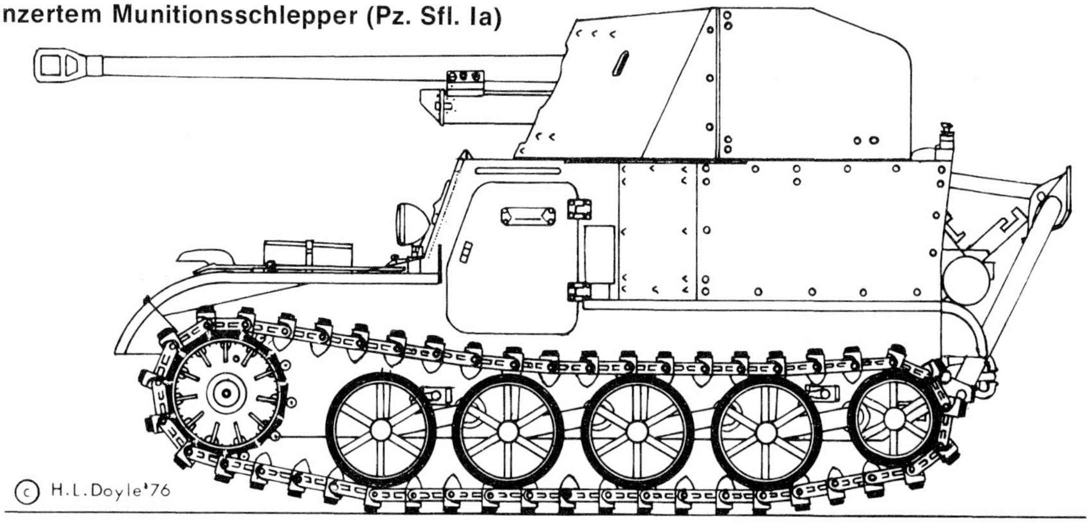

ward in Bremen für das Fahrgestell bestimmt. Die Bezeichnung des Fahrzeuges lautete »5 cm Pak 38 auf gepanzertem Munitionsschlepper (Pz. Sfl. Ia)«. Zwei Versuchsgeräte in Panzer wurden gefertigt und zum Truppenversuch nach Rußland abgestellt. Bei einem Gesamtgewicht von 4 t und 3 Mann Besatzung wurde eine 5 cm Pak 38 L/60 hinter einem Panzerschild mit Schottpanzerung geführt. Vorne betrug die Schildpanzerung 2 x 4 mm, seitlich 2 x 3 mm. Wegen der ungenügenden Leistung der Waffe, nach dem Auftreten des russischen »T 34«, wurde das Projekt nicht weiterverfolgt.

Im »Panzerprogramm 41« war das Fahrzeug auch als »VK. 302« für Gefechtsaufklärung bei Infanterieverbänden zu finden. Der Gesamtbedarf betrug 1672 Stück. Auch dieses Fahrzeug wurde nicht eingeführt.

Dasselbe Fahrgestell wurde mit Auftrag vom September 1941 für ein »Sturmgeschütz auf Selbstfahrlafette«

Die Vorderansicht zeigt die rückstoßfreie Bewaffnung mit der Marschverzurrung.

Für 1941 war diese Entwicklung seiner Zeit weit voraus, eine Lösung, die bis in die sechziger Jahre immer wieder versucht wurde.

Die Bilder zeigen die Holzattrappe des Einbaus eines rückstoßfreien 10,5 cm Leichtgeschützes 350 der Firma Rheinmetall. Oben das Geschütz in niedrigster, unten in höchster Erhöhung.

Die Rückansicht zeigt den Waffeneinbau, ein Musterstück wurde gefertigt.

Bei Kriegsende tauchten wiederholt VK. 301 und Ladungsträger Fahrgestelle mit in Gruppen zusammengefaßten 8,8 cm Raketen-Panzerbüchsen auf. Ihr Kampfwert war bescheiden.

verwendet. Als Entwicklungsfirma trat wiederum die Rheinmetall-Borsig in Düsseldorf auf. Eingebaut wurde ein rückstoßfreies 10,5 cm Leichtgeschütz 350 der Firma Rheinmetall. Das Gesamtgewicht dieser »10,5 cm LG 350 Rh Sfl« betrug bei 3 Mann Besatzung 4,3 t. Ein Holzmodell wurde gebaut, das erste Musterstück war am 1. 7. 1942 ausgeliefert. Weitere Fahrzeuge wurden nicht gefertigt.

Gegen Ende des Krieges tauchten mehrere dieser Lösungen als Panzerjagdfahrzeuge auf, die jedoch nur als Truppenbehelf an der Front erschienen. Dabei wurden in Gruppen zusammengefaßte 8,8 cm Raketen-Panzerbüchsen 54 drehbar auf dem »VK. 301« Fahrgestell untergebracht und gegen Feindpanzer eingesetzt. Diese Entwicklung lief unter der Sammelbezeichnung »Kleinpanzer-Wanze«.

Für die Spezialpioniere wurde am 19. 10. 1939 vom Oberbefehlshaber des Heeres ein »Beton-Wagen mit Räumwalzen« zum Beseitigen von Minen gefordert. Die Firma Borgward in Bremen erhielt einen ersten Auftrag am 21.11. 1939 und schuf den Typ »B I«, welcher, als Vollkettenfahrzeug ausgelegt, durch einen Borgward 4-Zylinder »4 M 1,5 R II«Vergasermotor angetrieben wurde. Das Fahrzeug hatte ein Gesamtgewicht von 1,5 t und konnte entweder von einem Mann oder mittels Fernsteuerung bedient werden. Der Aufbau bestand aus gegossenem Beton. Das Fahrzeug selbst diente als Zugmittel für einen dreiteiligen Räumwalzen-Anhänger, dessen Gewicht Minen zur Explosion bringen sollte. Zwei Geschwindigkeitsstufen von 2 bzw. 5 km/h waren vorhanden. Fünfzig Stück dieser »Minenräumwagen (Sd. Kfz. 300)«, auch als »kleiner, ferngesteuerter Minenkarren« bezeichnet, waren in Auftrag gegeben. Das erste Versuchsstück wurde am 15. 1. 1940 fertig, die Lieferung von 50 Stück, jedoch ohne Fernsteuerung war im Mai 1940 abgeschlossen (Nr. 1016/40 gK vom 31. 5. 1940). Der Einbau der Fernsteuerung erfolgte durch die Firma Hagenuk in Kiel.

Eine zweite Baureihe von Minenräumwagen wurde am 3. 4. 1940 in Auftrag gegeben. Das Gesamtgewicht dieser Borgward »B II« Fahrzeuge hatte sich auf 2,3 t erhöht. Einhundert Fahrzeuge waren bestellt. Sie waren mit dem Borgward 6-Zylinder »6 M 2,3 RTBV« Motor mit 49 PS ausgerüstet. Die Produktion dieser zweiten Serie sollte im Juli 1940 anlaufen.

Schon 1939 wurden ferngesteuerte Fahrzeuge aus Beton gefordert, um Minenfelder durch Überfahren zur Detonation zu bringen. Gleichzeitig wurden ferngesteuerte Brander gegen Stellungen verlangt. Das Bild zeigt das erste Fahrzeug dieser Entwicklung, den von Borgward geschaffenen Typ »B I«.

Unmittelbar darauf folgte der etwas größere Typ »B II«, von dem 100 Stück bestellt wurden. Eine zufriedenstellende Lösung wurde nicht gefunden.

Die Weiterentwicklung der »Sprengladungsträger« führte letztlich – unter Verwendung des Fahrgestelles des gepanzerten Munitionsschleppers VK. 302 – zur Ausführung A des schweren Ladungsträgers »B IV« der Firma Borgward.

Räumwalzen, die von einem Fahrzeug gezogen wurden, konnten sich nicht durchsetzen, da die Zugfahrzeuge selbst meistens Minen zum Opfer fielen. Daher hatte man eine Weiterentwicklung angeregt, die in einem ferngesteuerten Sprengladungsträger resultierte. Diese Entwicklung war von AHA/Ag K/In 6 gefordert worden und ein diesbezüglicher Auftrag im Oktober 1941 vom Waffenamt erteilt. Als Entwicklungsfirma wurde die Firma Borgward für den fahrzeugtechnischen Teil eingeschaltet. Für die Fernsteuerung zeichneten die Firmen Hagenuk in Kiel und Dr. Hell in Berlin verantwortlich. Die Ausführung »A« des »schweren Ladungsträgers (Sd. Kfz. 301)«, von der Firma Borgward als Typ »B IV« bezeichnet, wog 3450 kp.

Grundsätzlich konnten diese Fahrzeuge auf verschiedene Weise zum Einsatz gebracht werden. Bei Marschfahrt wurde das Fahrzeug von dem Fahrer mittels normaler Bedienungshebel gelenkt. Bei Einsatzfahrten, ohne Fahrer, wurde das Fahrzeug auf Fernlenkung umgestellt, welche durch Funk betätigt wurde.

Die geschweißte Wanne des Fahrzeuges war durch zwei Leichtmetall-Feuerwände unterteilt. Der im Heck untergebrachte Motorraum nahm, in Fahrtrichtung links gesehen, das Triebwerk auf. Ihm gegenüber war die Fernsteuerung sowie eine hydraulische Pumpe untergebracht. Am Motor angeflanscht war die Kraftübertragung, rechts daneben befand sich der Fahrersitz mit allen Bedienungshebeln. Die Wanne selbst war oben abgeschlossen, hatte jedoch mehrere Klappen, welche leichten Zugang zur Wartung einzelner Baugruppen ermöglichten. Der Fahrersitz war mit einer dreiteiligen Abdeckung versehen, welche bei Marschfahrt hochgeklappt war. Sie bildete mit ihren 8 mm starken Blechen seitlich und vorne einen gewissen Schutz für den Fahrer. Einfache Sehschlitze waren in diese Platten eingelassen. Zur Seitenpanzerung der Wanne wurden 5 mm starke Bleche verwendet, die oberhalb des Kettenlaufwerkes durch zusätzliche 8 mm Platten verstärkt waren.

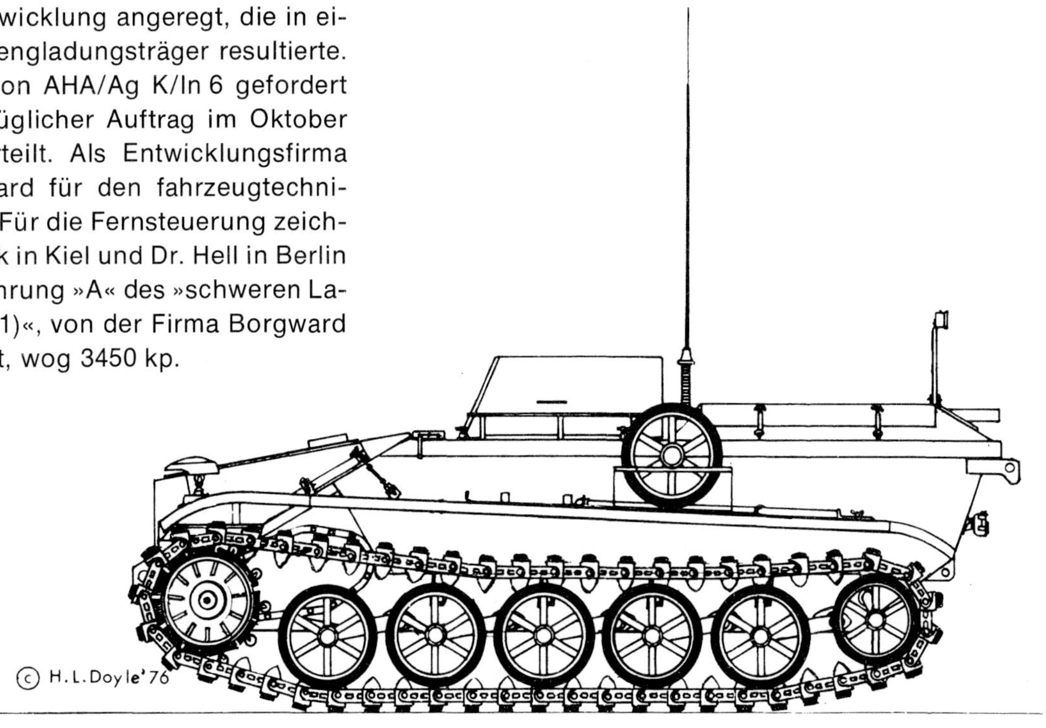

Schwerer Ladungsträger (Sd. Kfz. 301) Ausf. A »B IV«

Diese Gegenüberstellung zeigt (oben) das Fahrzeug mit aufgelasteter Sprengladung. Unten das Fahrzeug mit abgelassener Sprengladung.

Die Rückansicht des schweren Ladungsträgers »B IV« mit Blick auf den Motorraum.
▼

Das Bild zeigt Einzelheiten der abgelassenen Sprengladung.

Interne Auslegung der B-Ausführung des schweren Ladungsträgers - B IV (Sd. Kfz. 301) ▼

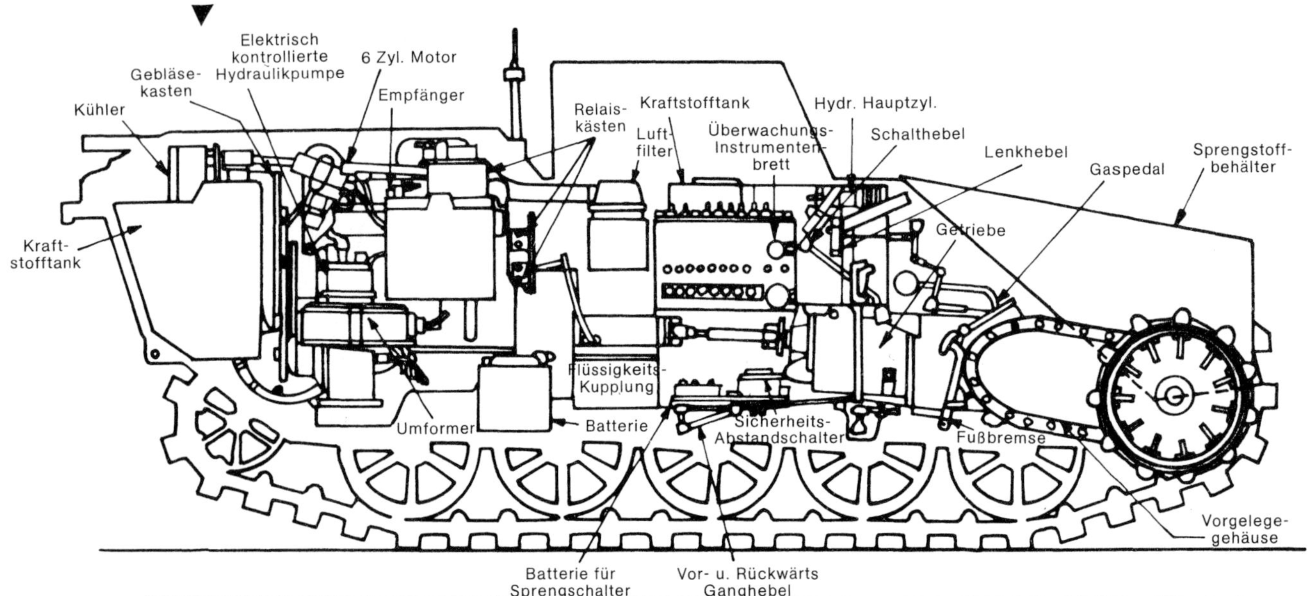

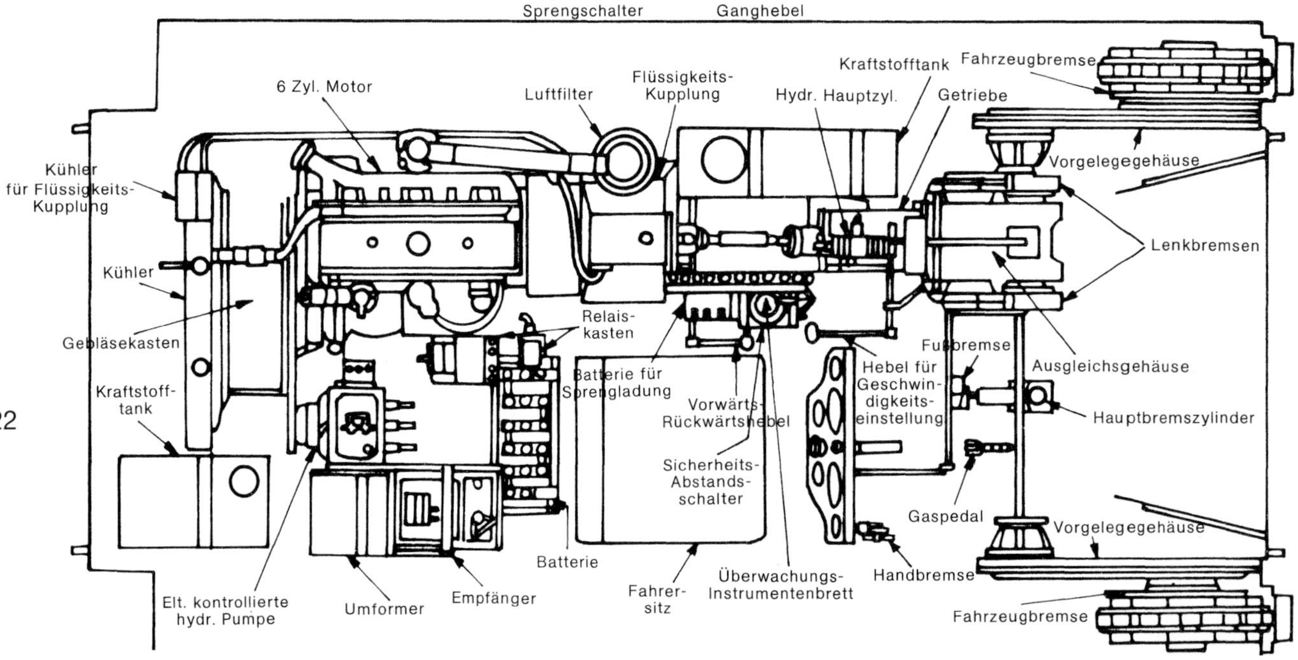

Dieselbe Doppelpanzerung wurde auch am Fahrzeugheck verwendet. Die Auflage für die Sprengladung am Vorderende des Fahrzeuges war mit 10 mm gepanzert. Die beiden Bugseiten waren zur Aufnahme des Vorgeleges vorgezogen und bildeten dadurch ebenfalls eine seitliche Führung für die keilförmige, abwerfbare Sprengladung. Außer dieser Ladung führte das Fahrzeug keine Bewaffnung mit sich. Zwei Schwingarme hielten die Sprengladung von 500 kp am Fahrzeug fest. Die Auslösung erfolgte durch Sprengnieten, entweder mechanisch oder durch Funksignal. Die Ladung rutschte dann von der 47° geneigten Rampe durch eigenes Gewicht ab. Eine Spätzündung erlaubte ein Entfernen des Ladungsträgers. Es war jedoch auch möglich, das gesamte Fahrzeug mit Sprengladung ins Ziel zu bringen. Ein Sicherheits-Abstands-Schalter ermöglichte eine Zerstörung des Fahrzeuges nach einer bestimmten Entfernung.

Zwei Kraftstoffbehälter (100 + 30 l) versorgten das Triebwerk. Der Antrieb des Fahrzeuges erfolgte durch einen Borgward 6-Zylinder »6 M 2,3 RTBV« Vergasermotor mit 49 PS Leistung. Ein Drehzahlbegrenzer war eingebaut. Am Motor war eine hydraulische Kupplung in Form eines Drehmomentwandlers angeflanscht. Über eine Gelenkwelle ging der Antrieb zum Getriebe, welches je einen Vorwärts- und Rückwärtsgang hatte. Eine Geländeuntersetzung für beide Gänge war vorhanden. Dieser Geländegang konnte jedoch nur bei Stillstand des Fahrzeuges eingelegt werden. Die Fahrtrichtung wurde normalerweise manuell durch den Fahrer mittels Schalthebel bestimmt. Bei Fernlenkung wurde der Ganghebel hydraulisch betätigt. Der Antrieb der vorne liegenden Antriebsräder ging über ein »Cletrac« Lenkgetriebe und kurze Gelenkwellen zu den Vorgelegen. Die Lenkbremsen waren als Außenbandbremsen ausgelegt. Bei Marschfahrt wurden sie mechanisch durch Lenkhebel beeinflußt, während bei Fernlenkung die Bordhydraulik diese Funktion übernahm. Den hydraulischen Druck erzeugte die bereits erwähnte, im Heck eingebaute Pumpe, die mittels eines Keilriemens von der Kurbelwelle angetrieben wurde.

Die Federung des Fahrzeuges erfolgte durch Drehstäbe. Pro Seite ergaben sich fünf gummibereifte Laufräder, die an Kurbelarmen befestigt mit den Drehstäben verbunden waren. Die Laufräder waren nicht versetzt,

Die Vergaser- und Benzinpumpenseite des Borgward 6 M 2,3 RTBV Motors.

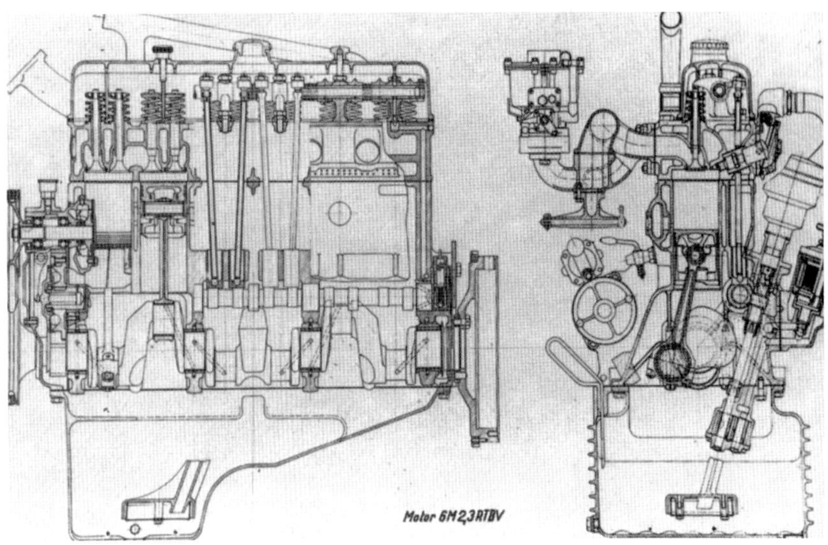

Der Längs- und Querschnitt durch diesen Motor. ▶

Das Schaltgetriebe des Fahrzeuges B IV mit angeflanschtem Lenkgetriebe und Lenkbremsen.

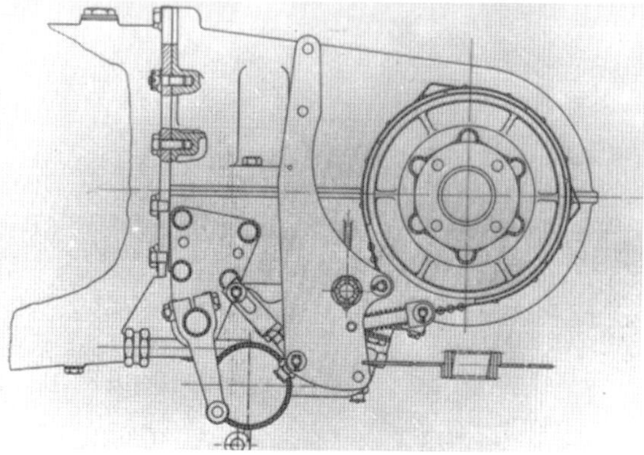

Seitenansicht und Draufsicht des Lenkgetriebes.

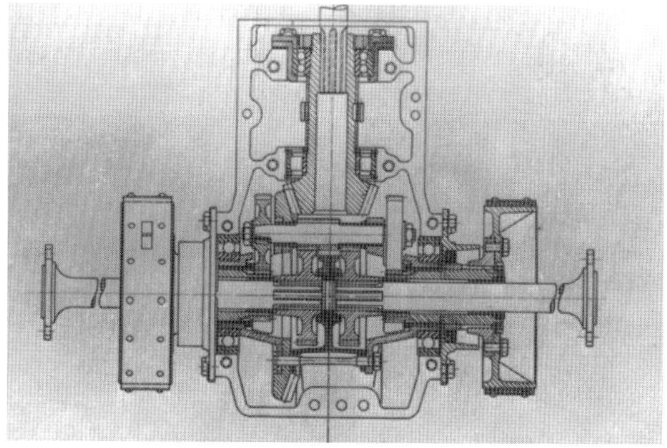

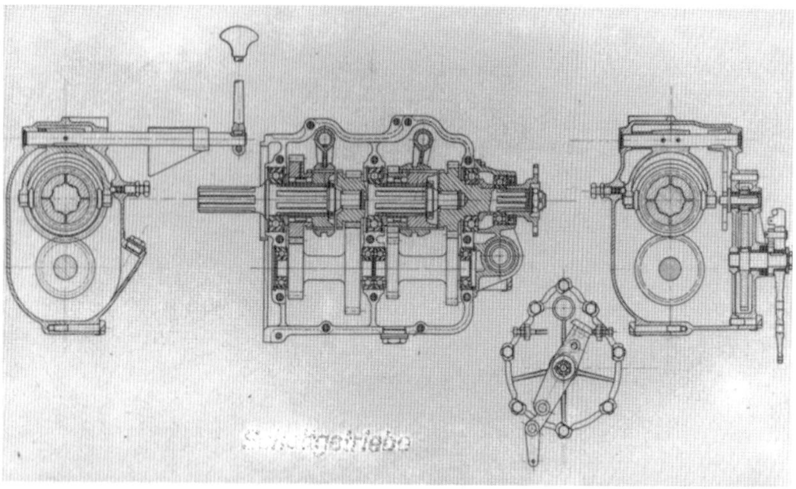

◄Die Darstellung des Schaltgetriebes.

▼Der Antrieb des vorne liegenden Antriebsrades.

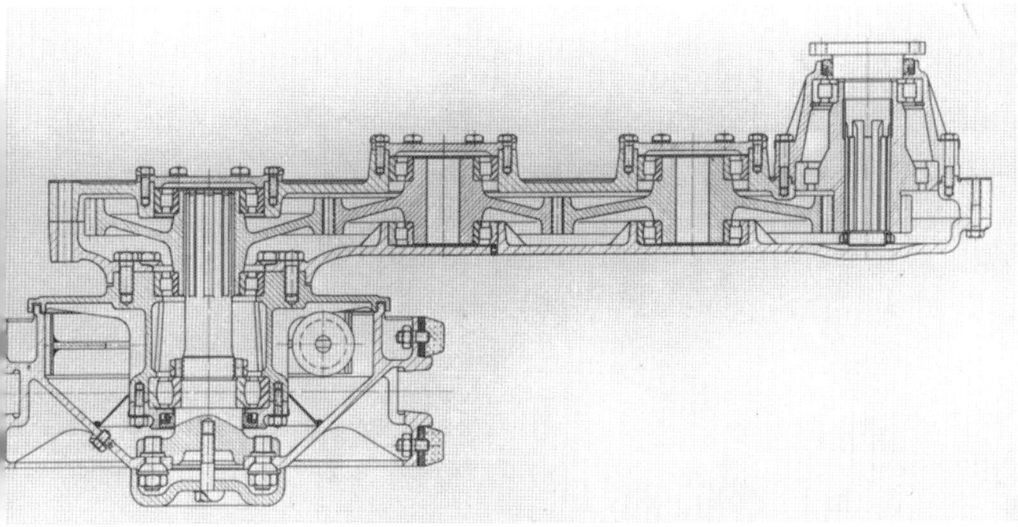

Die Zahnradübertragung zum Kettenantrieb.

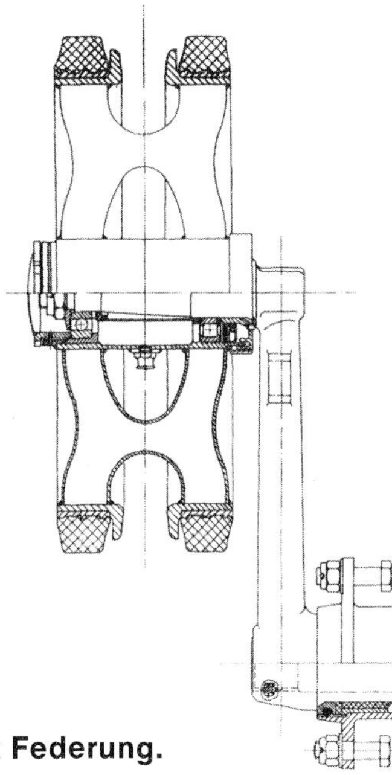

Der Schnitt durch ein Laufrad mit Federung.

Das Laufwerk mit abgenommener Kette zeigt Einzelheiten des Antriebes und der Laufrollen.

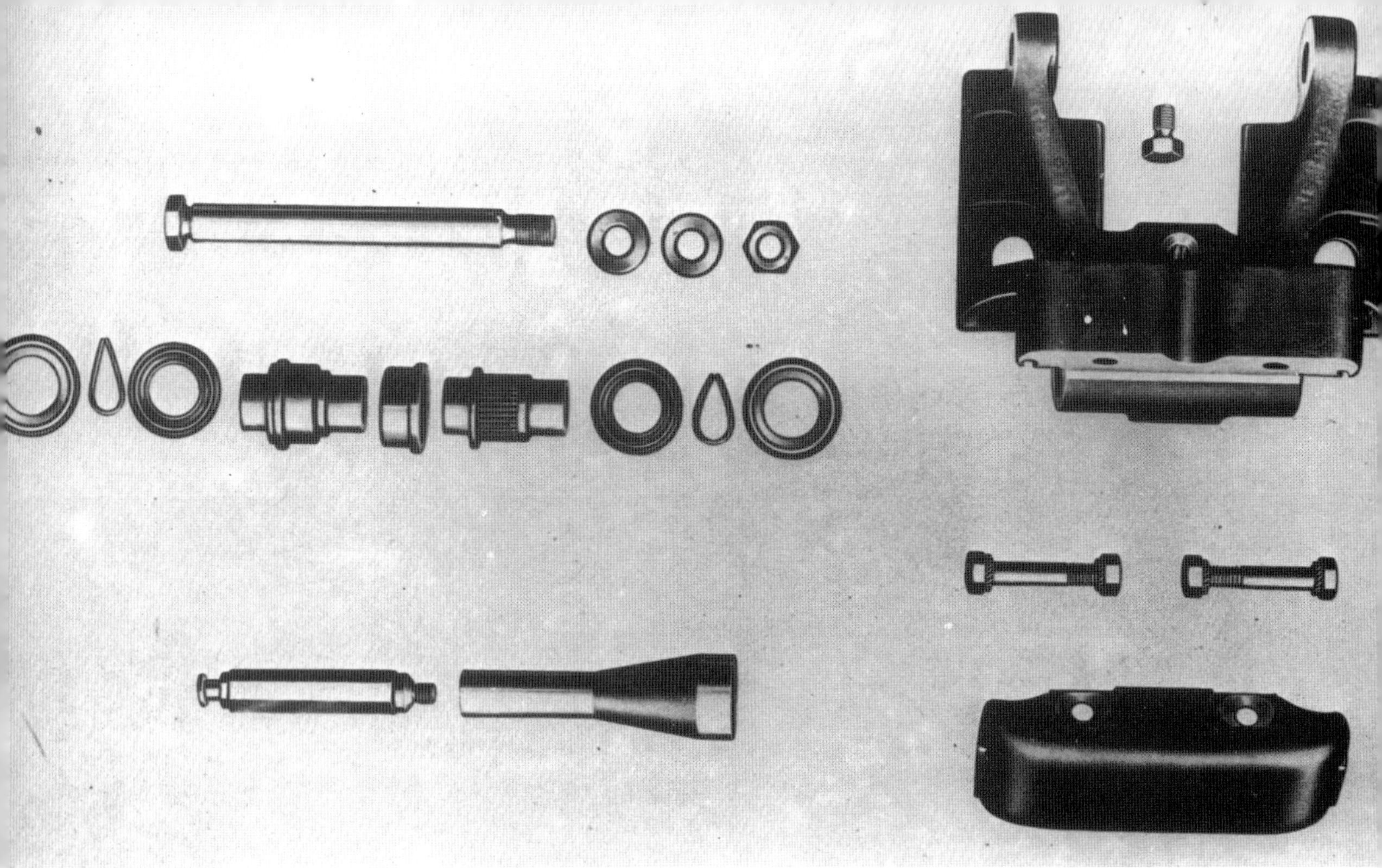

Die Einzelteile der geschmierten Kettenglieder.

◄ Die Einzelheiten des Leitrades mit Kettennachspannvorrichtung.

Eine Skizze der Kettennachstellung. ▼

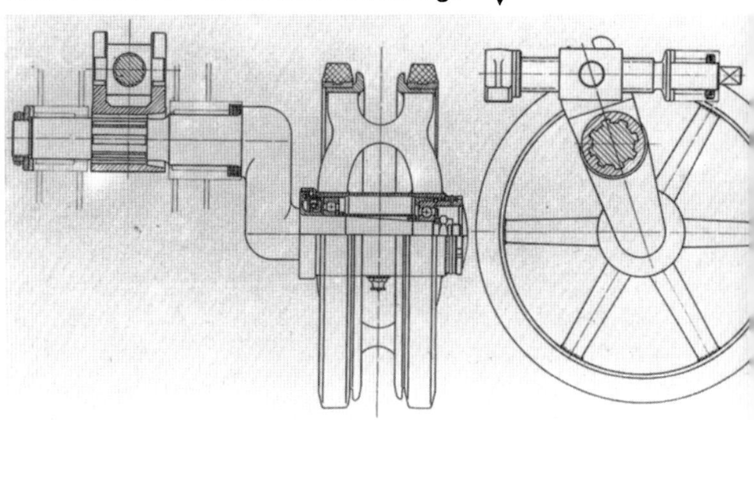

da die Drehstäbe für beide Seiten in einem gemeinsamen Rohr untergebracht und in der Mitte dieses Rohres verankert waren. Die Handbremse wirkte auf die Lenkbremse. Die hydraulische Fußbremse beeinflußte die Innenbacken innerhalb der Antriebsräder. Die gegossenen Kettenglieder folgten in ihrer Anlage denen der deutschen Halbketten-Zugkraftwagen. Geschmierte Nadellager nahmen die Kettenbolzen auf. Außen waren die Kettenglieder mit Gummipolstern versehen. 55 Kettenglieder pro Kette wurden benötigt. Die Antriebsräder waren zweiteilig ausgeführt. Beide Außenflansche waren mit einer Gummiauflage versehen.
Die hinten liegenden, gummibereiften Leiträder dienten gleichzeitig als Kettenspanner. Diese Fahrzeuge wurden ab April 1942 gebaut (Fahrgestell Nr. ab 360 001). Während die Montage bei der C. F. W. Borgward GmbH in Bremen stattfand, wurden die Wannen vom Dortmund-Hoerder Hüttenverein in Dortmund geliefert. Die Teile der Fernsteuerung beschafften die Firmen Hagenuk und Dr. Hell. Der Preis des Fahrzeuges betrug RM 28 000,–.
Das Gesamtgewicht der 1943 folgenden Ausführung »B« des »schweren Ladungsträgers (Sd. Kfz. 301)« war auf rund 4 t angestiegen. Auch kam bereits bei den letzten Lieferungen dieser Baureihe eine ungeschmierte Kette zur Verwendung. Nunmehr waren 77 Glieder für eine Kette notwendig. Ende 1943 erschien die Abschlußausführung, die Ausführung »C« des »schweren Ladungsträgers (Sd. Kfz. 301)«. Der größere Borgward »6 B 3,8« 6-Zylindermotor mit 78 PS kam zum Einbau. Das Gesamtgewicht, mit 20 mm Stirn- und Seitenpanzerung, war auf ca. 5 t angehoben.* Auch die Außen-

Das Instrumentenbrett des Fahrzeuges B IV.

Schon bei den letzten Lieferungen der B-Ausführung des schweren Ladungsträgers B IV kamen ungeschmierte Gleisketten zur Verwendung.

* mit Auftrag Nr. SS 006-5098/42 stellte ZF ein Elektrogetriebe 6 E 20 für den B IV her.

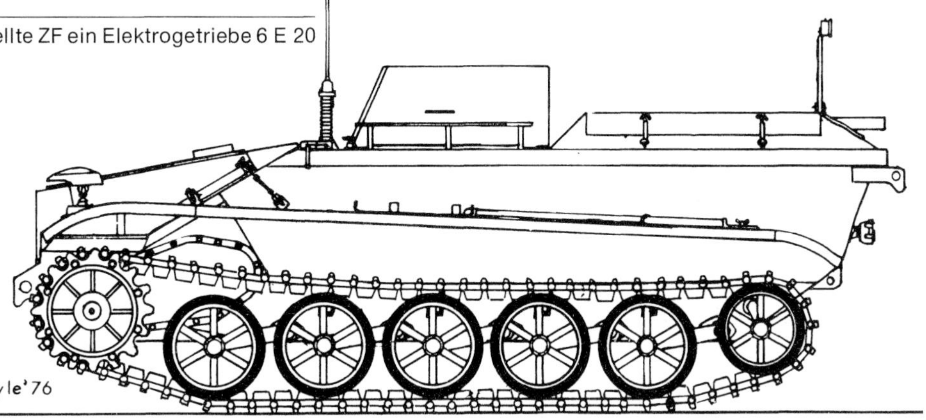

Schwerer Ladungsträger (Sd. Kfz. 301) Ausf. B »B IV«

Die Seiten-, Rückansicht und Draufsicht der Abschlußausführung des schweren Ladungsträgers B IV. Offensichtlich ist die Abdeckung der Sprengladung beschädigt, der Inhalt entfernt.

▲ Das Fahrzeug in Fahrt zeigt die Abdeckung des Fahrersitzes.

◀ Die Produktion dieser Fahrzeuge lief im Dezember 1944 aus.

Oberst Holzhäuer bei der Vorführung des Ladungsträgers B IV ▼

Das Bild vermittelt Einzelheiten der Aufhängung der Sprengladung.

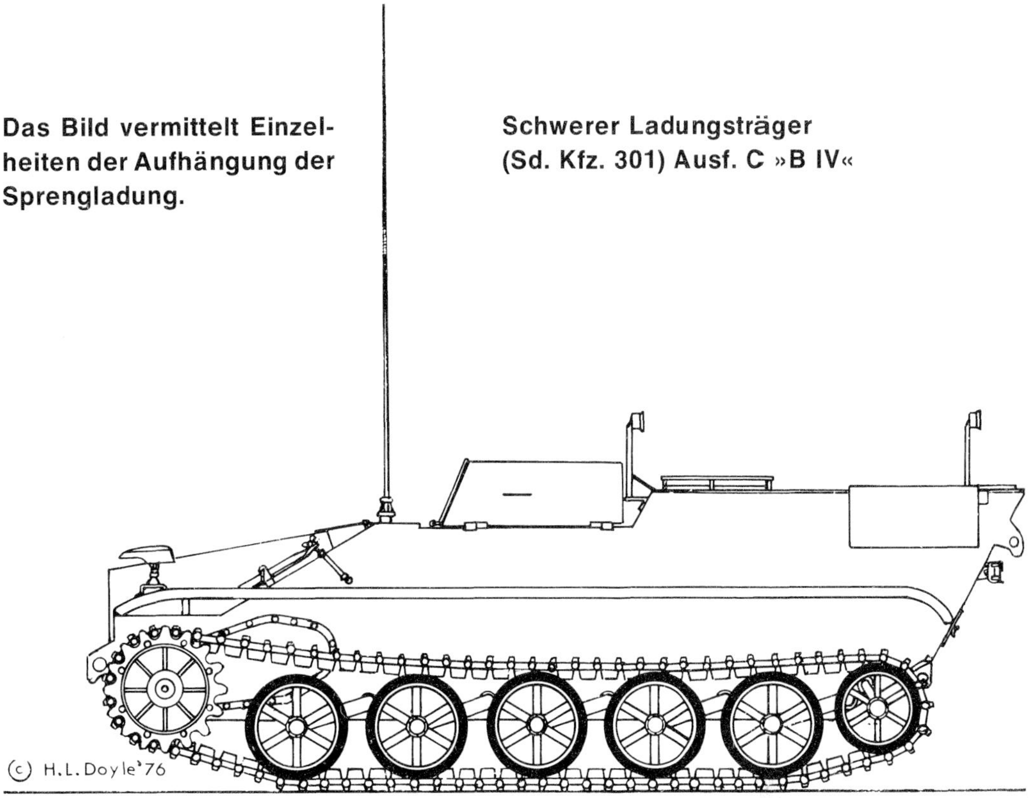

Schwerer Ladungsträger (Sd. Kfz. 301) Ausf. C »B IV«

maße hatten sich leicht verändert. Insgesamt wurden 123 l Kraftstoff mitgeführt. Die Produktion dieser Fahrzeuge lief im Dezember 1944 aus. Insgesamt waren 1193 gefertigt worden. Davon waren im Januar 1945 noch 397 Stück vorhanden.

Ende 1940 hatte das Waffenamt die Firma Borgward in Bremen beauftragt, ein Kleinst-Raupen-Fahrzeug mit zwei Anlassermotoren für etwa 50 kp Sprengladung zu entwickeln.* Die Firma Robert Bosch in Stuttgart lieferte dafür die benötigten elektrischen Startermotoren des Typs »MM/RQL 2500/24 RL 2«. Im Fahrzeug selbst, welches 370 kp wog, waren neben einer Sprengladung, die durch 5 mm Panzerbleche geschützt war, zwei Batterien (12 x 75 DIN 72311) fest eingebaut. Das Gewicht der Ladung betrug max. 60 kp. Dabei ergab sich bei einer Höchstgeschwindigkeit von 10 km/h ein Fahrbereich von ca. 1,5 km. Das Fahrzeug war drahtgesteuert und wurde bei der Detonation der Sprengladung mit vernichtet. Diese »leichten Ladungsträger (Sd. Kfz. 302) (E-Motor)« führten laut Führerbefehl vom März 1944 auch den Suggestivnamen »Goliath«. Die Auslieferung einer ersten Versuchsserie erfolgte ab April 1942.

Die ursprüngliche Ausführung des leichten Ladungsträgers (Sd. Kfz. 302) wurde durch zwei elektrische Startermotoren der Firma Bosch angetrieben. 50 kp Sprengstoff wurden mitgeführt, die Ladung konnte nicht abgesetzt werden (erstes Versuchslaufwerk).

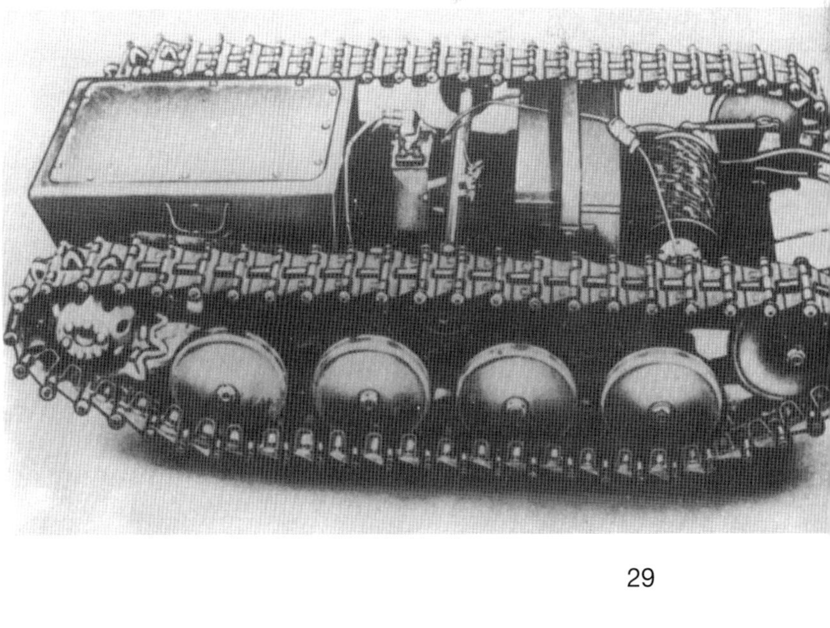

* Nachbau eines 1940 in der Seine versenkten und wieder geborgenen französischem Modells

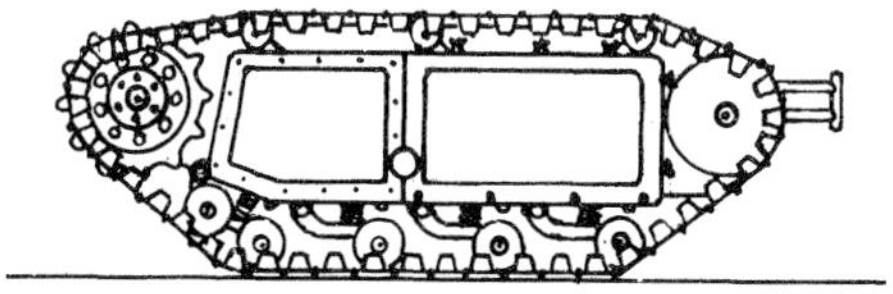

Leichter Ladungsträger (Sd. Kfz. 302) (E-Motor) »Goliath«

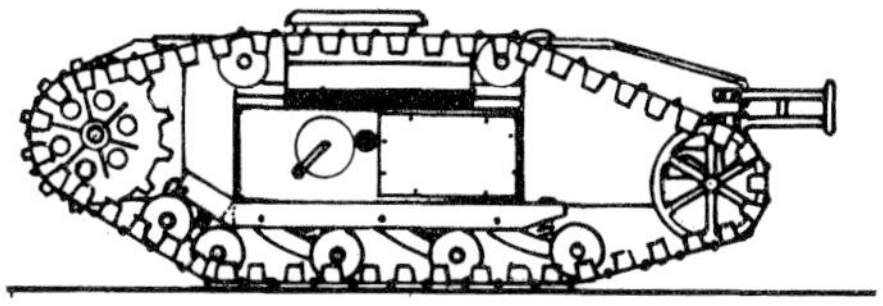

Leichter Ladungsträger (Sd. Kfz. 303) (V-Motor) »Goliath«

Die darauf folgende Ausführung (Sd. Kfz. 303) war mit einem Zündapp 2-Zylinder Zweitaktmotor versehen worden.

Das Fahrzeug kam in zwei Ausführungen. Als Ausf. a trug es eine Sprengladung von 75 kp, als Ausf. b eine solche von 100 kp.

Die geringe Höhe von nur 620 mm ist in diesem Bild gut zu erkennen.

Zum Einsatz wurden die leichten Ladungsträger durch 2-rädige Karren befördert. Die Bilder zeigen den Einsatz von »Goliath« Fahrzeugen in Warschau 1944.

Ein Massenausstoß von monatlich 100 Stück war ab Juli 1942 vorgesehen. Der Fahrzeugpreis betrug RM 3.000,00. Der geringe Fahrbereich sowie die teure Bauweise der Elektromotoren und Batterien zwang nach kurzer Zeit zur Aufgabe dieses Projektes und an seine Stelle trat das Fahrzeug »leichter Ladungsträger (Sd. Kfz. 303) (V-Motor)«. Hiervon gab es zwei Ausführungen. Die Ausführung »a« wog 365 kp, die Ausführung »b« 430 kp. Bei der Laufwerksauslegung ergaben sich zwischen dem Sd. Kfz. 302 und 303 geringfügige Unterschiede. Die Laufrollen saßen grundsätzlich an Schwingarmen, welche durch Schraubenfedern abgestützt wurden. Beim Sd. Kfz. 302 zeigten sich vier mittelgroße Laufrollen und eine zwischen Antriebsrad und erstem Laufrad eingeschobene Spannrolle. Drei Stützrollen waren vorhanden. Das Leitrad war als Vollscheibenrad ausgebildet.
Im Gegensatz dazu hatte das Sd. Kfz. 303 nur noch zwei

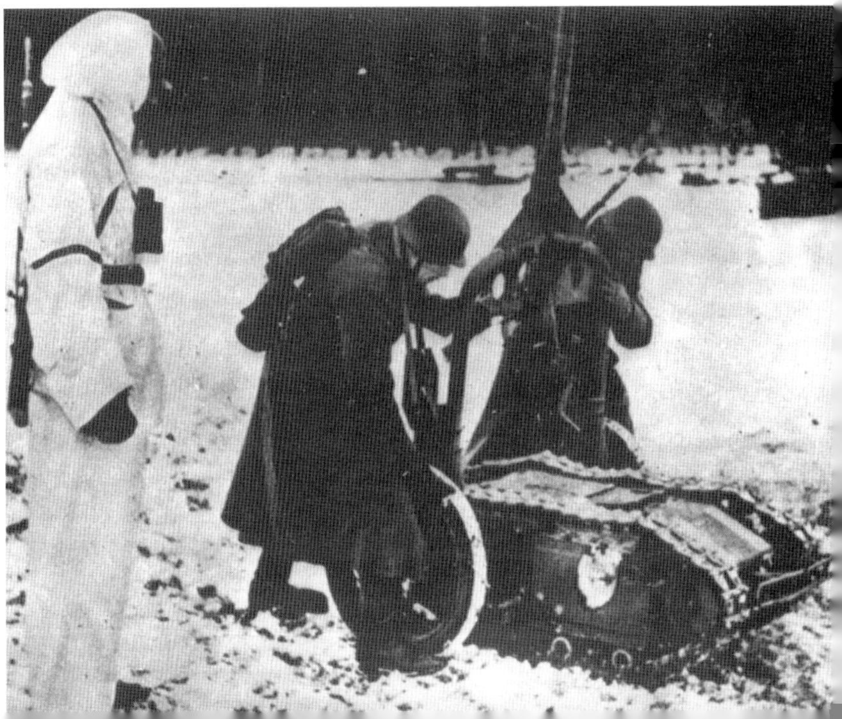

Stützrollen. Anstelle des Vollscheiben-Leitrades trat nunmehr ein Speichenrad.

Jede der beiden aus Blech hergestellten Ketten bestand aus 48 Gliedern, die durch Kettenbolzen miteinander verbunden waren. Die Leiträder waren auf verstellbaren Kurbeln gelagert, um ein Spannen der Kette zu ermöglichen.

Die Wanne war aus Blechen zusammengeschweißt. Das Dachblech der Wanne war beim Sd. Kfz. 302 gerade durchgeführt, während nach Einbau des Verbrennungsmotors beim Sd. Kfz. 303 das Wannendach mit einer überstehenden Ansaughutze versehen wurde. Seitlich in der Wanne befand sich je ein unterteilter Kasten zur Aufnahme der beiden Batterien, des Steuersatzes und des Wirbelluftfilters. Der Vorderteil der Wanne diente zur Aufnahme einer Sprengladung von 75 kp (Ausführung »b« 100 kp) und war mit 10 mm Blechen gepanzert. Im Mittelteil saß der Motor. Zum Einbau kam bei beiden Ausführungen ein Zündapp Zweitakt 2-Zylindermotor mit 703 cm³ Hubraum. Bei n = 2000 betrug dessen Leistung 7,5 PS, bei n = 4500 12,5 PS. Die Ausführung »a« erreichte eine Höchstgeschwindigkeit von 5 bzw. 10 km/h, die Ausführung »b« eine von 11,5 km/h. Der Fahrbereich betrug ca. 12 km auf der Straße. Die Drehkraft des Motors wurde durch zwei Einscheiben-Elektromagnetkupplungen über Rollenketten auf die Triebräder übertragen. Durch Betätigen des Fahrschalters und Lenkschalters am Befehlsgeber wurden die beiden Kupplungen zusammen oder einzeln ein- und ausgerückt.

Im Hinterteil des Fahrzeuges war die Kabeltrommel gelagert. Außerdem befand sich dort noch eine Trommelbremse, die verhinderte, daß der Leitungsdraht bei plötzlichem Stehenbleiben des Fahrzeuges weiter abrollte. Auch der Kraftstoffbehälter war im hinteren Teil der Wanne befestigt. Er faßte 6 Liter und war mit einem Kraftstoffhahn versehen. Kraftstoffhahn und Vergaser waren durch einen Schlauch verbunden.

Die Montage der Fahrzeuge, ebenso wie die Produktion von Fahrgestell und Panzerung wurde durch die Firmen Zündapp in Nürnberg und Zachertz in Freystadt vorgenommen. Das Monatssoll war für Ende 1944 auf 200 Stück festgelegt. Der Fahrzeugpreis belief sich auf RM 1000,–. An Rohstoffbedarf wurden 542 kp unlegiertes und 10 kp legiertes Eisen aufgewendet.

Die Produktion des Sd. Kfz. 302 war im Januar 1944 ausgelaufen, nachdem ca. 2650 dieser Fahrzeuge hergestellt wurden. Im Januar 1945 wurden noch 2527 Stück in Inventur geführt. Die Produktion des Sd. Kfz. 303 hatte man im März 1943 aufgenommen und bis 1945 fortgeführt. Produktionszahlen nach dem Februar 1945 stehen nicht mehr zur Verfügung. Bis zu diesem Zeitpunkt waren 5079 Stück gefertigt worden. Im Januar 1945 standen davon noch 3797 zur Verfügung.

Hauptsächlich wurden diese Fahrzeuge zur Beseiti-

Die ersten Prototypen des mittleren Ladungsträgers (Sd. Kfz. 304) hatten noch fünf Laufrollen pro Seite. Es wurden Fahrwerksteile des NSU Kettenkrads verwendet.

gung von Hindernissen und zur Lähmung feindlicher Stützpunkte eingesetzt. Zu ihrer Beweglichmachung war ein zweirädiger Transportkarren entwickelt worden, der für Mannschafts- und Motorzug eingerichtet war.

Die schwierige Handhabung der Fahrzeuge und ihr geringer Einsatzwert machte noch 1944 eine Neuorientierung notwendig. Beide Modelle der Ladungsträger, der unbemannte »Goliath« und der bemannte »B IV« wurden durch den »mittleren Ladungsträger (Sd. Kfz. 304) ›Springer‹« ergänzt. Bei bedeutend geringeren Außenmaßen gegenüber dem Fahrzeug »B IV« ergab sich neben der Möglichkeit, einen Fahrer einzusetzen, eine Sprengladung von 330 kp in acht Behältern. Die Ladung war nicht absetzbar.

Fahrzeugtechnisch wurden Bauteile des NSU »Kettenkrads« (Sd. Kfz. 2) verwendet. Die ersten Prototypen waren mit dem fast unveränderten Laufwerk des Kettenkrades ausgerüstet, wobei jedoch die Anzahl der Laufräder von 4 auf 5 pro Seite erhöht worden war. Der Fahrer saß bei dieser Ausführung ganz hinten, er war vorne und seitlich durch aufstellbare Bleche geschützt. Die Geländegängigkeit dieser Prototypen ließ zu wünschen übrig.

Der 2. Prototypentwurf hatte deshalb ein verlängertes Kettenlaufwerk mit 6 Laufrädern pro Seite. Die Wanne war nach hinten ausladend angelegt, um die Kühlung zu verbessern. Der etwas nach vorne verlegte Fahrersitz war nun auch nach rückwärts durch eine zweiteilige Abdeckung geschützt.

Bei den 0-Serienfahrzeugen waren zum Schutze der Flanken zusätzlich 3 mm starke Schürzen angebracht worden. Das Motorraumabdeckblech hatte man hochgezogen, um die Kühlung weiter zu verbessern. Das darauffolgende Produktionsmodell war mit wenigen Detailänderungen baugleich mit dem 0-Serienfahrzeug. Das Gesamtgewicht betrug 2,4t. Als Antriebsaggregat kam ein Opel 1,5 l 4-Zylindervergasermotor mit 38 PS Leistung zur Verwendung.* Eine Höchstgeschwindigkeit von 42 km/h war angegeben. Die Lenkung erfolgte mechanisch über einen Motorradlenker auf die Lenkbremsen der vorne liegenden Kettenantriebsräder. Für die Fernlenkung waren hydraulische Zylinder vorgesehen. Der Fahrbereich auf der Straße betrug ca. 200 km. Der Panzerschutz belief sich vorne

Mittlerer Ladungsträger (Sd. Kfz. 304) »Springer«

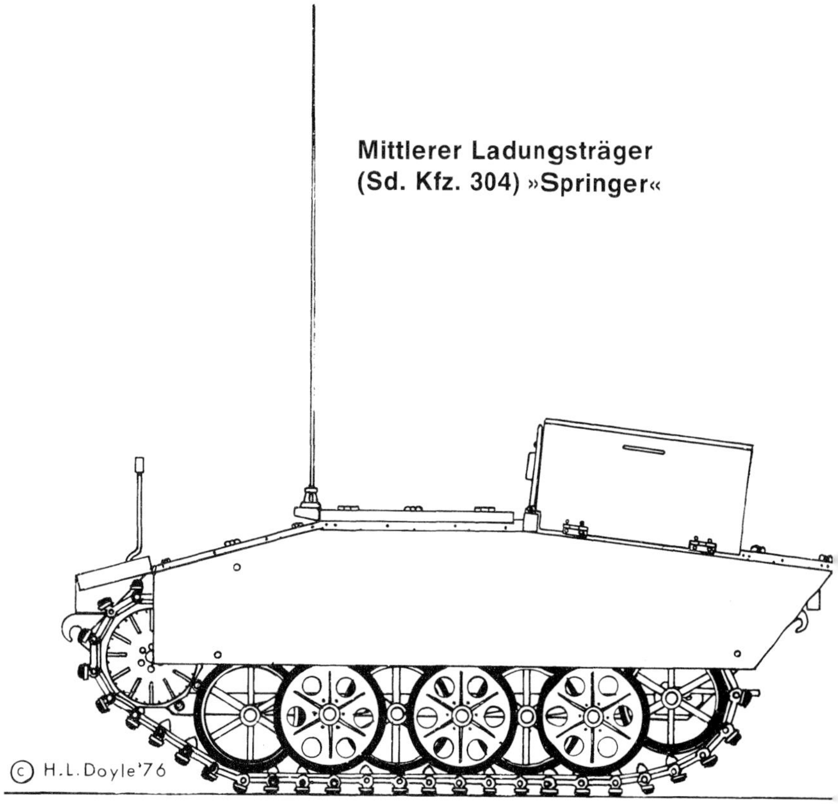

auf 10 mm, seitlich auf 5 mm.

Als Empfänger für die Fernsteuerung war ein KE 6 mit UKE 6 eingebaut.

Der Bau des Fahrgestelles sowie die Montage dieser Fahrzeuge lief bei der NSU in Neckarsulm im Oktober 1944 an. Die Wannen wurden von den Firmen Bohemia in Böhmisch-Leipa und Jessen in Hamburg-Wandsbek beigestellt. Bis März 1945 waren 25 Stück an das Waffenamt geliefert. Drei dieser Fahrzeuge wurden an Versuchseinheiten weitergeleitet. Insgesamt hatte man 50 dieser Fahrzeuge bis Kriegsende gefertigt.

Am 16. 9. 1940 erteilte das Waffenamt den Firmen Altmärkische Kettenwerk GmbH, Berlin-Spandau, und Krupp, Essen, einen Auftrag über ein maschinelles Minenräumgerät. Gefordert war das maschinelle Räumen von Minen auf Straßen und im Gelände auch während des Kampfes. Die Firma Alkett stellte ihr erstes Versuchsstück im August 1942 vor, die Firma Krupp folgte im September desselben Jahres.

Es ergab sich in seiner Auslegung ein selbstfahrendes, gepanzertes Walzenfahrzeug mit anhängbaren Walzen derart, daß eine Breite von 3 m geräumt werden konnte. Das Fahrzeug selbst sollte nicht über 2,7 m hoch, 3 m

* Mit Auftrag Nr. 006-5103/42 vom 3. 12. 1942 stellte die ZF ein Getriebe 6D 11 für den »Springer« her.

Die 0-Serienfahrzeuge erhielten ein verlängertes Laufwerk und seitliche Schürzen zur Verbesserung des Panzerschutzes.

breit und 10 m lang sein. Sein Gewicht sollte 40 t nicht überschreiten. Motor und Mannschaftsraum waren SmK-sicher gepanzert.
Der Versuch kam über die Prototypen nicht hinaus. Die Firma Krupp jedoch führte das Projekt weiter und schuf bis 1944 ein schweres Minenräumfahrzeug, genannt »Räumer-S«.
Ein Fahrzeug von gigantischen Ausmaßen, welches als Vierradfahrzeug ausgelegt war, verwendete eine symmetrische Anordnung, wobei beide Fahrzeughälften durch einen Zapfen und hydraulische Zylinder artikuliert verbunden waren. Das Gesamtgewicht betrug rund 130 t. Die Stahlräder mit einem Durchmesser von 2,7 m hatten einen Federweg von 1,4 m und sollten dadurch den Impakt der Minendetonation aufnehmen. Zwei Spurweiten ermöglichten eine Räumung bis zu 3270 mm Breite. Durch eine überdurchschnittlich große Bodenfreiheit war die Besatzung im Panzergehäuse verhältnismäßig gut geschützt.
Das Fahrzeug konnte vor- und rückwärts gleich schnell fahren und war auf diese Weise trotz des hohen Gewichts beweglich. Der hohe Bodendruck jedoch

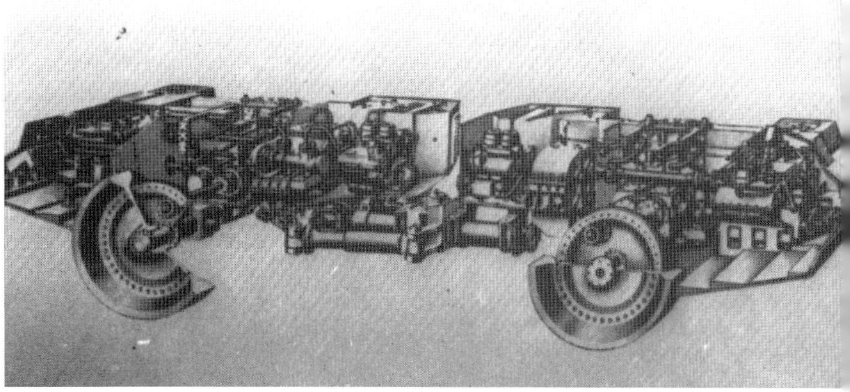

Das Projekt »Räumer-S« der Firma Krupp schuf ein Minenräumfahrzeug von gigantischen Ausmaßen. Eines dieser 130 t wiegenden Fahrzeuge wurde tatsächlich gebaut.

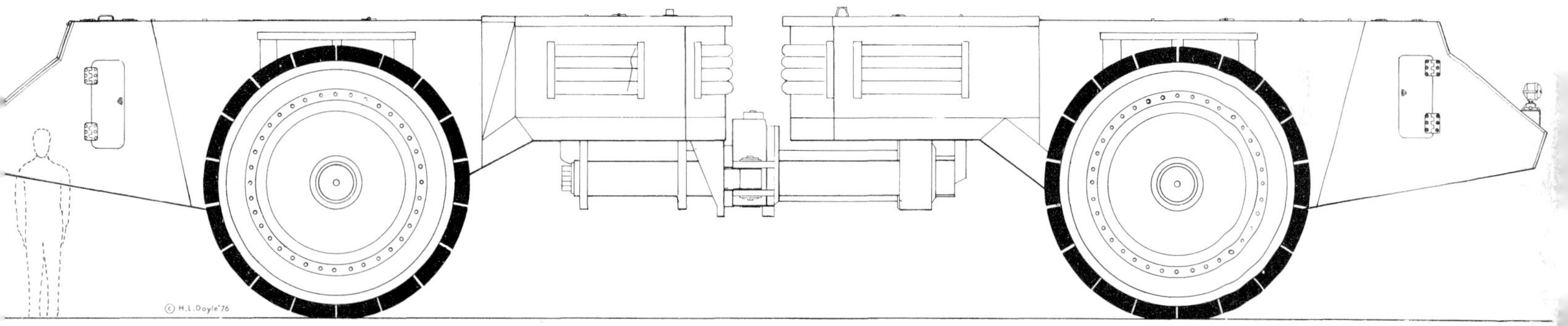

Räumer mit Selbstantrieb*

Über das amphibische Vernichtungsfahrzeug »Ente« fehlen bis heute alle Angaben. ▶

machte eine Weiterverfolgung dieses Projektes unmöglich. Es blieb bei einem Prototyp.
Ferner bekannt wurde im Rahmen der Ladungsträger-Fahrzeug-Entwicklung ein amphibisches Vernichtungsfahrzeug »Ente«, von dem leider bisher alle Unterlagen fehlen.
Die Entwicklung spezieller Pionier-Sonderfahrzeuge mußte notgedrungen unter der allgemeinen Rohstoff- und Produktionsknappheit leiden. Es konnten dadurch nur geringe Stückzahlen dieser so wichtigen Fahrzeuge gefertigt werden.

* Zwei Maybach HL 90 P Motoren, Krupp Wandlergetriebe

Panzerentwicklungen der Firma Dr.-Ing. h. c. F. Porsche KG

Ende 1939 war von seiten des Heereswaffenamtes (WaPrüf 6) ein Auftrag an die Firma Porsche ergangen, einen Nachfolgetyp für den damaligen Panzerkampfwagen IV zu schaffen. Gedacht war ein Fahrzeug der Gewichtsklasse 25/30 t, welches in der Lage sein sollte, die 7,5 cm KwK L/24, möglichst aber eine 10,5 cm KwK aufzunehmen.
Für dieses Nachfolgefahrzeug und auf Grund der Tatsache, daß die Panzerfertigung unter allen Umständen gesteigert werden mußte, verlangte das Heereswaffenamt in Zusammenarbeit mit den Dienststellen des Reichsministers für Rüstung und Kriegsproduktion neue Fertigungsstellen. Neue Fertigungsbetriebe sollten möglichst in luftsicheren Gegenden des Reiches untergebracht werden, wobei die Nähe von eisenverarbeitender Industrie bevorzugt wurde. Nach dem Anschluß Österreichs ergab sich im Raume Linz eine Zusammenfassung von Schwerindustrie, die in großzügiger Weise auch für eine Versorgung der panzerbauenden Industrie ausgelegt wurde. 1940 begann die Planung für die Eisenwerke Oberdonau GmbH in Linz, die zum Hermann Göring Konzern gehörte. Das Werk war dem Hochofenwerk in Linz angeschlossen. Die Patenschaft für die Anlauffertigung hatte der Dortmund-Hoerder Hüttenverein übernommen. Insgesamt standen ca. 80 000 m² für die Panzergehäusefertigung zur Verfügung. Dazu gehörten u.a. ein Elektro- und SM Stahlwerk, ein Blechwalzwerk, eine Glüherei und Vergüterei, eine mechanische Werkstatt, ferner Blechbrennerei, Schweißerei, Stahlgießerei und Gesenkschmiede. Die für die Fertigung der Panzergehäuse erforderlichen Teile stammten größtenteils aus eigener Fertigung. Die Fertigung selbst lief im Jahre 1942 an und litt unter den üblichen Anlaufschwierigkeiten.
Schwere Bombenangriffe während der letzten Kriegsjahre brachten starke Beschädigungen und Verzögerungen im Ausstoß. Anfang 1945 fertigte das Werk monatlich etwa 200 Panzer IV, etwa 100 Panther- und ca. 20 Jagdtiger-Gehäuse.
Die Panzer IV- und Jagdtiger-Gehäuse wurden fast ausschließlich an das in der Nähe liegende Nibelungenwerk in St. Valentin/Niederdonau geliefert. Dieses Montan-Werk, welches unter der Patenschaft der Steyr-Daimler-Puch AG stand, war ebenfalls im Jahre 1941 entstanden. Es diente ausschließlich dem Zusammenbau gepanzerter Fahrzeuge, welche dort in Bandfertigung montiert wurden. Die Fertigung wurde 1942 aufgenommen, wobei alle wichtigen Bestandteile wie Panzergehäuse, Schmiedestücke, Stahlgußstücke, Drehstabfedern usw. angeliefert wurden.
Die maximale monatliche Kapazität des Nibelungenwerkes betrug etwa 300 Panzer IV und 50 Jagdtiger Fahrzeuge. Auch hier wirkten sich die starken Bombenschäden verzögernd aus.
Als erstes Entwicklungsfahrzeug entstand im Nibelungenwerk das »Sonderfahrzeug I« mit der Porsche Ar-

Panzerkampfwagen VK 3001 (P)

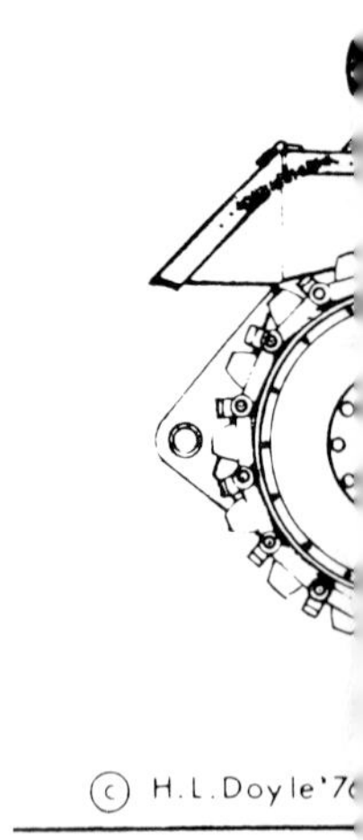

Das erste von Porsche entworfene Entwicklungsfahrzeug, intern Sonderfahrzeug I und »Leopard« bezeichnet, bei Versuchsfahrten in der Nähe des Nibelungenwerkes.

beitsbezeichnung »Leopard«. Die offizielle Heeresbezeichnung lautete »VK. 3001 (P)«, die Porsche Typenbezeichnung »100«. Zwei Versuchsfahrzeuge wurden gefertigt, die vorgesehenen Drehtürme der Firma Krupp jedoch niemals aufgesetzt. Zwei nebeneinanderliegende Porsche-Motoren des Typs »100«, von der Firma Graz-Simmering-Pauker AG in Wien gebaut und erprobt, mit einer Leistung von je 210 PS bei n = 2500, waren mit je einem Dynamo gekuppelt. Von dort erfolgte die Kraftübertragung auf 2 Elektromotoren zu den vorne liegenden Antriebsrädern. Die luftgekühlten Triebwerke hatten je ein Gebläse. Als 10-Zylinder, mit 72° V-Stellung der Zylinder ausgelegt, hatten diese Ottomaschinen bei 105 mm Bohrung und 115 mm Hub einen Hubraum von 10 l.

Lenkung und Geschwindigkeitsregelung erfolgten elektrisch in Verbindung mit einem »NITA« Spezialgetriebe mit Strömungswandler der Firma Voith/Heidenheim. Laufwerksmäßig waren Lauf- und Stützrollen vorgesehen. Die Laufrollenaufhängung erfolgte mittels Kniehebelgelenken an längs liegenden Drehstäben. Beide Fahrgestelle wurden 1941/42 eingehenden Versuchen unterworfen, wobei vor allem die Motoren laufend Anlaß zu Schwierigkeiten gaben.

Das Auftreten des russischen Panzers »T 34« im Spätsommer 1941 brachte eine grundsätzliche Neuorientierung im deutschen Panzerbau. Der Firma Porsche war am 26. Mai 1941 vom Heereswaffenamt ein Entwicklungsauftrag über ein 45 t Fahrzeug erteilt worden, welches in der Lage sein sollte, die 8,8 cm Flak 36 im Drehturm aufzunehmen. Das daraufhin geschaffene »Sonderfahrzeug II«, offiziell als »VK. 4501 (P)« bezeichnet, war die Porsche Ausführung des Panzerkampfwagens »Tiger«. Fahrzeug und Motoren liefen unter der Porschebezeichnung »101«. Vom Fahrzeug »100« wurden weitgehendst die Konstruktionsmerkmale übernom-

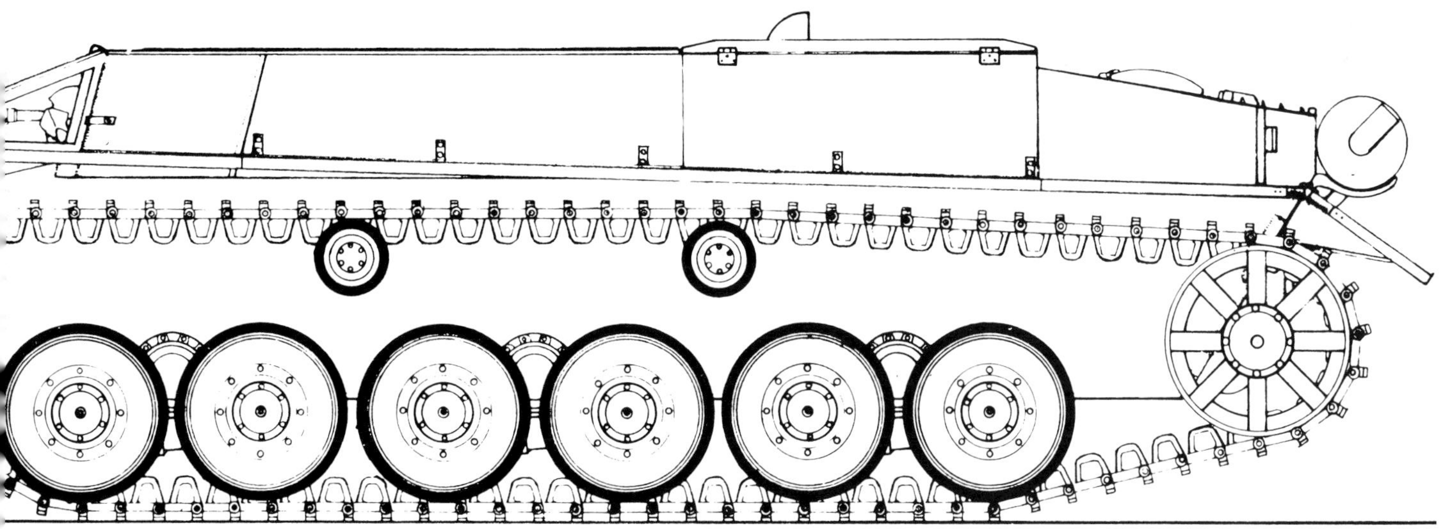

Panzerkampfwagen VK 4501 (P)

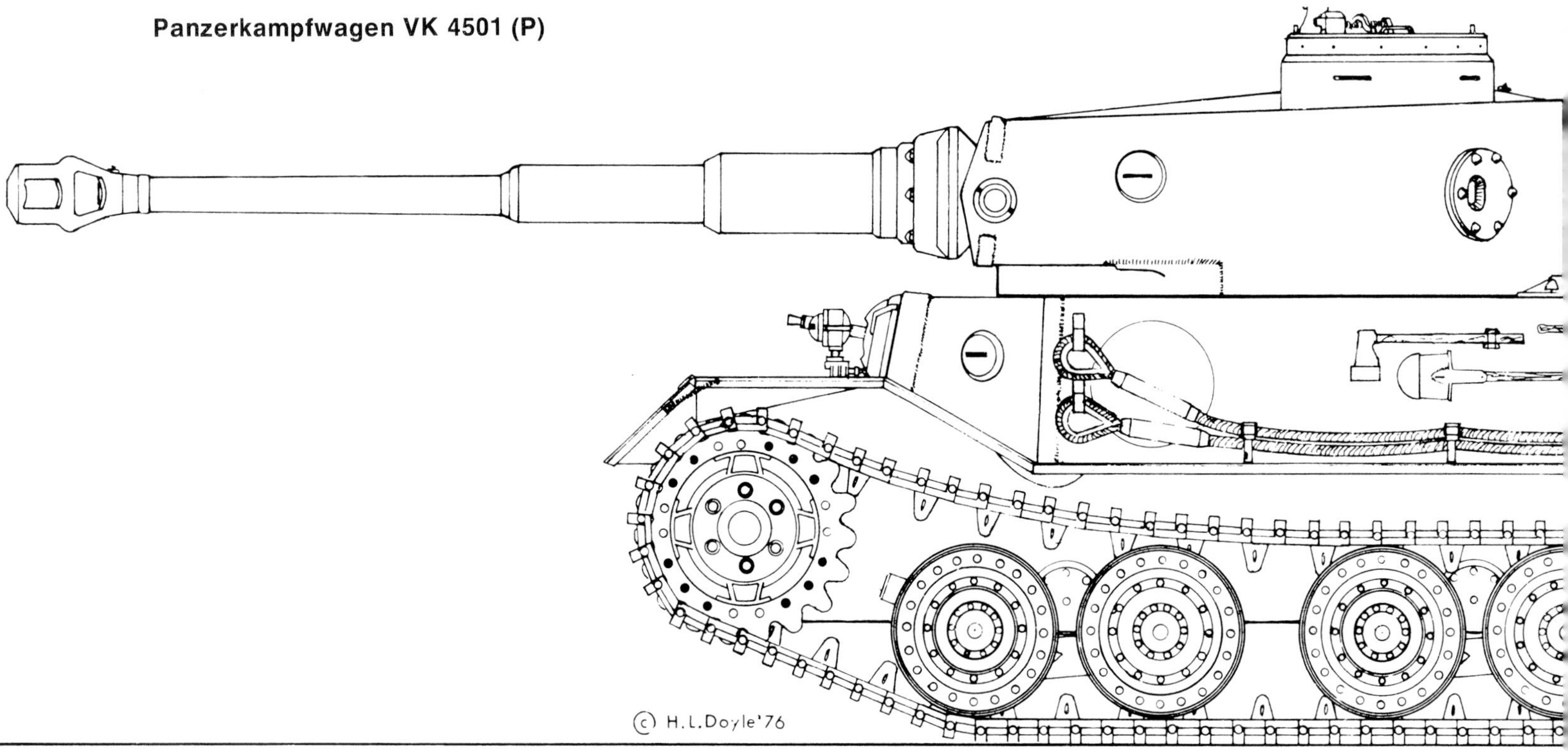

Das Sonderfahrzeug II war die Porscheausführung des späteren Panzerkampfwagens »Tiger«.

men und lediglich den nun größeren Gewichten angepaßt. Die noch immer paarweise zum Einbau gelangenden Triebwerke wurden vergrößert und hatten bei 115 mm Bohrung und 145 mm Hub einen Inhalt von ca. 15 l. Die Nennleistung pro Motor betrug 320 PS bei n = 2500. Der Antrieb war nach hinten verlegt worden. Zehn Fahrzeuge wurden in St. Valentin zusammengebaut und mit dem von der Firma Krupp entwickelten Drehturm ausgerüstet.* Die 8,8 cm KwK 36 hatte eine Rohrlänge von 4930 mm (L/56). Eine V_0 von 820 m/sek war erreichbar. Auch hier verzögerten technische Schwierigkeiten die Aufnahme der Serienproduktion. Jedoch wurden die sich bereits im Serienbau befindlichen zusätzlichen 90 Fahrgestelle fertiggestellt und mit einem von der Altmärkischen Kettenwerk GmbH in Berlin-Spandau gefertigten festen Panzeraufbau versehen. Dieser Aufbau nahm die lange 8,8 cm Pak 42 L/71 auf (ALKETT Zeichnung BSKA 609 vom 30. 11. 1942). Die

* Krupp lieferte 8 Drehtürme niedriger Bauart an Ni-Werke

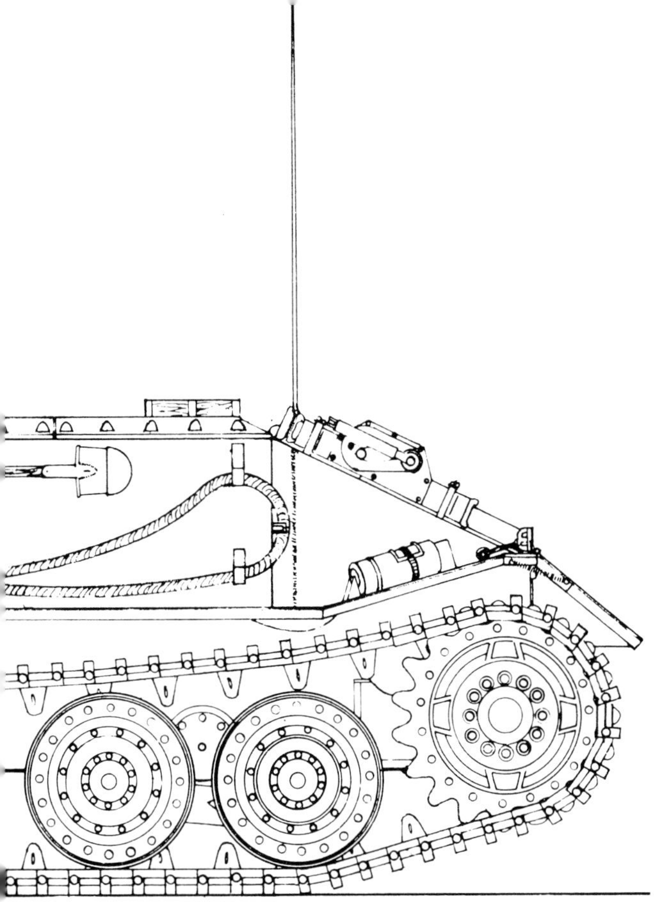

luftgekühlten Porsche Triebwerke waren durch je zwei wassergekühlte Maybachmotoren des Typs »HL 120 TRM« ersetzt worden. Sie wurden nach vorne verlegt, um den nun hinten liegenden Kampfraum übersichtlicher zu gestalten. Diese Fahrzeuge gelangten als » Panzerjäger Tiger (P)« (Sd. Kfz. 184) als einzige Porsche-Panzerkonstruktion in den Truppengebrauch. Das letzte dieser Fahrzeuge sollte das Montageband der Nibelungenwerke am 23. April 1943 verlassen. Durch den Aufbau der Panzergehäuse verzögerte sich die Auslieferung der fertigen Fahrzeuge jedoch bis zum 8. Mai 1943. (Fahrgestell Nr. 150 001 bis 150 100.)
Fünf dieser Fahrzeuge wurden als Pz.-Bergewagen ausgerüstet und der Truppe zugewiesen.
Unter dem Eindruck der Straßenkämpfe in Stalingrad verlangte Hitler den Bau von drei Ramm-Tigern auf dem »101« Fahrgestell. Entwürfe für derartige Fahrzeuge

Die einzige in den Truppengebrauch gelangende Porsche Panzerkonstruktion war der Panzerjäger Tiger (P) (Sd. Kfz. 184), der ebenfalls im Nibelungenwerk montiert wurde.

Das Sonderfahrzeug III, der Porschetyp »180/181« wurde nur zeichnerisch erfaßt, der Turm jedoch für die ersten 50 Panzerkampfwagen Tiger Ausf. B verwendet.

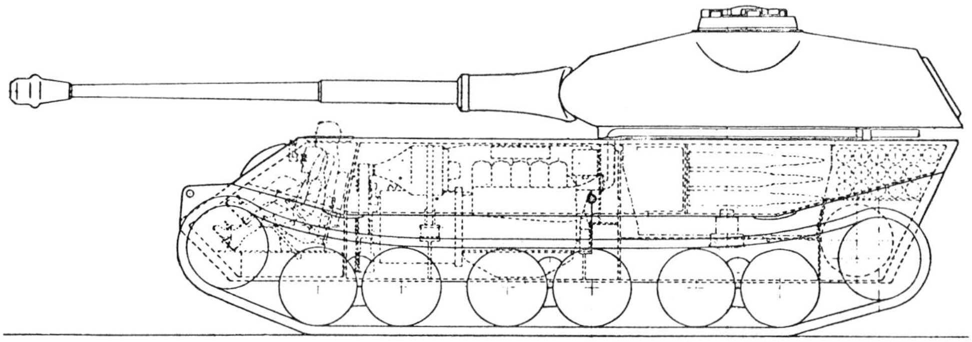

wurden tatsächlich erstellt. Die Sinnlosigkeit dieses Vorhabens ließ einen Bau nicht zu.

Im Zuge der Motorentwicklung kamen als Einzylinder-Prüfmotoren für den Porschetyp »101« bei gleichbleibenden Abmessungen die Typen »117« mit Zylinderkopf A, »119« mit Zylinderkopf B und die Dieselversionen »158« mit Direkteinspritzung und »159« mit Simmering Vorkammer in den Versuch.

Während für den Typ »100« bereits ein gleich großer Dieselmotor mit der Bezeichnung »200« projektiert war, erfaßte die Motorenentwicklung für den Typ »101« alle möglichen Ausführungen. So entstanden als Projekte der Typ »130«, der in Ausführung A als Zehnzylinder wassergekühlter V-Motor ausgelegt war und mit den Abmessungen 130 x 145 mm = 19,3 l bei 2500 U/min 400 PS leisten sollte.

Für den mit hydraulischem Antrieb ausgelegten Fahrzeugtyp »102« war die gleich große wassergekühlte Ausführung B unter der Typenbezeichnung »131« vorgesemen. Ein Projekt für einen Vorkammer-Dieselmotor für das Fahrzeug »101« mit den Abmessungen 120 x 145 mm = 16,4 l hatte die Bezeichnung »190«, der Einzylinderprüfmotor für dieses Triebwerk lief unter »191«. Mit der gleichen Zylindergröße gab es ein Projekt für einen Benzin-Einspritzmotor. Hiervon existierte nur ein Einzylinder-Aggregat mit der Bezeichnung »193«. Die Typen »190« und »193« waren wiederum luftgekühlt.

Der bereits erwähnte Typ »102« war weiter nichts als ein auf hydraulischen Antrieb umgestellter Typ »101«. Dieses nur als Wanne existierende Fahrzeug war mit den üblichen »101« Motoren ausgestattet; eine Abart mit dem Voith »NITA« Antrieb ausgerüstet, wies zwei Gebläse auf, um die nötige Kühlluft auch für das Getriebe sicherzustellen. Dieses Versuchsfahrzeug lief unter der Bezeichnung »103«. Der zur Starthilfe für das Fahrzeug »101« herangezogene halbierte Volkswagenmotor trug die Typennummer »141«.

Das im Schwerpunktprogramm des Heeres vom 30. 5. 1941 (Panzerprogramm 41) in größerer Anzahl vorgesehene Panzerfahrzeug VK. 903 wurde in bezug auf Fahrwerk und Federung durch den Porschetyp »168« festgelegt.

Die im Herbst 1942 vom Heereswaffenamt bestimmte Neukonstruktion des Fahrzeuges »Tiger« erfuhr ihren Niederschlag in den Porschekonstruktionen »180« und »181« (VK. 4502 (P)). Die nun mit geneigten Panzerplatten gebauten Fahrzeuge wurden jedoch bei Porsche nur zeichnerisch erfaßt. Eine Ausnahme bildete lediglich der Drehturm mit der 8,8 cm KwK 43 L/71, der tatsächlich bei den ersten 50, von Henschel gebauten Fahrzeugen, zum Einsatz kam. Das »Sonderfahrzeug III« hatte als Typ »180« benzin-elektrischen Antrieb, während der Typ »181« hydraulisch (NITA) angetrieben wurde. Zeichnerische Untersuchungen verlegten den Drehturm für diese Typen auch nach rückwärts. Motorenmäßig waren wiederum die Zehnzylinder-Vergasermotoren des Typs »101« in Doppelanordnung vorgesehen.

Porsche hatte ab 1942 einen luftgekühlten Dieselmotor mit 650 PS Leistung in Entwicklung genommen, der austauschbar gegen den Maybach »HL 230« in vorhandene Panzerfahrzeuge eingebaut werden sollte. Gebaut wurden zwei Versuchsmotoren bei der Simmering-Graz-Pauker AG in Wien. Diese Firma hatte ebenfalls Prüfstände für diese Großmotoren entwickelt und die gesamte Versuchsarbeit übernommen. Zusammengefaßt waren von Porsche folgende Einzylinder-Prüfmotoren für Verwendung in Panzermotoren untersucht worden:

Typ	für Motor	Bohrung (mm)	Hub (mm)	Hubraum (l)	Kraftstoff	System	Bemerkungen
117	101	115	145	1,5	Benzin	Vergaser	Zyl. Kopf A
119	101	115	145	1,5	Benzin	Vergaser	Zyl. Kopf B
158	101	115	145	1,5	Diesel	Direkteinspritzung	
159	101	115	145	1,5	Diesel	Vorkammer Simmering	
191	190	120	145	1,64	Diesel	Vorkammer Simmering	
192	203	135	160	2,3	Diesel		18-Zyl. Projekt
193	101/193	120	145	1,64	Benzin-Einspritzung		
213	212	150	170	3,0	Diesel		

alle oben erwähnten Motoren hatten Luftkühlung

Aus der 2,3 l Einheit (Porschetyp 192) wurde ein 16-Zylinder »X« Motor entwickelt, der mit zwei Abgasturboladern von BBC Mannheim versehen wurde. Als Verbrennungssystem kam das Vorkammerverfahren der Simmering-Graz-Pauker AG zur Verwendung. Dieser Motor, von S-G-P als Typ »SLa 16« ausgewiesen,* galt wie bereits erwähnt, als Austauschmotor für den »HL 230«. Mit nunmehr 16 anstelle der ursprünglich projektierten 18-Zylinder sollte dieser Motor mit einem Hubraum von 37 l etwa 700 PS Leistung bringen. Er war zu Beginn der Planung für das Fahrzeug »205« vorgesehen.

Im Zuge der Leistungssteigerung für diesen Motor wurde die Verwendung der 3 l Zylindereinheit (Porschetyp 213) untersucht. Bei einem Gesamthubraum von 48 l erwartete man eine Leistung von 1500 PS bei n = 2500. Auch dieser Motor sollte beim Fahrzeug »205« zur Verwendung kommen.

Eine dieser Maschinen wurde gegen Kriegsende im Nibelungenwerk in ein »Tiger B« Fahrgestell eingebaut, wodurch sich ein völlig neu gestalteter Motorraum ergab. Erhebliche Änderungen an der Wanne sowie der Kettennachstellung mußten vorgenommen werden. Das Kriegsende unterbrach alle weiteren Versuche.

In einer Besprechung am 29. November 1941 in der Reichskanzlei hatte Hitler u. a. Professor Porsche angewiesen, die Entwicklung eines überschweren Pan-

Die von der Firma Krupp betriebene Entwicklung eines 100 t Panzerkampfwagens zeigte als erstes das Holzmodell des VK. 7201.

Ein für Schwerlasten bis zu 150 t entwickelter Tiefladeanhänger, der auch zum Transport schwerster Panzer geeignet war. 24 Reifen 240 x 670 x 970.

* Porsche hatte die Zusammenarbeit mit S-G-P im August 1943 gelöst.

zers einzuleiten. Krupp sollte zur Lösung dieser Aufgabe herangezogen werden und erhielt im März 1942 die Anweisung, daß kein 72 t Fahrzeug (VK. 7201 (K)) sondern ein 100-Tonner als Versuchsfahrzeug schnellstens zu entwickeln sei. Die ersten Probefahrzeuge sollten in kürzester Zeit, jedenfalls vor Frühjahr 1943 fertiggestellt sein.

Zur gleichen Zeit erhielt die Dr.-Ing. h.c.F. Porsche KG einen Auftrag zur selbständigen Konstruktion eines 100 t Panzers. Hitler war davon überzeugt, daß im Frühjahr 1943 mit dem Auftreten schwerster russischer Panzer gerechnet werden müsse. Krupp hatte auf diese Anregung hin zahlreiche Studien entwickelt, die sich mit 110, 130, 150 und 170 t Fahrzeugen befaßten. Sie liefen sämtlich unter der Bezeichnung »Krupp-Maus». Hitler bestand nach wie vor auf einer Doppelentwicklung. Porsche und Krupp arbeiteten am gleichen Projekt. Hitler billigte allerdings im Mai 1942 einen Erlaß Speers, der solche Doppelentwicklungen in der Zukunft untersagte.

An weiteren Projekten ergaben sich in der Entwicklungsphase u. a. ein Sturmgeschütz Maus, einen Tiger-Maus Entwurf mit 130 t und hinten liegendem Turm, sowie eine Maus mit Tiger-Baugruppen und einem Gewicht von 110 t.

Im April 1942 wurde festgelegt, daß das 100 t Fahrzeug mindestens 100 Schuß Munition mitzuführen hatte. Es sollte außer der Hauptbewaffnung kein leichtes Schnellfeuergeschütz zum Einbau kommen, jedoch Maschinengewehre. Dabei war an eine Fernsteuerung für diese MG gedacht, um die Außenhaut nicht zu durchbrechen.

Im Mai 1942 bestand Hitler auf der Entwicklung des überschweren Panzers mit aller Energie und hielt grundsätzlich eine Begrenzung des Gewichtes auf 70 t für falsch. Er äußerte keine Bedenken, wenn anstelle des vorgesehenen Gewichtes von 100 t ein solches von 120 t notwendig würde. Es kam ihm in erster Linie auf stärkste Panzerung, in Verbindung mit einer Kanone höchster Leistung, an. Er legte Rohrlängen von L/60 als Mindestleistung fest, bevorzugte aber solche von L/70.

Im Juni 1942 war Hitler damit einverstanden, daß der überschwere Panzer als langsam fahrendes Fahrzeug ausgelegt wurde. Er dachte dabei an eine fahrende Festung.

Im Juni 1942 wurden Hitler die ersten Zeichnungen der Porsche-Konstruktion vorgelegt. Er zeigte sich damit einverstanden, bestand jedoch auf einigen Änderungen. Der Boden der Wanne war auf 100 mm zu verstärken, als Hauptbewaffnung sollte entweder eine 15 cm Kanone L/37 oder eine 10,5 cm Kanone L/70 verwendet werden. Wegen der schnelleren Schußfolge, der größeren Munitionsausstattung und der leichteren Bedienung neigte Hitler zur Einführung der 10,5 cm Waffe. Jedoch sollte bei einem so großen Fahrzeug der wahlweise Einbau beider Geschütze vorbehalten bleiben. Einen zweiten Turmaufbau für eine 7,5 cm Kanone hielt er für überflüssig, da er sowieso den Einsatz von Begleitpanzern für diese Fahrzeuge erwägte. Grundsätzlich war er aber von dem Entwurf befriedigt und mit der Ausführung einverstanden. Professor Porsche sagte die Auslieferung des ersten Fahrzeuges zum 12. Mai 1943 zu.

Grundsätzlich erklärte sich Hitler damit einverstanden, daß bei der Entwicklung zukünftiger Panzerkampfwagen die Reihenfolge Bewaffnung, Beweglichkeit und Panzerung berücksichtigt würde. Nach wie vor hielt er jedoch an einer starken Panzerung beim 100 t Panzer fest.

Im Dezember 1942 kam es zu einem Vortrag, bei dem Professor Porsche und Dr. Müller von Krupp über die Vorarbeiten für die Produktion des Fahrzeuges »Mäuschen« berichten. Die ersten Versuchsfahrzeuge waren Mitte Sommer 1943 zu erwarten. Eine Monatsproduktion von 5 Fahrzeugen wurde angestrebt. Die Fertigung sollte bei Krupp erfolgen.

Hitler verlangte die Vorlage einer Aufstellung von Durchschlagsleistungen für die vorgesehenen Hauptbewaffnungen, die 15 cm Kanone, das 12,7 cm Marinegeschütz, die 12,8 cm Flak und die 12,8 cm Waffe mit längerem Rohr.

Im Januar 1943 traf Hitler nach eingehenden Erwägungen und Gegenüberstellungen des Vorschlages »Mäuschen« der Firmen Krupp und Porsche die Entscheidung zugunsten der Porsche-Ausführung. Als Endziel wurde ein Ausstoß von 10 Fahrzeugen monatlich festgelegt. Das erste Fahrzeug sowie der Anlauf der Serie wurden für das Jahresende 1943 erwartet.

So sehr war Hitler von der Tatsache überzeugt, daß der Panzer der künftigen Jahre ein über 100 t schweres

Fahrzeug mit stärkstem Panzer und größtem Geschütz sein mußte, daß er sich am 6. Februar 1943 das Modell des im Ersten Weltkrieg geplanten 150 t »K-Wagens« vorführen ließ. Bei der Auswahl der Bewaffnung legte man sich letztlich auf die 12,8 cm Kanone fest, dennoch sollte ein Turm mit 15 cm Kanone konzipiert werden. Da das 12,8 cm Flakrohr wegen seines geteilten Aufbaus nicht ohne weiteres übernommen werden konnte, sollte bei einer eventuellen Neuentwicklung anstelle der Länge L/61 eine solche von L/70 untersucht werden.*
Bezüglich der Planung erklärte Hitler, daß die Überlegenheit einer Waffe jeweils nur für eine Kampfperiode (höchstens ein Jahr) zu sichern sei. Man müßte daher bereits jetzt die Überlegenheit für 1944 planen. Die Fahrzeuge »Tiger« und »Panther« wären für 1943 überlegen, das Jahr 1944 würde dagegen die Fahrzeuge »Maus« und »Tiger mit 8,8 cm L/71« benötigen.
Am 1. Mai 1943 war das Holzmodell des Panzerkampfwagens »Maus« fertiggestellt, es wurde Hitler vorgestellt. Er gab die Anweisung den Turm so auszubilden, daß unterhalb der Kanone auftreffende Geschosse sich nicht fangen, sondern abgewiesen würden. Es sei ferner kurzfristig zu klären, ob die »Maus« mit einer direkten Flak-Abwehr zu versehen sei, oder ob Flakpanzer zu ihrem Schutz eingesetzt werden sollten. Der Munitionsvorrat für die Hauptbewaffnung war von 50 auf 80 Schuß zu erhöhen, dagegen konnte die Munitionsausstattung für die 7,5 cm Kanone von 200 auf 100 reduziert werden. Die Typenbezeichnung der Firma Porsche für dieses Fahrzeug lautete »205« oder intern »Sonderfahrzeug IV«. Da es sich hierbei um das größte jemals gebaute Panzerfahrzeug handelte, soll dieses Versuchsgerät nun in Einzelheiten beschrieben werden. Zuerst ist es interessant, sich mit den ursprünglichen Entwurfsdaten vertraut zu machen, die später beim Versuchsgerät ganz andere Werte zeigten. Eine Aufstellung der Firma Porsche vom 5. Oktober 1942 sah zwei Versionen des Porschetyps »205« vor, aufgeteilt in Fahrzeug A und B. Der Normaleinstieg in das Fahrzeug sollte durch den Turm erfolgen. Als Notausstiege waren eine Klappe in der Turmrückwand und zwei in der vorderen Deckplatte vorgesehen. Hauptbewaffnung war eine 15 cm L/37 Kanone, weiterhin war eine 7,5 cm KwK L/24 vorgesehen. Für die 15 cm Kanone waren im Fahrzeug 42 Schuß, für die 7,5 cm Bewaffnung 95 Schuß untergebracht. Das Geschoßgewicht für die 15 cm Waffe betrug 70 kp. Ein zusätzliches MG 42 war am Fahrzeug vorhanden. Ein Gesamtgewicht von 150 t wurde erwartet. Zwei Ketten von je 500 mm Breite pro Laufwerk mit 130 mm Teilung und einer Kettenauflage von 4600 mm ergaben einen speziellen Bodendruck von 1,54 kp/cm^2. Das Laufwerk des Typs »205« bestand aus 24 Doppelrollen an Federstäben, wobei die Rollenbelastung 5650 kp betrug. Der Antrieb erfolgte elektrisch über einen Generator und zwei Elektromotoren. Die Antriebsübersetzung ergab in der ersten Fahrstufe 1 : 50, in der zweiten 1 : 30. Der Durchmesser des Antriebsrades betrug 918 mm. Als Höchstgeschwindigkeit wurden 20 km/h erwartet. Die größte Steigfähigkeit belief sich auf 47 %. Die Bremsen waren hinten in den Antriebsrädern untergebracht. Es handelte sich um Scheibenbremsen der Firma Argus (Typ 5 B).** Ein Hilfsmotor vom Typ »T 141« war geplant. Als Antrieb für das Fahrzeug A war ein Daimler-Benz Dieselmotor ohne Aufladung vorgesehen. Mit 12 Zylindern in V-Stellung und 162 mm Bohrung/180 mm Hub ergab sich ein Hubraum von 44,5 l. Bei n = 2400 erwartete man eine Höchstleistung von 1000 PS. Das Leistungsgewicht des Fahrzeuges betrug dadurch 6 PS/t. Im Gegensatz zum wassergekühlten

Am 1. Mai 1943 wurde das Holzmodell des Panzerkampfwagens »Maus« Hitler vorgeführt.

* Im November 1943 wurden auch 12,8 cm Rohre der Längen L/74 bzw. L/76 erwogen

** Klaue Vollscheibenbremse

DB Motor sollte beim Fahrzeug B ein luftgekühlter Porsche Dieselmotor mit Aufladung zum Einbau kommen. Mit 18 Zylindern, Bohrung/Hub Verhältnis 135/160 mm betrug der Gesamthubraum 41,5 l. Bei n = 2000 war eine Höchstleistung von 780 PS zu erwarten. Das Leistungsgewicht war auf 4,7 PS/t abgesunken.
Gemäß einer Aktennotiz W 60 Nr. 3127/Dir. Koe vom 10. Januar 1943 besuchten am 8. Januar 1942 leitende Techniker der Dr.-Ing. h. c. F. Porsche KG die Technische Leitung der Daimler-Benz AG in Stuttgart-Untertürkheim. Die Firma Porsche suchte für eine neu gestellte Panzerentwicklungsaufgabe Motoren mit einer Leistung von 800 PS. Die bereits von der Firma Porsche entwickelten luftgekühlten 320 PS 10-Zylindermotoren genügten selbst in Doppelanordnung nicht den gestellten Anforderungen. Auch waren für diesen Bedarf Dieselmotoren vorgesehen. Am 9. Januar 1942 bot daraufhin die Daimler-Benz AG Motoren ihrer Baureihen »MB 809«, »MB 819« und »MB 507« an, wobei der Einbau der Motoren »MB 809/819« in Doppelanordnung erfolgen sollte. Am 8. April 1942 informierte Oberingenieur Karl Rabe die Daimler-Benz AG, daß der in Frage stehende Einbau der DB Motoren wegen der Vordringlichkeit des Einbaus luftgekühlter Motoren vorläufig zurückgestellt werden müsse. Da jedoch die luftgekühlten Motoren nicht serienreif wurden, mußte auf die DB Maschinen ausgewichen werden.
Nach weiteren Besprechungen am 20. Oktober 1942 wurde der »MB 507« Motor mit einer Leistung von 900 PS mit direkt angebautem Elektrogenerator für diese Aufgabe vorgesehen. Durch eine grundsätzliche Änderung des Kampfwagenprojektes 205 trat jedoch gemäß einer DB Aktennotiz vom 17. November 1942 ein

Panzerkampfwagen Maus Versuchsgerät

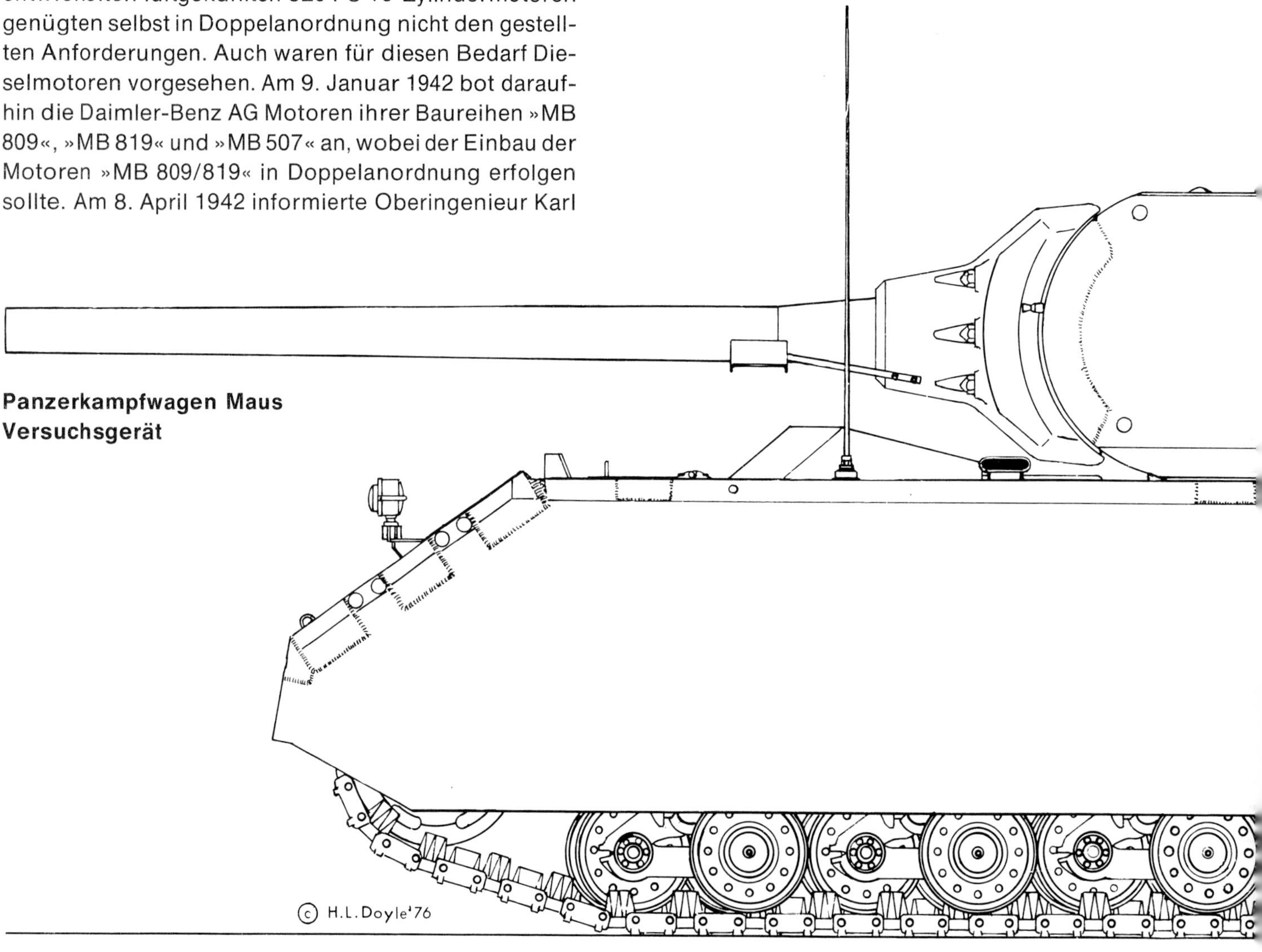

erheblich größerer Kraftbedarf ein. Daimler-Benz schlug daraufhin den hängenden Benzin-Einspritz-Flugmotor »DB 603« mit einer Dauerleistung von 1375 PS bei n = 2300 vor. Dabei ergab sich die Notwendigkeit, vor allem in Hinblick auf den für den Panzereinsatz zur Verfügung stehenden Kraftstoff von 74 OZ, den serienmäßigen Flugmotor »DB 603« mit neuen Kolben und geänderten Kompressionsverhältnissen zu versehen und ihn auch sonst den Bedürfnissen der Panzerverwendung anzupassen. Die Bestellung eines Probemotors des nun als »MB 509« ausgewiesenen Triebwerkes erfolgte am 15. Januar 1943. Am 23. Februar 1943 erfolgte seitens des OKH/WaPrüf 6 eine Erhöhung dieses Auftrages auf 8 Stück »MB 509« mit Lieferung ab August bis Jahresende 1943.

Da in der Zwischenzeit vom OKH die Auflage einer größeren Serie dieser Fahrzeuge beschlossen worden war, wurde am 19. März 1943 eine Auflage von 180 Stück des Motorenmusters »MB 509« mit einer gruppenweisen Ablieferung bis November 1944 befohlen.

Bei einer Besprechung am 23. Juli 1943 wurde seitens des Heereswaffenamtes die Ansicht vertreten, daß für das Objekt »Maus« der aus dem hängenden Einspritz-Flugmotor DB 603 entwickelte Motor MB 509 nur eine Übergangslösung darstellte und daß als Endlösung ein Dieselmotor in dieses Objekt kommen müsse. Nach den bisherigen Informationen sei wegen des großen Gewichtes eine Leistung von 1500–1800 PS notwendig.

Dem Vertreter des Waffenamtes war zu diesem Zeitpunkt nicht bekannt, daß Daimler-Benz inzwischen eine Bestellung über 202 solcher Motoren erteilt worden war. Der hängende MB 509 Benzinmotor mit Oktan 74 war erprobt und gab eine Leistung von 1200–1250 PS ab. Das ganze Triebwerk einschließlich Kühl- und Auspuffanlage in bordmäßiger Ausführung war bei Professor Kamm aufgebaut und bereits gelaufen.

Entsprechend den vorhergegangenen Vereinbarungen

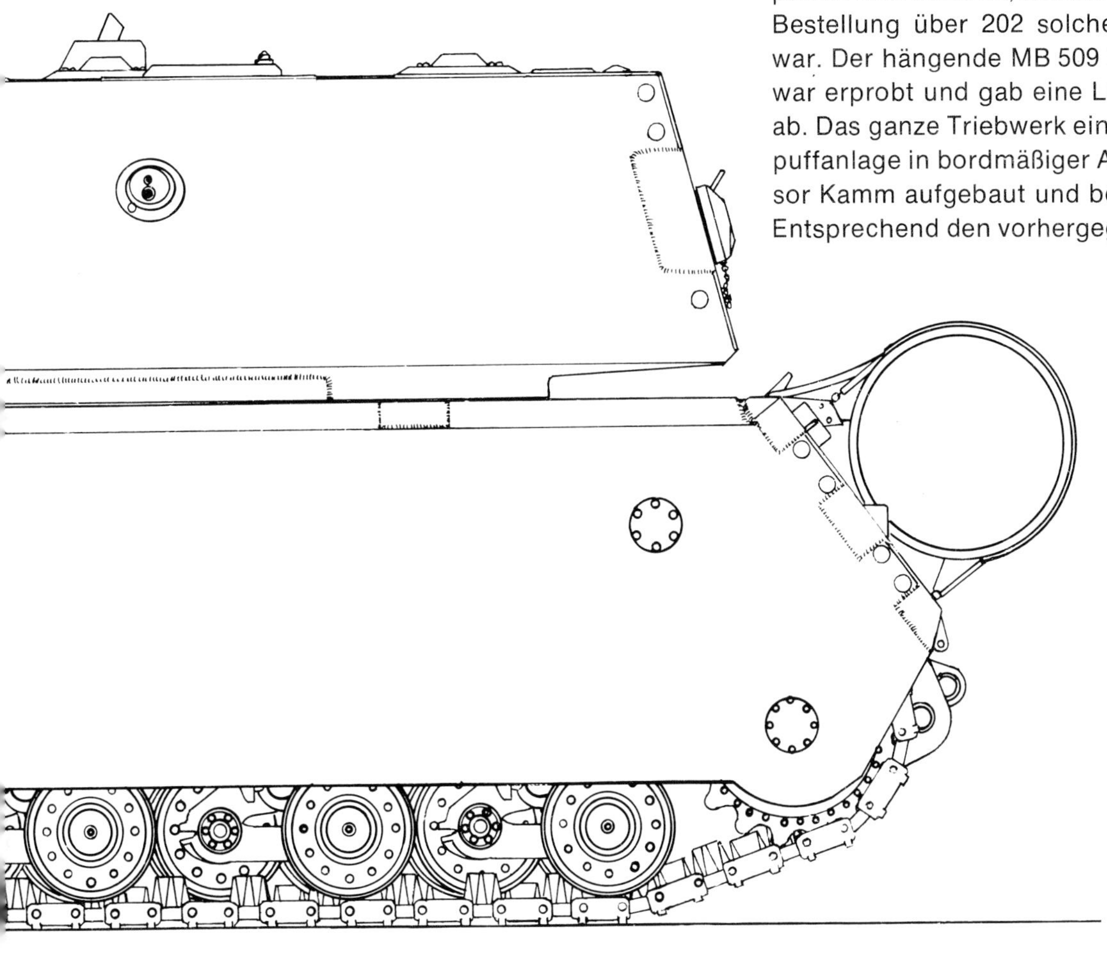

mit Vertretern des Waffenamtes wurde von seiten der Daimler-Benz AG das Projekt eines aufgeladenen, stehenden Dieselmotors MB 517 (MB 507 aufgeladen) so ausgearbeitet, daß es ohne weiteres in das Objekt »Maus« hineinpaßte und dabei den Vorteil hatte, daß dieser Motor ohne Zwischengetriebe direkt mit dem elektrischen Generator gekuppelt werden konnte. Die Porsche KG stellte fest, daß der projektierte Motor mit ganz geringfügigen Änderungen im Fahrzeug untergebracht werden konnte.

Ferner wurde festgestellt, daß der aufgeladene Dieselmotor MB 517, welcher die gleichen Zylinderabmessungen und das gleiche Triebwerk wie die Motoren DB 603 und MB 509 besaß, natürlich auch als Panzermotor nicht mehr als 1200–1250 PS Leistung zur Verfügung haben könne. Nach den bisherigen Versuchsergebnissen wäre diese Abgabe als Dauerleistung beim Panzerbetrieb noch zulässig. Für den Motor MB 517 sei bis auf den letzten Zentimeter aller verfügbarer Raum ausgenutzt. Es sei daher unmöglich, einen in der Leistung höher liegenden Schnellboot-Dieselmotor im Motorraum der »Maus« unterzubringen. Die Porsche KG stand auf dem Standpunkt, daß eine höhere Leistung zwar erwünscht, jedoch in Anbetracht der geringen Geschwindigkeit des Fahrzeuges mit der vorhandenen Leistung ein Auskommen gefunden werden müsse.

2 Motoren vom Typ »MB 517« wurden am 17. April 1942 vom OKH für das Fahrzeug »Maus« bestellt. Die Abnahme erfolgte im Sommer 1944. Wegen der Mangellage an Fachkräften und Rohmaterialien versuchte das Waffenamt neue Produktionsmöglichkeiten für diesen Motor zu schaffen. Dabei wurden berücksichtigt:

- Die Firma Simmeringer Waggonfabrik, die in der Herstellung von schnellaufenden, allerdings schwereren Dieselmotoren Erfahrung besaß und den Vorteil hatte, nahe den Flugmotoren-Werken Ostmark zu liegen, die den DB 603 produzierten.
- Die Firma Argus, Berlin (Heeressektor), welche nahe den Berliner Flugmotoren-Werken der Daimler-Benz AG lag.

Am 13. Oktober 1943 wurde berichtet, daß die erste vollständige Triebwerksanlage mit MB 509 Motor im Forschungsinstitut Professor Kamms nunmehr über 500 Laufstunden mit hoher und höchster Belastung gut absolviert hätte. Der erste in Untertürkheim montierte Serienmotor wäre bereits abgeliefert und sollte in einigen Tagen zur Abnahme kommen. Professor Porsche erwähnte in diesem Zusammenhang, daß ihm Daimler-Benz von vorneherein den aufgeladenen MB 517 Motor hätte anbieten sollen. DB äußerte dazu, daß die Porsche KG erst ziemlich spät wegen des Motors für die »Maus« an sie herangetreten wäre. Damals wurde mitgeteilt, daß 1500–1800 PS benötigt würden, und daß nur ein Motor in Frage käme, der bereits in Serienfabrikation liefe, da in kurzer Zeit größere Stückzahlen benötigt würden.

Nachdem die Diesel-Bootsmotoren wegen ihrer Abmessungen nicht in Frage kamen, blieb als stärkster in Deutschland in Serie befindlicher Motor nur der DB 603 (für Bedürfnisse des Heeres umgebaut MB 509) übrig. Die Porsche KG fand sich dann mit der von DB für diese Type freigegebenen Leistung von 1375 PS ab.

Als später festgestellt wurde, daß der Fliegerbrennstoff Oktan 87 für die »Maus« nicht freigegeben werden konnte, begnügte man sich unter Reduzierung der Höchstgeschwindigkeit mit 1200 PS, eine Leistung, die der Motor mit Brennstoff Oktan 74 erreichen konnte.

Die Entwicklung des aufgeladenen Motors MB 517 war zur Zeit der ersten Anfrage noch nicht beschlossen; die Entwicklung hätte damals bis zur Serienreife viel zu lange gedauert und zudem wäre außer der kleinen Marinekapazität von 3–4 unaufgeladenen 850 PS Motoren monatlich keine Fertigungsmöglichkeit vorhanden gewesen. Auch leistungsmäßig lag der aufgeladene MB 517 Motor mit 1200 PS nach damaligen Begriffen viel zu niedrig.

Noch im Jahre 1944 lag eine Anfrage einer Dienststelle der Waffen-SS vor, die einen MB 517 Motor für einen Sondereinsatz suchte. Eine Mitteilung, vom 1. Dezember 1944 besagte, daß der im Werk Untertürkheim lagernde Motor in frühestens 2 Wochen fertiggestellt werden könnte. Man schlug jedoch vor, diesen Einzelmotor nicht abzugeben, zumal das Muster MB 507 ausgelaufen war und keine Ersatzteile mehr zur Verfügung standen. Der im Porsche-Panzer eingebaute MB 517 befand sich nach wie vor in Böblingen und wurde dort zu weiteren Erprobungen benötigt. Der dem OKH seinerzeit genannte Richtpreis für diesen Motor lautete RM 125 000,–.

Tatsächlich wurden nur zwei Versuchsgeräte des Panzerkampfwagens Maus gebaut: Produktionsvorbereitungen für 150 Stück waren eingeleitet worden. Dazu wurden die folgenden Firmen eingeschaltet:

- Entwicklung und Produktionsüberwachung: Dr.-Ing. h. c. F. Porsche KG
- Zulieferer der elektrischen Ausrüstung: Siemens-Schuckert AG
- Allgemeine mechanische Ausrüstung: AG, vormals Škoda
- Motorenhersteller: Daimler-Benz AG
- Wannenentwicklung und -herstellung: Friedrich Krupp AG
- Zusammenbau der Fahrzeuge: Altmärkische Kettenwerk GmbH
- Entwurf und Zusammenbau des Turmes: Friedrich Krupp AG
- Entwicklung der Gleisketten: Altmärkische Kettenwerk GmbH
- Kettenproduktion: AG, vormals Škoda

Offensichtlich wurde bei diesem Fahrzeug größter Wert auf bestem Panzerschutz gelegt. Durch eine Neigung der 200 mm Bugplatte um 35° ergab sich eine tatsächliche Plattenstärke von etwa 350 mm. Die untere Bugplatte war bei gleicher Panzerstärke 60° geneigt. Wegen des Drehkranzdurchmessers von 3000 mm mußten die Seitenwände senkrecht gehalten werden. Eine Neigung der Seitenbleche hätte die Fahrzeugbreite beträchtlich vergrößert. Die T-förmige Auslegung der Wanne ergab äußere und innere Seitenbleche, wobei die ersteren 180 mm, letztere 100 mm stark waren. Der Vorderteil der Wanne war oben und unten durch 100 mm Bleche geschützt, im Hinterteil wurden diese auf 50 mm verringert. Die Bugplatte des Turmes hatte eine Stärke von 240 mm, seitlich und hinten kamen 200 mm Bleche zur Verwendung.

Um das Fahrzeug mit mehr als 185 t Gefechtsgewicht zu befördern, wurden für längere Strecken Spezialeisenbahn-Tiefladewagen entwickelt. Da die Fahrzeuge normale Brücken nicht benutzen konnten, wurde bereits von Anfang an auf einer Tiefwatfähigkeit bis zu 8 m bestanden.

Bei der Wanneneinteilung ergab sich vorne im Fahrzeug ein abgeschlossener Fahrer/Funkerraum. In den seitlichen Ausbauten der Wanne waren die Betriebs-

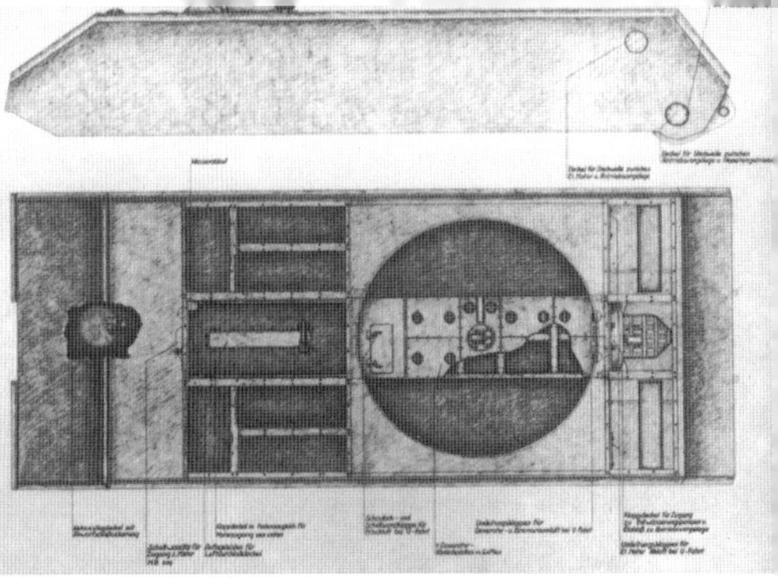

Die Wanne des Porschetyps »205« in Seitenansicht und Draufsicht. Die beiden Bilder ergänzen die Zeichnung.

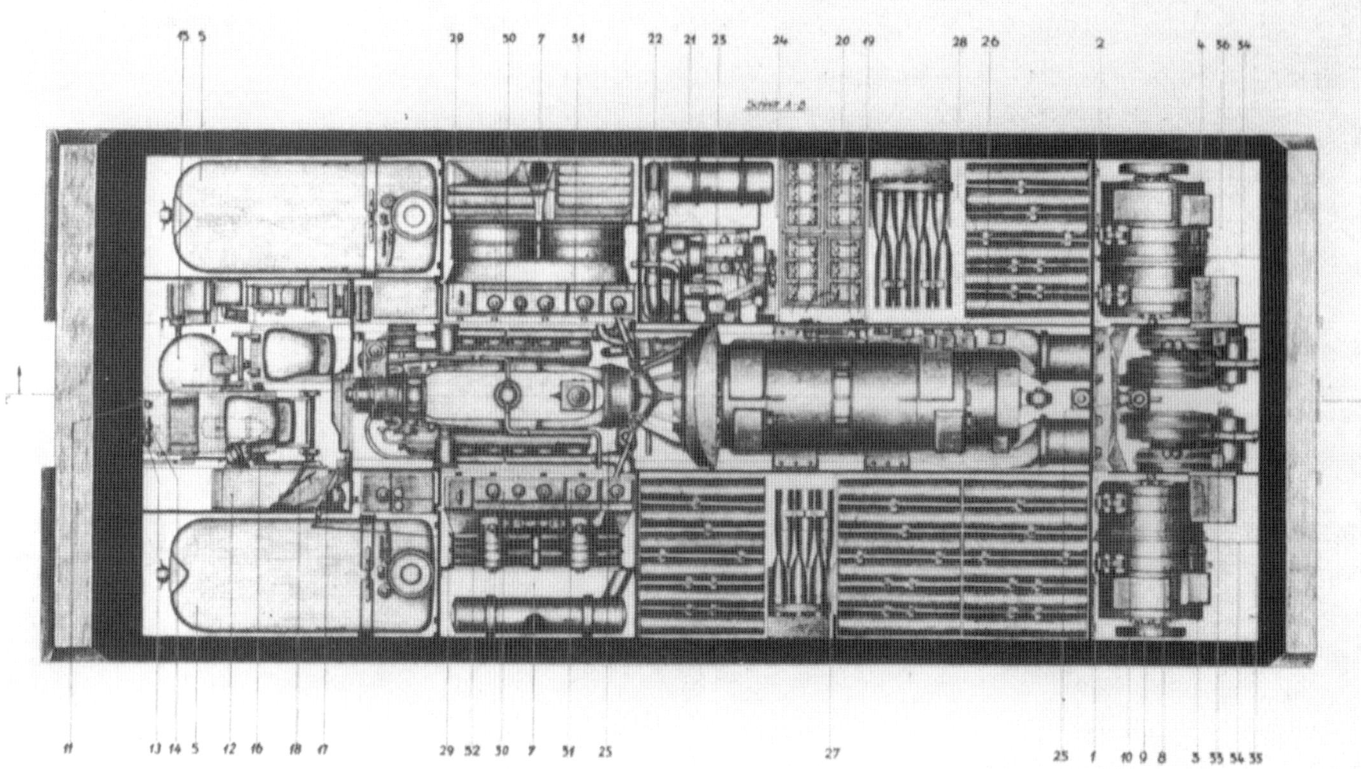

Die Zeichnungen zeigen Längs- und Querschnitte durch das Fahrzeug »Maus«.

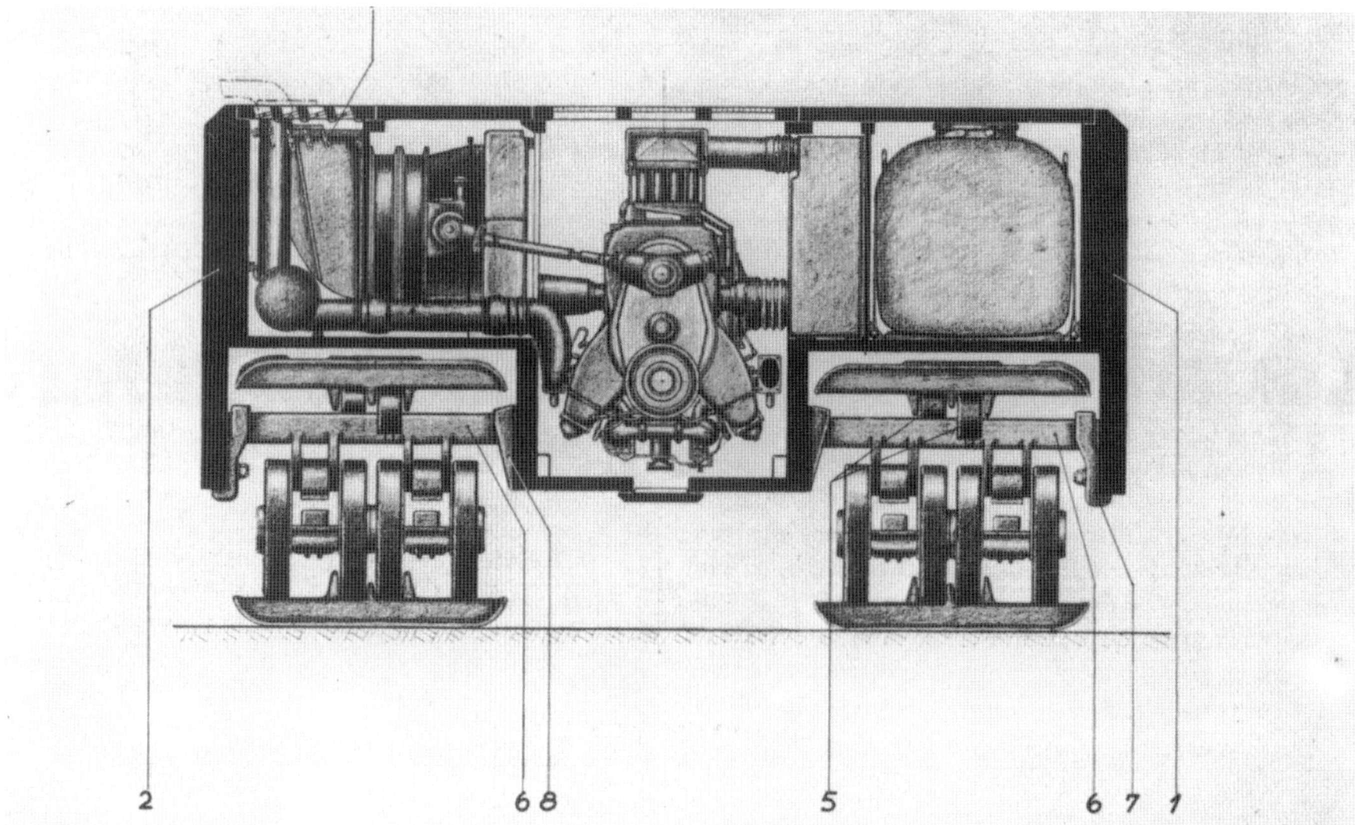

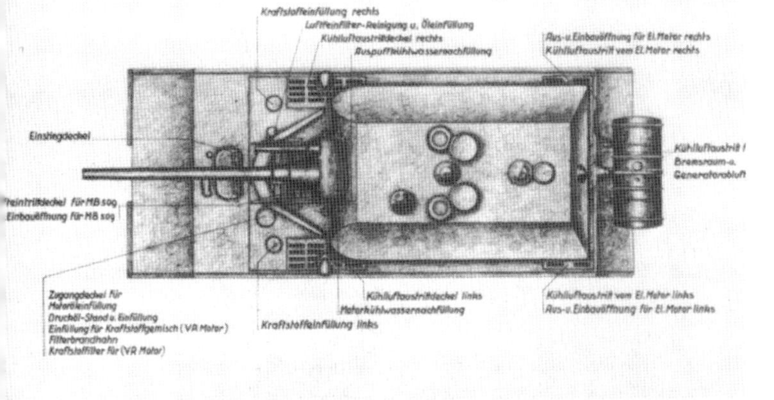

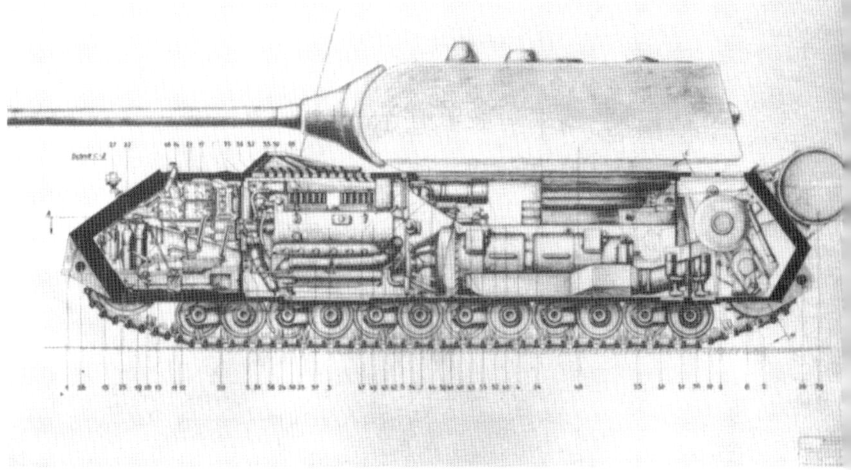

Diese Zeichnungen illustrieren das Gesamtaussehen des Panzerkampfwagens »Maus«. Oben Draufsicht; darunter Längsschnitt in Draufsicht. Unten und rechts oben Längs- und Querschnitte.

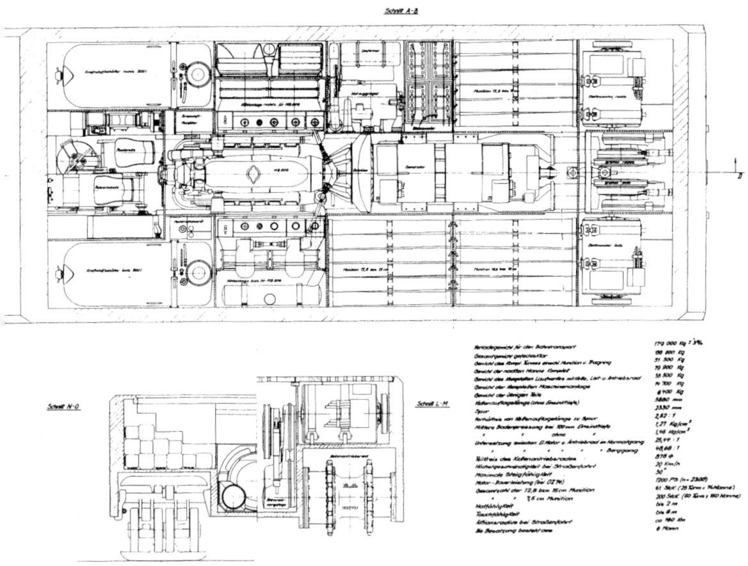

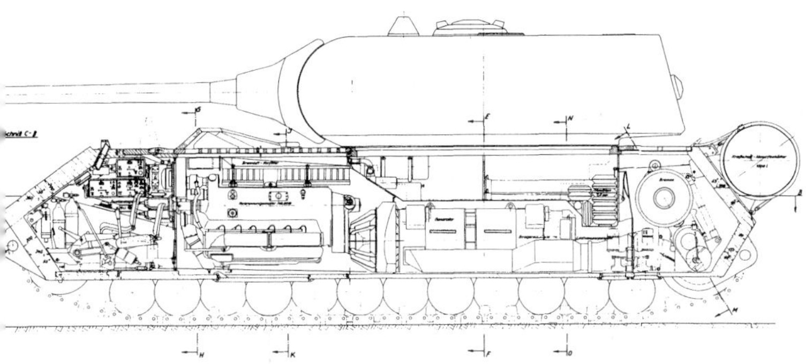

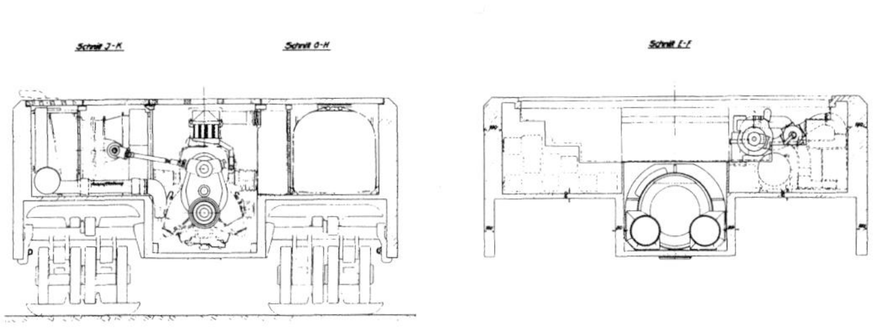

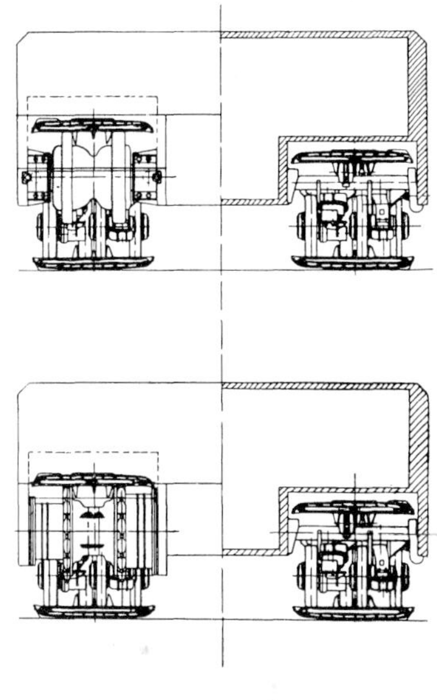

Die Anordnung der Laufwerk-Rollenwagen.

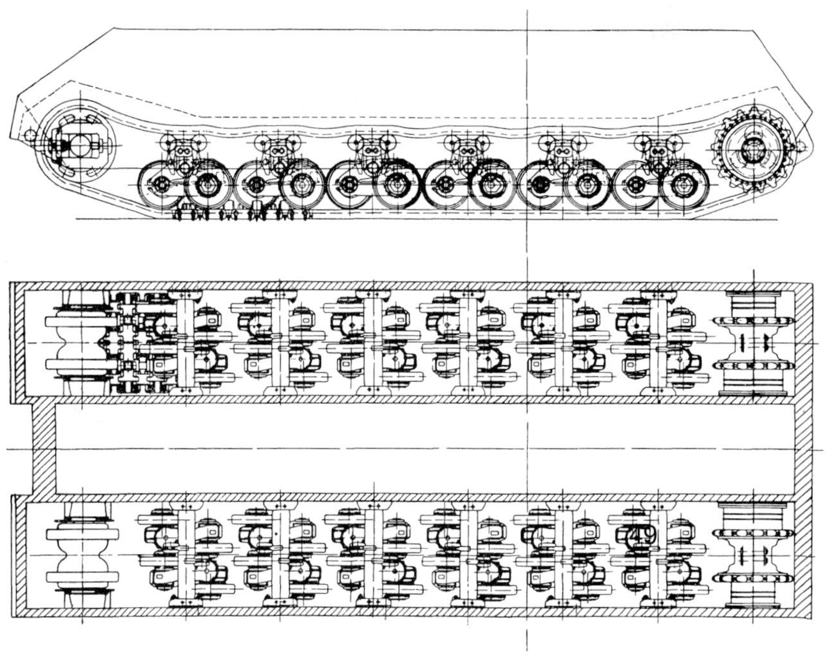

Das Bild zeigt einen der Rollenwagen und die dazugehörige Zeichnung.

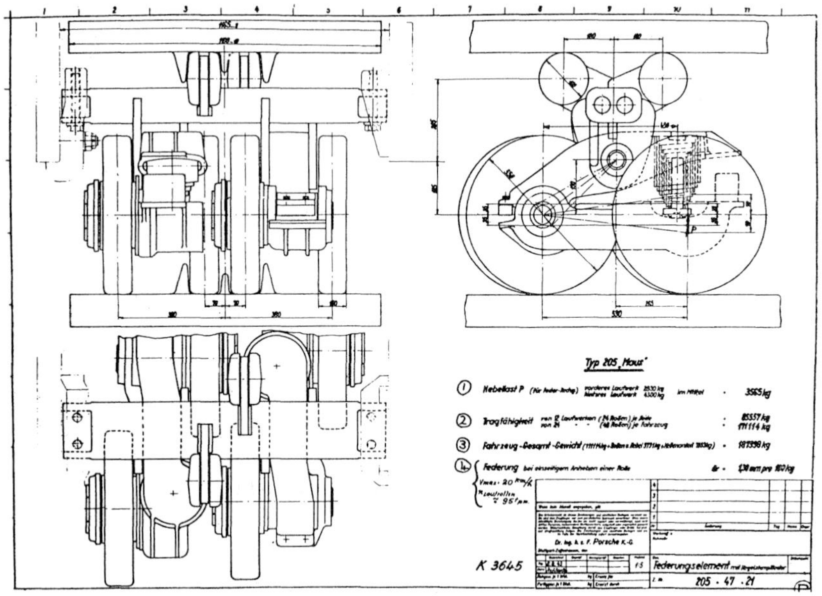

Die Zeichnung zeigt den vollständigen Doppelgenerator.

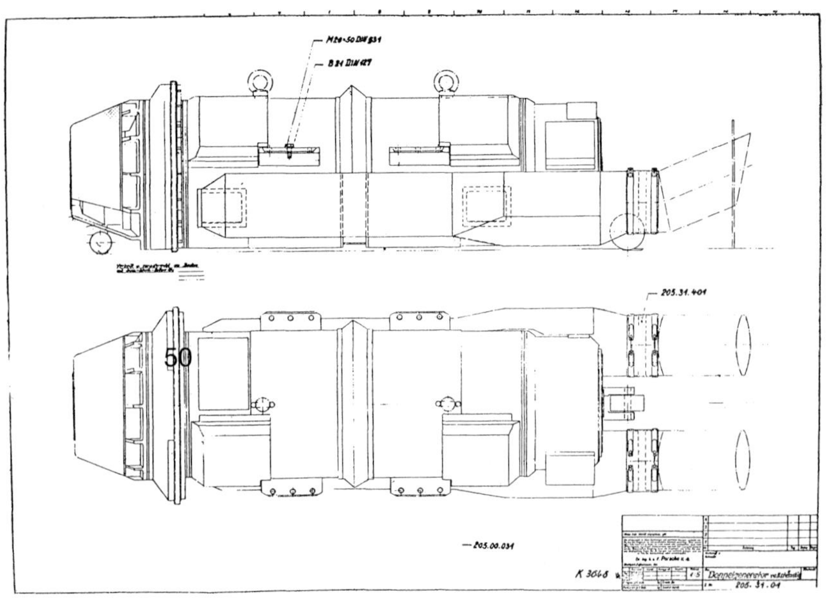

Der erste Prototyp des Fahrzeuges »Maus« bei der Erprobung. Da der endgültige Drehturm zu diesem Zeitpunkt noch nicht fertig war, wurde ein Attrappenturm aufgesetzt.

Die Rückansicht des Fahrzeuges zeigt den abwerfbaren Zusatz-Kraftstoffbehälter mit 1000 l Inhalt.

Die Nahaufnahme zeigt den Zusatzbehälter mit Anschlußleitung.

In den seitlichen Ausbauten der Wanne lagen die beiden Kraftstoffbehälter mit je 1600 l Inhalt.

Die Aufnahme zeigt den Daimler-Benz »MB 509«-Motor, eingebaut im Fahrzeug »Maus«.

Unmittelbar hinter den Kraftstoffbehältern befand sich die Kühlanlage für den Hauptmotor.

Die Scheibenbremsen für das Fahrzeug wurden von den Argus-Werken beigestellt.

Dipl.-Ing. Otto Zadnik war für den elektrischen Teil der »Maus« verantwortlich. Das Bild zeigt ihn im Fahrersitz des Fahrzeuges.

stoffbehälter mit je 1600 l Inhalt untergebracht. Im dahinterliegenden Raum befand sich der Hauptmotor mit Kühlanlage, die die gesamte Fahrzeugbreite einnahm. Der dritte Raum nahm den Hauptgenerator auf, im linken Ausbau war ein Teil der Munition gelagert. Rechts vom Generator befanden sich außerdem die Batterien und der Zusatzmotor. Im hinteren Raum der Wanne waren die beiden elektrischen Fahrmotoren und die Untersetzungsgetriebe der hinten liegenden Vorgelege untergebracht. Der Rest der Besatzung mit 4 Mann war im Kampfraum über dem Hauptgenerator plaziert. Eine Verbindung zu Fahrer und Funker war nicht gegeben. Um die Kühlung des Hauptmotors zu bewerkstelligen, waren ca. 148 PS Leistung nötig. Im Motorraum wurden seitlich je zwei Kühlgebläse untergebracht, die der Hauptmotor direkt antrieb. Im Dach des Motorraumes befanden sich in der Mitte die Kühlluftzufuhr, die durch ein vorgesetztes Panzerschild geschützt war, seitlich davon waren die Abzugsöffnungen angeordnet. Die Zweistufengebläse kühlten bis zu + 35°C.

Funkgeräte und Bordverständigung lagen rechts vom Funker im vorderen Teil der Wanne.

Alle Panzerbleche waren aus Walzstahl hergestellt, mit Ausnahme der Turmblende und der Turmbugplatte.

Als Anlaßmotor war ein Zweitakt-Zweizylindermotor mit 8 PS Leistung vorhanden. Ferner befand sich hinter dem Hauptmotor ein weiteres Zusatzaggregat, ein luftgekühlter Zweizylinder-Vergasermotor, der folgende Aufgaben hatte:

- Überdruckerzeugung im Wageninneren zum Schutz gegen Giftgase und für Heizungszwecke,
- Überdruckerzeugung bei Tauchfahrten,
- Aufladen des Batteriesatzes.

Der benzin-elektrische Antrieb wurde gewählt, um das überschwere Fahrzeug im Gelände beweglich halten zu können. Auch erlaubte die vorgeschriebene kurze Entwicklungszeit keine Experimente mit hydraulischen Antriebsaggregaten. Der von Siemens-Schuckert entwikkelte Doppelgenerator »LK 1000/12-2000« war direkt mit dem Hauptmotor verbunden und wog 3885 kp. Er war sechspolig ausgelegt. Vom Hauptgenerator ging die Kraftübertragung zu den beiden Fahrmotoren, die unabhängig voneinander hinten in der Wanne untergebracht waren. Die Höchstdrehzahl dieser Motoren betrug 3100 U/min, gleich einer Höchstgeschwindigkeit

Diese Bilderfolge zeigt die Schwierigkeiten beim Auswechseln eines defekten Rollenwagens. So eine Arbeit dauerte Tage, da das notwendige Hebegeschirr truppenmäßig nicht vorhanden war.

des Fahrzeuges von 20 km/h. Beide Fahrmotoren wogen zusammen 3750 kp. Es handelte sich wiederum um sechspolige Motoren mit Zwischenpolen und Ausgleichswindungen. Um starke Drehmomentschläge aufzufangen, waren zwischen den Motoren und den Untersetzungsgetrieben Drehmomentauffangkupplungen vorgesehen. Die Doppelvorgelege hatten ein vom Fahrer manuell zu bedienendes Untersetzungsgetriebe für Straßen- und Geländefahrt eingebaut. Die Gesamtuntersetzung betrug 25,44, die Untersetzungsgetriebe hatten Sprünge von 1,914 : 1 und 1 : 1. Auf den Verbindungswellen zum Vorgelege waren Scheibenbremsen angeordnet, die über die Fußbremse hydraulisch und über die Handbremse mechanisch angesprochen wurden. Die Verbindungswellen selbst wirkten als Drehstäbe, um Antriebsstöße gefahrlos abzufangen.

Nach Aufgabe der Drehstabfederung wurden Federungselemente mit Kegelstumpffedern verwendet. Diese Federung war von der Firma Krupp entwickelt worden. Die Hebellast betrug im Mittel 3565 kp, die Tragfähigkeit der 24 Laufwerke mit insgesamt 48 Rollen 171 114 kp. Pro Laufwerk waren zwei Rollen mit einem Durchmesser von 550 mm vorhanden, der Radstand betrug 530 mm. Auf jedem Laufwerk saß eine Stützrolle. Die einzelnen Laufwerke waren untereinander austauschbar. Die Laufrollen waren als Stahllaufrollen mit eingelegten Gummiringen ausgebildet. Das Fahrzeug-Gesamtgewicht betrug 187 998 kp.

Die von der Altmärkischen Kettenwerk GmbH entwikkelten Gleisketten hatten eine Breite von 1100 mm, beide Ketten wogen ca. 12,5 t.*

Durch die Notwendigkeit, die Fahrzeuge wegen ihres Gewichtes tiefwatfähig zu machen, stellte sich rasch heraus, daß die Verwendung des eigenen Motors unter Wasser hinsichtlich der Kühlung und der Abgasabführung einen zu großen Entwicklungsaufwand erforderte. Deshalb waren immer zwei Fahrzeuge auf Zusammenarbeit angewiesen. Dabei trieb das am Ufer wartende Fahrzeug mittels Kabel die Elektromotoren des tau-

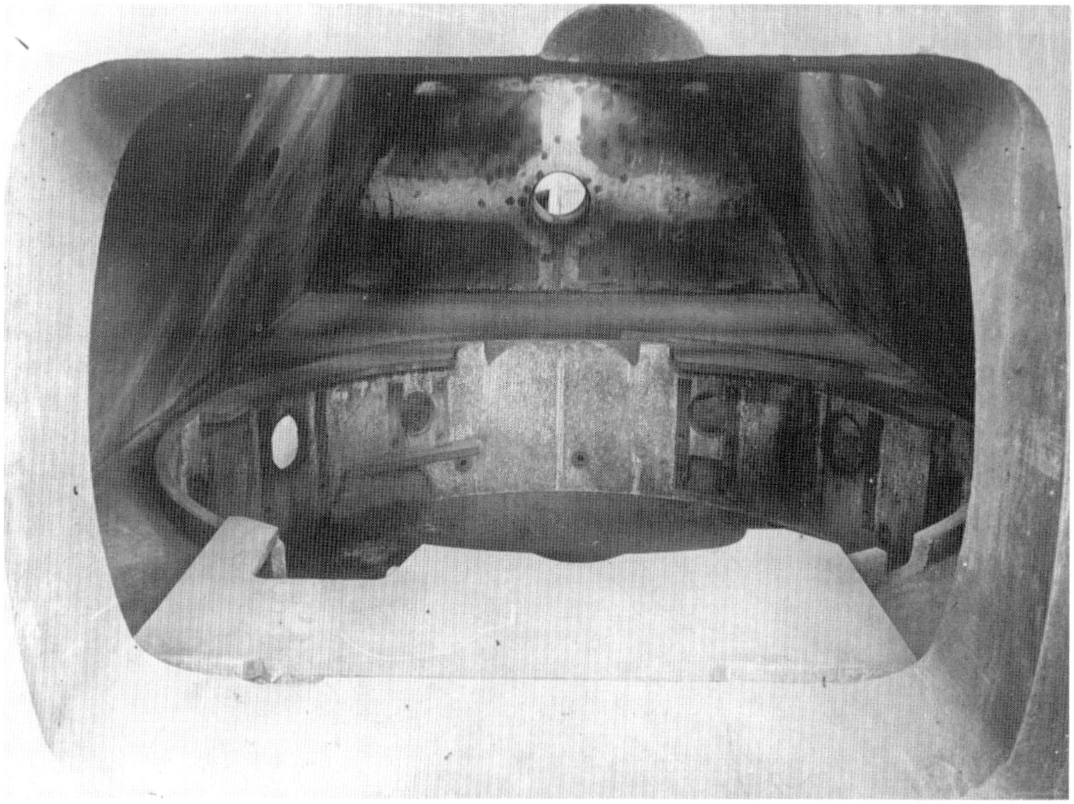

Das Turmgehäuse war aus Platten zusammengeschweißt. Einblick durch die Blendenöffnung

* Zeit für Kettenwechsel in Werkstatt 8 Stunden mit 6 Mann

Das Bild zeigt bei der Firma Krupp liegende Wannen und Türme für das Fahrzeug »Maus«. In der linken oberen Ecke ist ein Versuchsturm für das »Tiger«-Programm zu sehen.

Die Holzattrappen der Turmblende zeigen verschiedene Auslegungen des Antennenabweisers. Die meisten dieser Studien wurden im Maßstab 1:1 ausgeführt.

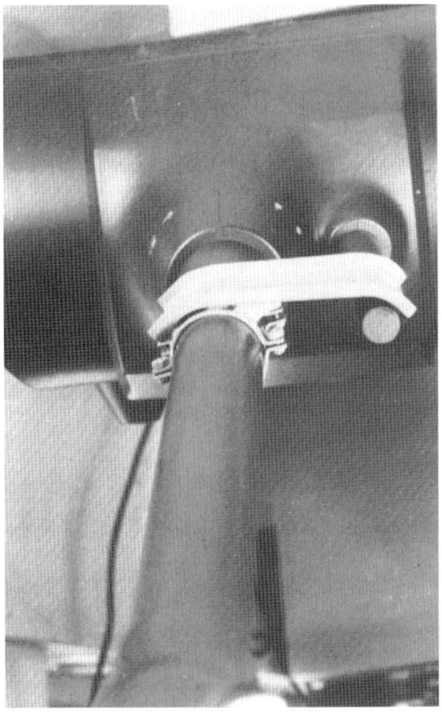

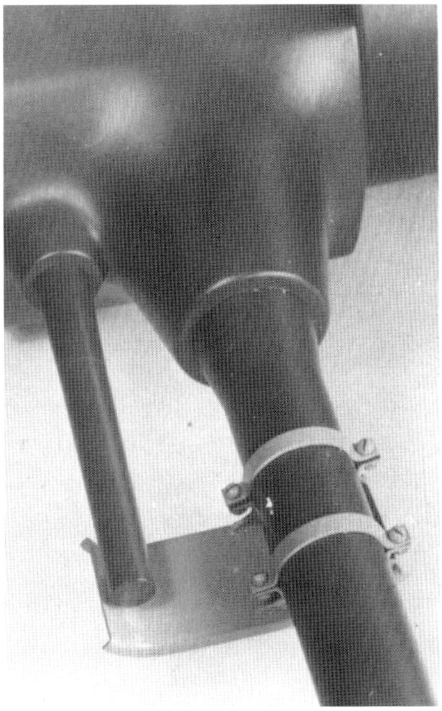

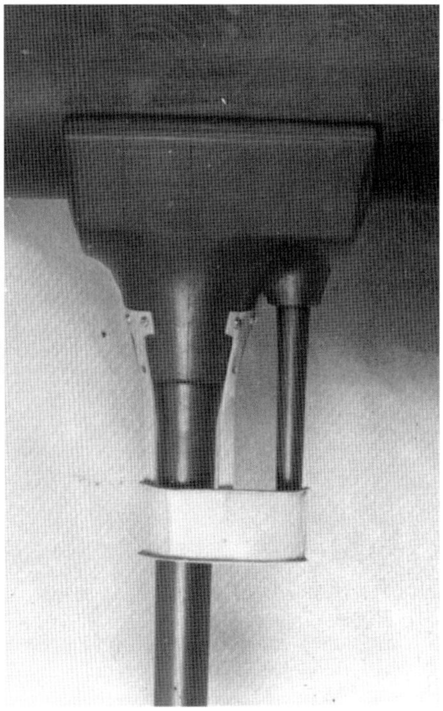

chenden Fahrzeugs an. Normalerweise wurden 45 Minuten benötigt, um ein Fahrzeug tauchfähig zu machen.
Das Turmgehäuse war aus Platten zusammengeschweißt. Der Neigungswinkel gegen die Senkrechte betrug bei den Seitenwänden 30°, bei der Rückwand 15°. Die Stirnwand war gewölbt und für die Rohrwiege rechteckig ausgeschnitten. Außerdem befand sich in ihr eine MG-Scharte. Die Turmdecke hatte Ausschnitte für zwei Einstiegsluken, zwei Aufbaulüfter, einen Drehspiegel, ein Zielfernrohr, einen vertikalen E-Messer* und eine Nahkampfwaffe, ferner vier durch Stopfen verschlossene Öffnungen zum Einschrauben von Tragösen.
An jeder Steilwand war eine MP-Kugelblende eingelassen. In der Rückwand befand sich eine Luke zum Einbringen der Munition und ein in den Lukendeckel eingesetzter MP-Stopfen. In die Bodenplatte des Turmgehäuses war der Tragring eingeschweißt, mit dem der Turm auf Rollen in der Fahrzeugwanne stand.
Ein Schwenkbahnring trug den Turm, er lag fest in der Panzerwanne des Fahrzeuges. Auf seinem oberen Rand trug er einen Gummiring, auf den der Turm abgesenkt werden konnte, wodurch der Turmspalt von unten wasserdicht gemacht wurde. Der Turm ruhte auf drei Paar Tragrollen im Schwenkbahnring der Panzerwanne, auf diesen Rollen konnte der Turm von Hand um 6 mm gesenkt oder gehoben werden. Bei Marschfahrt wurde der Turm durch drei Zurrungen gegen Abheben gesichert. Die Öffnung für die Rohre der 12,8 cm und 7,5 cm Kanonen in der Stirnwand des Turmes wurde durch eine Blende verdeckt. Sie war mit Spitzkopfschrauben an der Rohrwiege befestigt. Damit die Blende beim Höherrichten nicht an der Stirnwand schleifte, wurde sie durch zwei Druckfedern auf Abstand gehalten. Bei Treffern auf die Blende gaben diese Druckfedern nach. Wasserdicht wurde die Blende durch Anziehen der kenntlich gemachten Spitzkopfschrauben, wobei die Blende mit ihrem Dichtungsring gegen die Stirnwand gepreßt wurde. Bei der 7,5 cm Bordkanone L/36,5 handelte es sich um eine Neuentwicklung der Firma Krupp. Die auf dem Fahrzeug federnd befestigte Stabantenne wurde beim Schwenken des Turmes durch einen Antennenabweiser an der Blende vorübergehend umgelegt. Ein MG 34 war links von der Rohrwiege in einem Rahmen aufgehängt.
Zur Geländebeobachtung diente dem Panzerführer ein Drehspiegel in der Decke des Turmes.
Die auf dem linken Schildzapfenlager befestigte Stütze trug das Lager, in dem das Turmzielfernrohr hing. Links neben dem Zielfernrohr ragte durch die Turmdecke ein vertikaler Entfernungsmesser.

Neben der 12,8 cm Hauptbewaffnung kam die Neuentwicklung einer 7,5 cm L/36,5 Kanone der Firma Krupp zum Einbau. Die Zeichnung gibt einen Längsschnitt durch die Waffe.**

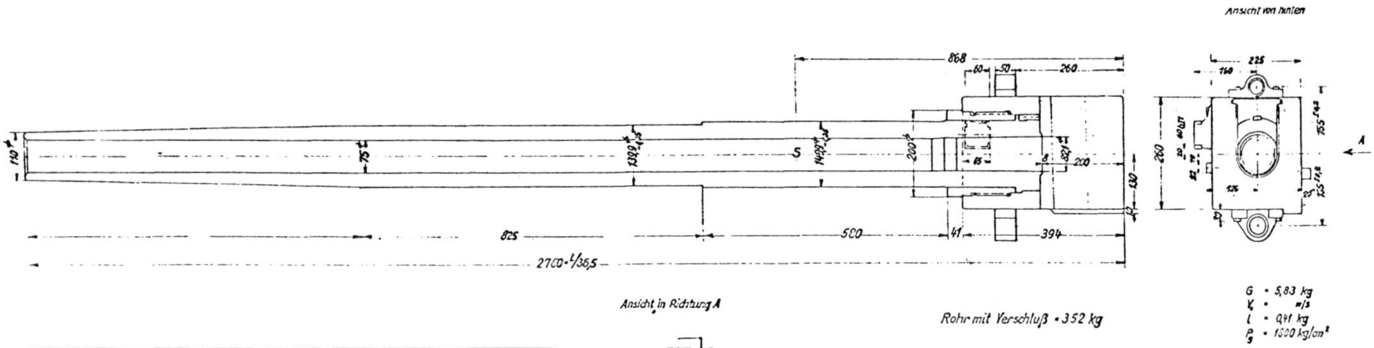

* Versuche auch mit horizontalem E-Messer mit 1,9 m Basis für Turm Maus 2

** Die vorhandene 7,5 cm KwK L/24 konnte nicht verwendet werden, da wegen der Kürze des Rohres die Pulvergase direkt in den Kühllufteintritt gelangen konnten.

Die endgültige Unterbringung dieser Waffe im Turm.

Drei Ansichten des für die Produktion vorgesehenen Drehturmes des Panzerkampfwagens »Maus«.

Die Phantomzeichnung zeigt die Auslegung des Drehturmes und die Unterbringung der Bereitschaftsmunition, die mehrmals geändert wurde.*

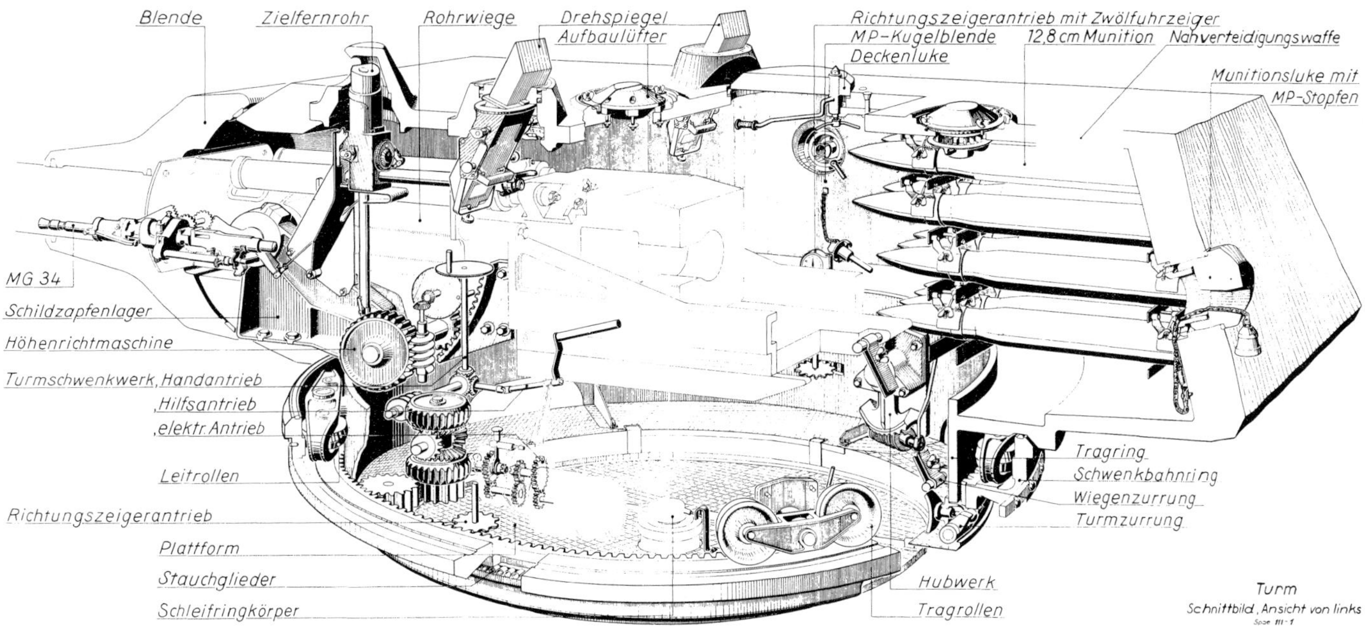

* Turm Maus auch mit schräger Stirnwand, beide Geschütze übereinander

* Krupp Zeichnung BZ 3/52 vom 16. 11. 1943

Einzelheiten der Turmblende.

Schnitt A-B

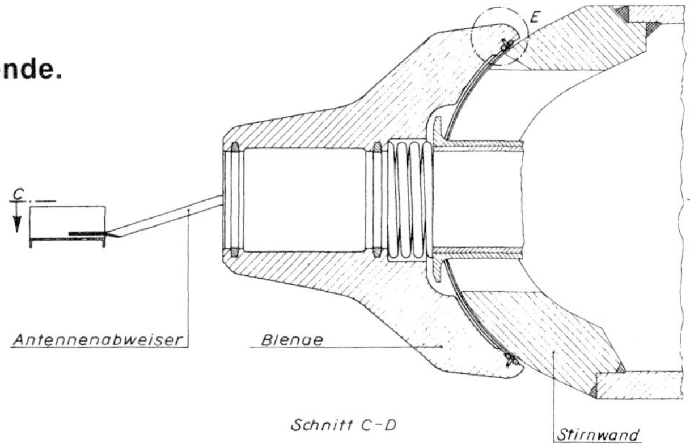

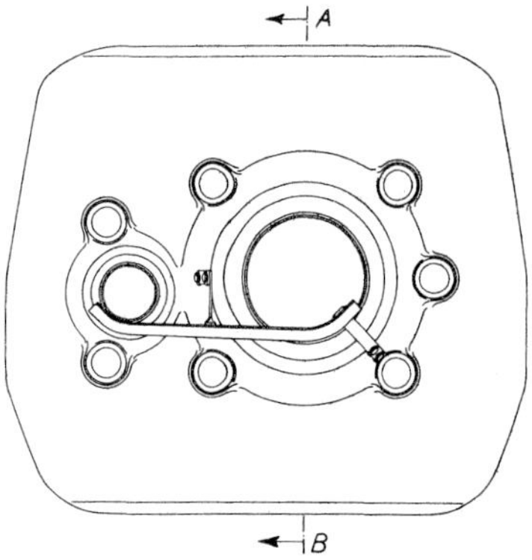

Schnitt C-D

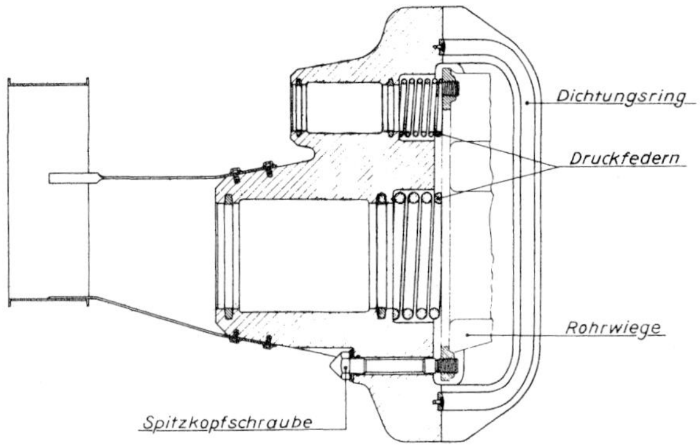

Einzelheit bei E

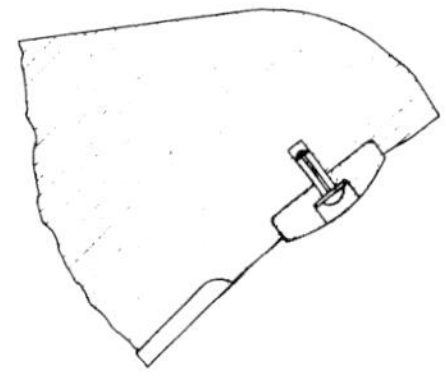

Die rechte Seite des Kampfraumes.

Die linke Seite des Kampfraumes.

Der Kampfraum vorne unten.

Die Turmdecke.

Das Turmschwenkwerk und Höhenrichtmaschine.

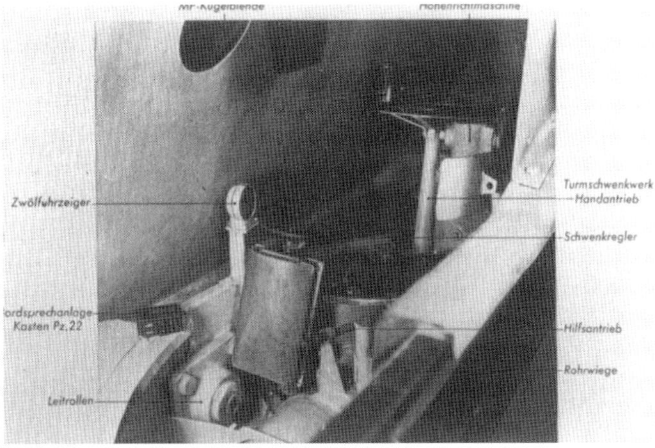

Der Antrieb des Turmschwenkwerkes. ▲

Das Hubwerk, die Leitrollen und die Turmzurrung.

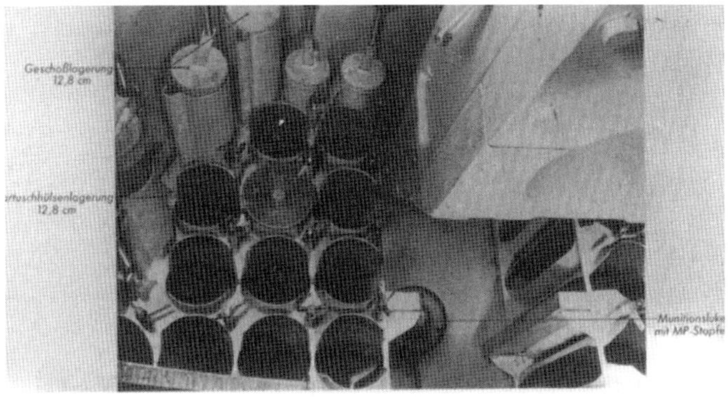

▲
Die Lagerung der 12,8 cm Munition, die Zeichnung ergänzt die Aufnahme.
▼

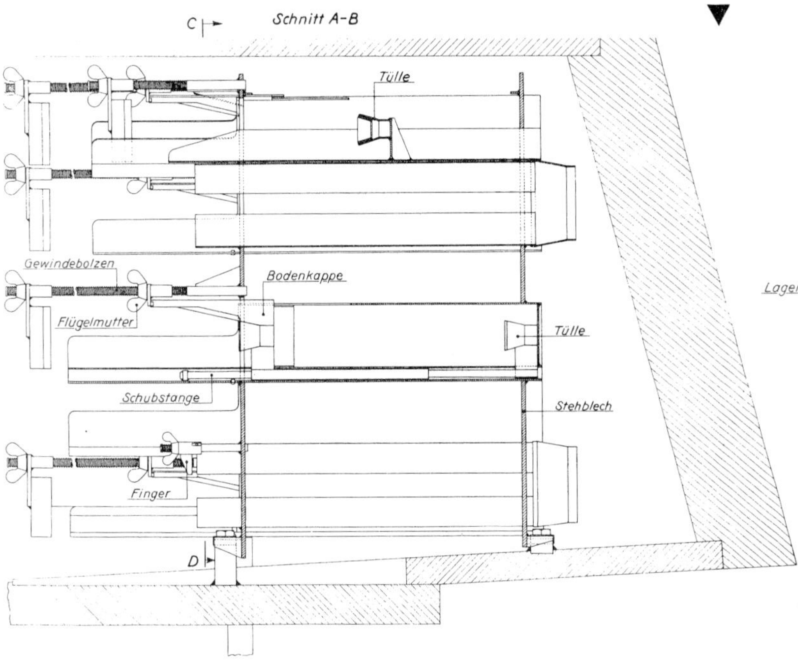

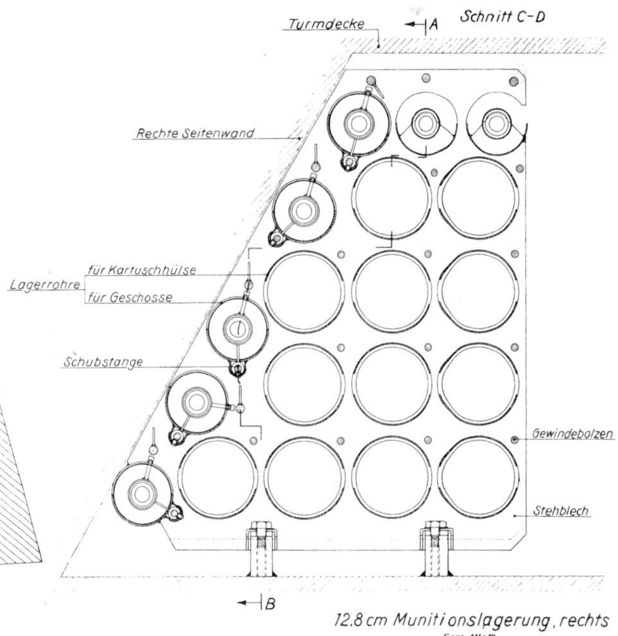

12,8 cm Munitionslagerung, rechts

Spae 111-19
nach 21-4401. 013

Die MG-Lagerung im Drehturm.

Die Höhenrichtmaschine war als Zahnbogenrichtmaschine mit Handantrieb ausgebildet. Der Turm wurde durch ein am Tragring befestigtes, elektrisch getriebenes Turmschwenkwerk gedreht. Die feine Seitenrichtung erfolgte mittels Handantrieb. Zwei Richtgeschwindigkeiten waren gegeben.

Die in der Turmdecke sitzende, schwenkbare Nahverteidigungswaffe diente zum Abschießen von Schnellnebelkerzen 39, Wurfgranaten, Rauchsichtzeichen orange 160 und Leuchtgeschossen R.

In den beiden hinteren Ecken des Turmes waren insgesamt 24 Schuß 12,8 cm Kartuschmunition gelagert.

Nach dem Schuß wurde das 12,8 cm Rohr bei Öffnung des Verschlusses ausgeblasen. Die Preßluft wurde von einem Kompressor erzeugt, der auf der Plattform des Turmes aufgestellt war.

Im Oktober 1943 ließ Hitler überprüfen, inwieweit der Produktionsturm der »Maus« nach Deckenverstärkung für einen stationären Einsatz verwendet werden könnte. Die damalige Stahlgußkapazität erlaubte keinen Ausstoß an schweren Panzertürmen für die 12,8 und 15 cm Geschütze.

Der fertige, erste Prototyp des Panzerkampfwagens »Maus« mit dem endgültigen Drehturm.

Fahrversuche mit dem fertiggestellten Fahrzeug.

Vorderansicht der Maus mit Kanonen in höchster Erhöhung

Um den Aktionsradius des Fahrzeugs zu vergrößern, wurde am hinteren Abschlußblech der Wanne ein abwerfbarer Zusatzbehälter für Kraftstoff vorgesehen. Der Inhalt dieses Behälters betrug 1000 l. Er konnte mittels Bowdenzug vom Kampfraum aus abgeworfen werden. Laufende Änderungen an beiden Prototypen verzögerten ihre Fertigstellung. Der Zusammenbau begann bei der ALKETT in Berlin-Spandau Mitte September 1943, die ersten Fahrversuche wurden am 23. Dezember 1943 begonnen. Danach wurde das erste Fahrzeug nach Böblingen überstellt, wo bis Mai 1944 weitere Fahrversuche

Beide Maus-Fahrzeuge, abgestellt bei der Verskraft in Kummersdorf im Januar 1945.

Seitenansicht des Panzerkampfwagens Maus

stattfanden. Nach Fertigstellung des ersten Turmes durch die Firma Krupp erfolgte der endgültige Zusammenbau mit Fertigstellungsdatum 9. Juni 1944. Die Montage des zweiten Prototyps mit Dieselmotor »MB 517« begann am 22. 2. 1944. Beide Prototypen befanden sich bei Kriegsende 1945 zur Erprobung in Kummersdorf und wurden dort vor dem Einmarsch der Roten Armee gesprengt. Einige Wannen und Türme wurden bei Kriegsende bei Krupp und auf dem Versuchsplatz Meppen der Firma Krupp gefunden.

Der Porschetyp »210« behandelte Klimaanlagen für Panzerfahrzeuge, wobei vor allem daran gedacht war, durch Erzeugung von Überdruck im Kampfraum etwaige Giftgasangriffe gegenstandslos zu machen.

Bei den Typen »240« und »241« handelte es sich um Zusatzaggregate für den Typ »205«, hauptsächlich um den Antrieb für den Lichtmaschinensatz und Anlaßhilfen.

Unter dem Eindruck der Kriegsereignisse und der immer angespannter werdenden Rohstofflage entstanden bei Porsche eine Reihe interessanter Entwürfe für leichte Panzerfahrzeuge. Die Vorarbeiten dazu liefen ab Mai 1943. Es scheint sich dabei nicht um einen offiziellen Auftrag des Heereswaffenamtes gehandelt zu haben. Lediglich Projektzeichnungen wurden erstellt, die Entwürfe waren bei Kriegsende noch nicht so weit gediehen, daß mit der Produktion von Prototypen hätte begonnen werden können. Vom »Sonderfahrzeug V«, dem Porschetyp »245« wurden drei Versionen geschaffen. Erstens erschien der Entwurf eines leichten Panzerkampfwagens mit einem Gefechtsgewicht von 18 t. Der Besatzung von drei Mann stand im Drehturm eine 5,5 cm Schnellfeuerkanone mit Gurtzuführung sowie 1 MG zur Verfügung. Die Hauptbewaffnung konnte zum Erd- und Flugzielbeschuß eingesetzt werden. Der kegelstumpfförmige Drehturm erlaubte eine Erhöhung der Waffe um 90°. Quer im Heck lag ein luftgekühlter 10-Zylinder-Vergasermotor vom Typ »101« mit 316 PS Leistung. Durch Aufladung wurden bis zu 345 PS erwartet. Die Panzerung der Wanne betrug vorne bis zu 60 mm. Eine Höchstgeschwindigkeit von 65 km/h wurde errechnet. Interessant war die Verwendung von Kegelstumpffedern beim Laufwerk, welches im Prinzip mit dem des Fahrzeuges »205« übereinstimmte. Die Kettenbreite betrug bei 130 mm Teilung 480 mm.

Das zweite auf dieser Basis ausgelegte Fahrzeug war

Das Sonderfahrzeug V, der Porschetyp »245« zeigte sich u.a. als leichter Panzerkampfwagen, dessen Hauptbewaffnung, eine 5,5 cm Schnellfeuerkanone für Erd- und Flugzielbeschuß eingesetzt werden konnte.

Leichter Panzerkampfwagen Porsche 245/1

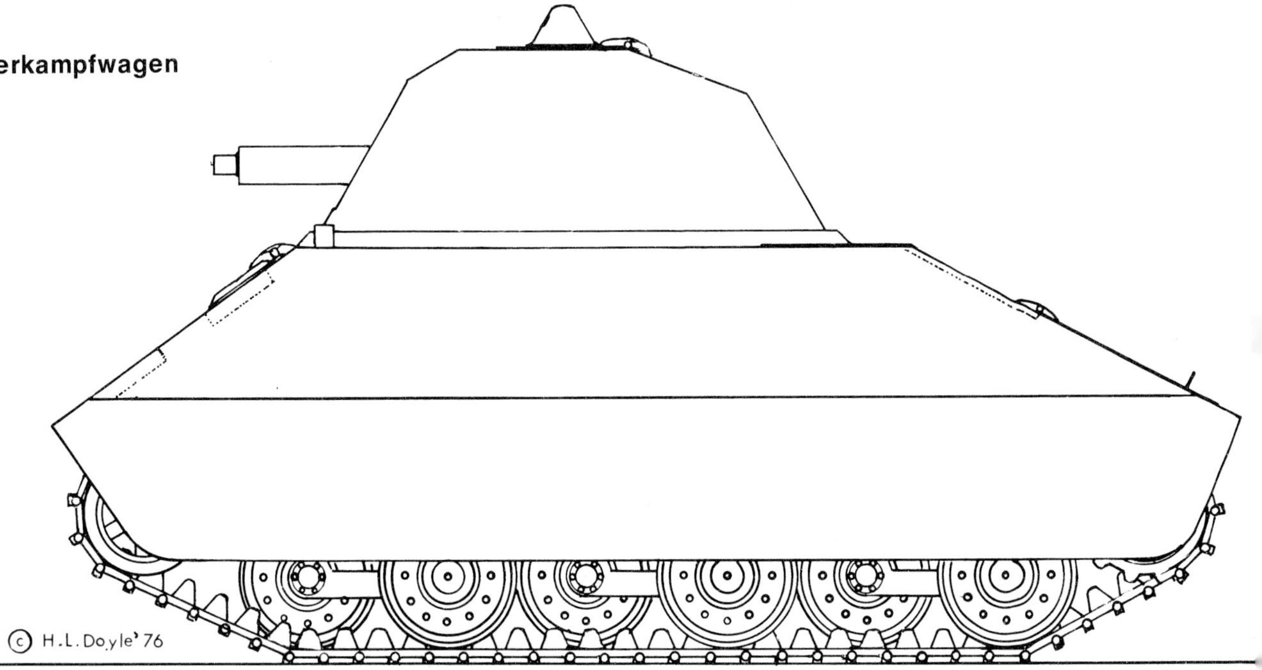

Leichter Mehrzweckpanzer Porsche 245/2

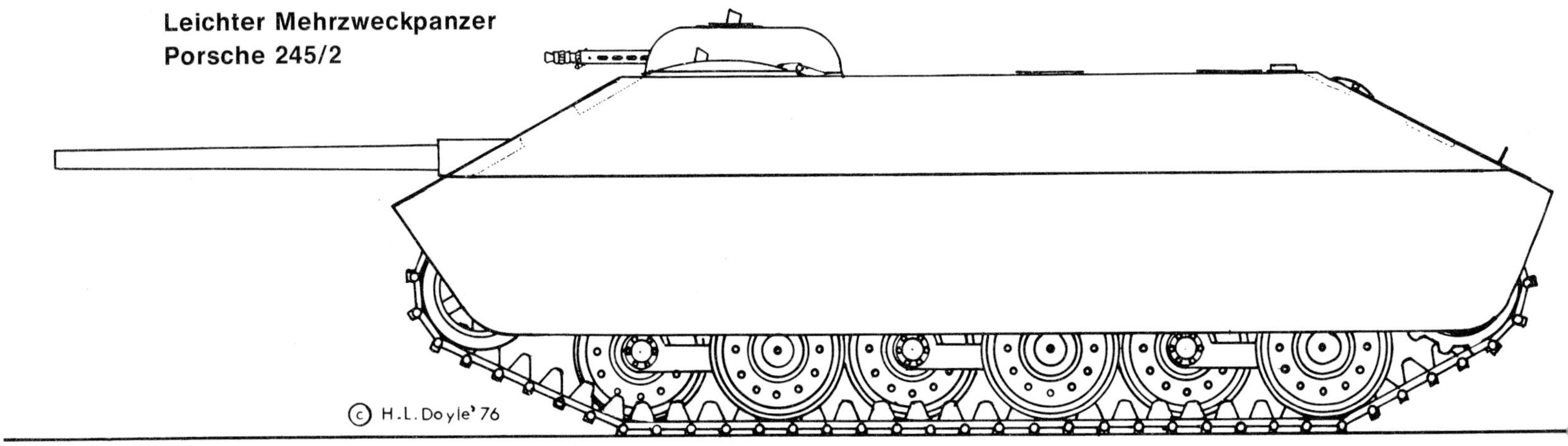

als leichter Mehrzweckpanzer für Aufklärung und Begleitung gedacht. Wiederum wurde die 5,5 cm Hauptbewaffnung, diesmal jedoch mit begrenztem Seitenrichtfeld vorgeschlagen. Das Fahrzeug selbst war als Sturmgeschütz mit einer Gesamthöhe von 1450 mm ausgelegt. Die Feuerhöhe betrug 1130 mm. Zwei Mann Besatzung standen zur Verfügung. Das Gefechtsgewicht war mit 15 t angegeben. Hinten im Heck war ein querliegender Maybach 6-Zylindermotor vom Typ »HL 116« zum Einbau vorgesehen, der in Verbindung mit einem Voith Drehmomentwandler dem Fahrzeug eine Höchstgeschwindigkeit von 58 km/h geben sollte.

Die stark geneigte Bugpanzerung betrug wiederum 60 mm. 300 Schuß Munition sollten mitgeführt werden. Laufwerkmäßig stimmte das Fahrzeug mit dem leichten Panzerkampfwagen überein.

Das dritte Fahrzeug in dieser Entwurfsbaureihe war ein leichter Mehrzweckpanzer für Erd- und Luftzielbeschuß. Bei drei Mann Besatzung betrug das Gesamtgewicht 18 t. Das Fahrzeug stimmte im wesentlichen mit dem ersten Vorschlag überein, war jedoch in der Porschezeichnung E 2201 vom 23. August 1943 näher beschrieben. Die Feuerhöhe betrug gegenüber 1970 mm beim ersten Entwurf nur noch 1650 mm. Der Gesamtaufzug des Fahrzeuges wurde von 2420 auf 2000 mm reduziert.

1944 erschien auf den Zeichenbrettern der Firma Porsche die Typenreihe 250/255. Während das »Sonderfahrzeug VI« als Typ »250« mit hydraulischem Antrieb vorgesehen war, ergab sich beim Typ »255« eine Auslegung mit mechanischen Antriebsaggregaten. Gegenüber dem Typ »245« war das Fahrzeug beträchtlich vergrößert worden. Eine größere Besatzung, stärkere Panzerung und im Gegensatz zu den vollautomatischen Waffen der Vorgängertypen eine halbautomatische 10,5 cm Kanone erhöhten das Gesamtgewicht auf ca. 27 t. Die Hauptbewaffnung war zentral hinter einer gegossenen Bugplatte angeordnet. Der Fahrer saß vorne links im Fahrzeug, der Richtschütze und der Ladeschütze an der rechten Seite, der Ladeschütze bediente gleichzeitig die im Turmdach angebrachte Nahkampfwaffe. Dem Panzerführer stand ein kleiner Drehturm mit einer 3 cm Mehrzweckwaffe für Erd- und Flugzielbeschuß zur Verfügung. Dieser Turm war hinter dem Fahrer auf dem Aufbaudach aufgesetzt.

Hinten in der Wanne war der Motor quer zur Fahrtrichtung eingebaut. Über einen Winkeltrieb ging der Abtrieb über ein vollautomatisches hydraulisches Getriebe zu den hinten liegenden Vorgelegen und Antriebsrädern. Durch diese Anordnung ergab sich ein

Mehrzweckpanzer Porsche 255

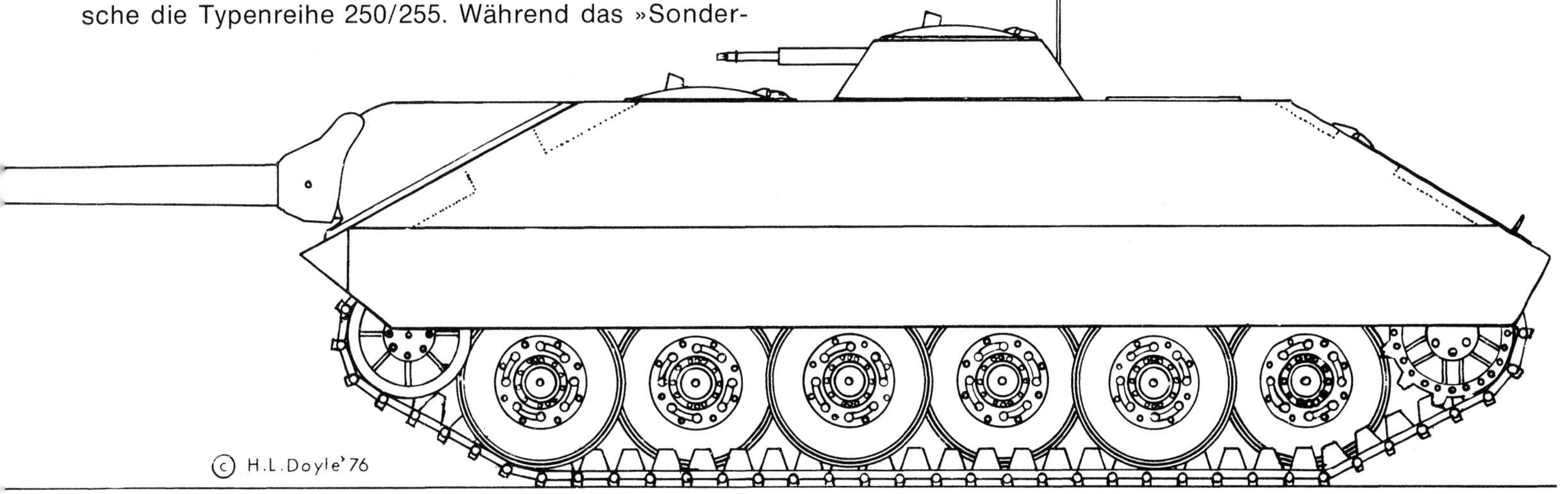

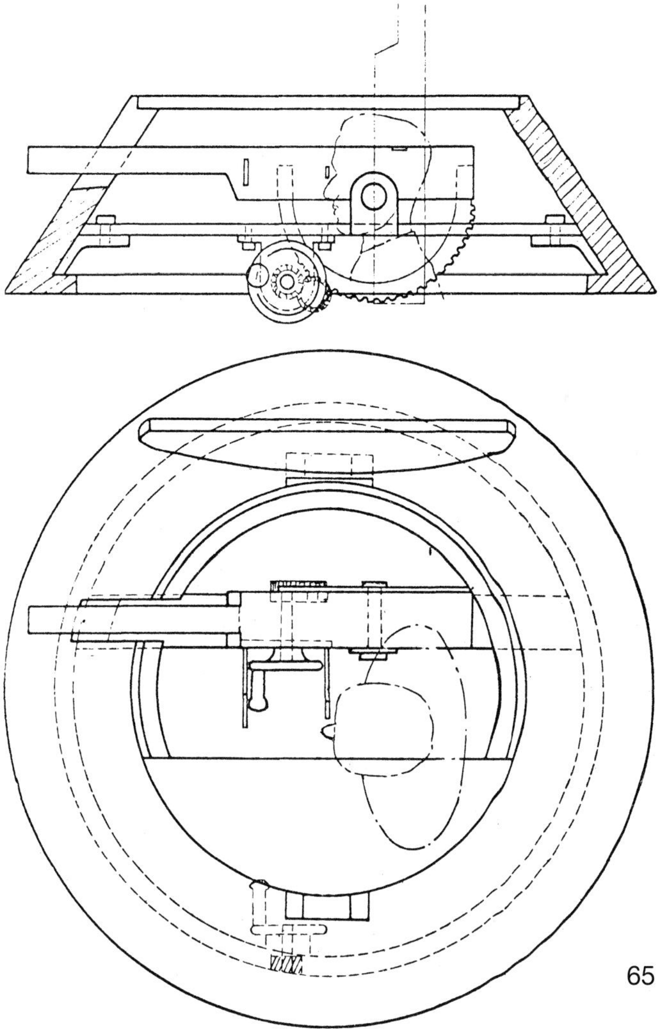

Eine schematische Darstellung des Einbaus der 3 cm Bewaffnung im Drehturm des 27t Panzerjäger-Fahrzeuges.

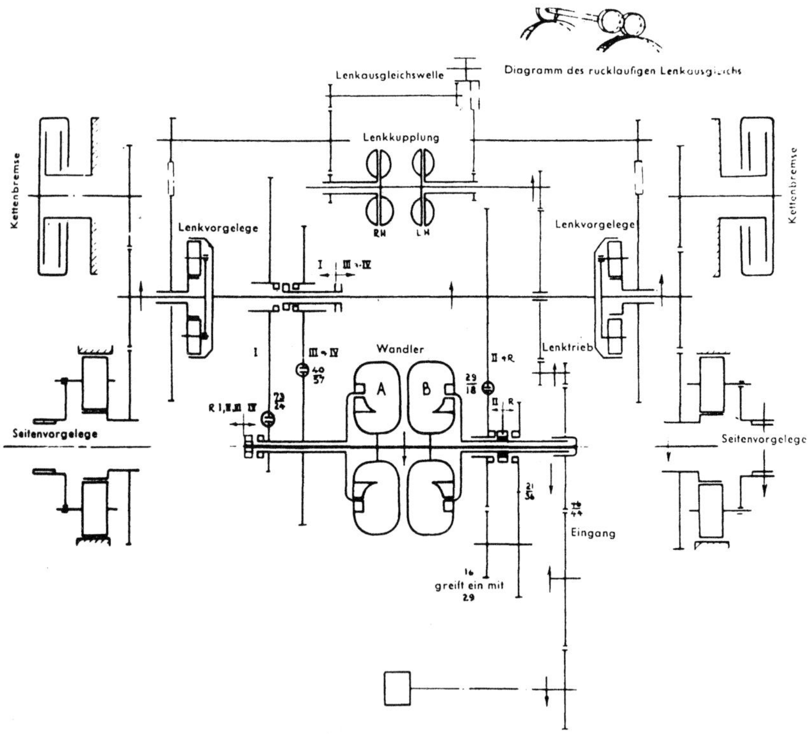

Eine schematische Darstellung des zum Einbau in Panzerfahrzeugen von Porsche vorgesehenen hydraulischem Voith Getriebes.

verhältnismäßig kleiner Motorraum. Die rückwärtigen Wannenbleche waren stark geneigt, um den Schutz zu erhöhen. Bei dem Motor wurde versucht, aus dem luftgekühlten 10-Zylinder V-Motor einen 12-Zylinder zu entwickeln, der theoretisch 500 PS leisten sollte. Der Gesamthubraum hätte 18 l betragen. Eine Höchstgeschwindigkeit von 57 km/h wurde erwartet.

Die Bugplatte war mit 120 mm Stärke und 32° Neigung vorgesehen, seitlich waren die 45 mm Bleche 55° geneigt. Die Bleche der Wanne waren geschweißt, sie bestanden mit Ausnahme der Stirnplatte aus gewalztem Stahl. Das errechnete Gesamtgewicht der Wanne betrug ca. 12,5 t. Vorgesehener Hersteller war die Firma Krupp. Zwischen Motor- und Kampfraum war eine Feuerwand aus Weichstahl beabsichtigt.

Der kleine Drehturm war als Stumpfkegel ausgebildet, der Drehkreisdurchmesser klein gehalten worden, was auf einen rückstoßfreien Waffeneinbau hinwies. Das Turmdach bestand aus zwei Segmenten, die bei ungleichmäßiger Teilung durch Scharniere verbunden waren. Das größere Segment konnte geöffnet werden, um die Waffe zum Fliegerbeschuß einzusetzen. Die Turmwände waren bei einer Neigung von 55° 80 mm stark.

Panzertransporter Porsche 142 mit genormten Aufhängevorrichtungen

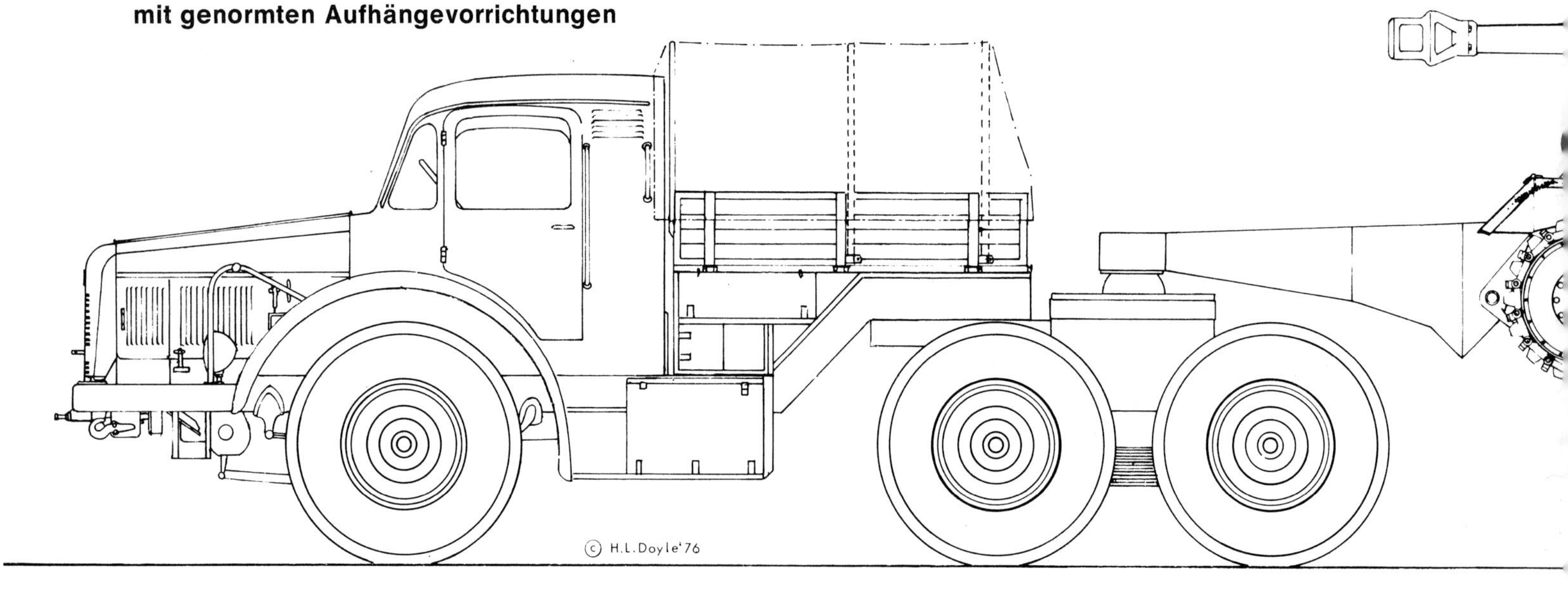

Die Hauptbewaffnung lag mit ihrer außenliegenden Wiege in einer kugelförmigen Aufnahme, die voraussichtlich durch eine gegossene »Saukopf« Blende abgedeckt werden sollte. Während man ursprünglich von einer leichten Feldhaubitze sprach, darf mit Sicherheit angenommen werden, daß es sich bei dieser Waffe um eine 10,5 cm Feldkanone handelte. Die größtmögliche Erhöhung der Waffe im Fahrzeug betrug ca. 22°. Es wurde offensichtlich kein Versuch unternommen, diese Kanone in einer stabilisierten Aufhängung unterzubringen. Angeblich wurde an eine vollautomatische 10,5 cm Waffe gedacht. Diese Arbeiten standen unter der Aufsicht von Professor Wanner der Firma Rheinmetall-Borsig in Berlin. Es sollte, wie schon bei der 5,5 cm Kanone, mit einer Gurtzuführung gearbeitet werden. Nach Einbau dieser Waffe konnte die ursprüngliche Besatzungsstärke von vier auf drei Mann reduziert werden.

Die unzulänglichen Unterlagen über die 3 cm Kanone besagten lediglich, daß die Entwicklung dieser Waffe ebenfalls bei der Rheinmetall-Borsig erfolgte. Die gurtbeschickte Kanone war anscheinend rückstoßfrei.

Ursprünglich hatte man für den Panzerführer einen Sitz vorgesehen, dies erwies sich aus Platzgründen später als unmöglich. Der Fahrer hatte einen höhenverstellbaren Sitz, der bei Marschfahrt freie Sicht vermittelte.

Am Laufwerk wurde die zuerst vorgesehene Drehstabfederung zugunsten einer Kegelstumpffederung aufgegeben. Das Laufwerk stimmte im wesentlichen wieder mit dem Typ »205« überein. Es waren pro Seite drei Rollenwagen mit je zwei Laufrollen vorgesehen. Wieder kamen gummisparende Laufrollen zum Einbau. Die Gleisketten folgten in ihrer Auslegung normalen Richtlinien.

Im Gegensatz zu diesen nicht ausgeführten Projekten ergaben sich anläßlich der Produktion des »Jagdtigers« bei den Nibelungenwerken Versuche mit neuartigen Laufwerksauslegungen. Da Henschel diese Fahrzeuge in den Nibelungenwerken fertigen lassen mußte, zeigten sich große Anstrengungen interessierter Personen, sie mit einem Porsche Laufwerk zu versehen und später auch die Panzerkampfwagen »Tiger« damit auszurüsten. Die Firma Porsche erhielt den Kriegsauftrag »258«, welcher ein Einheitslaufwerk für die Fahrzeuge

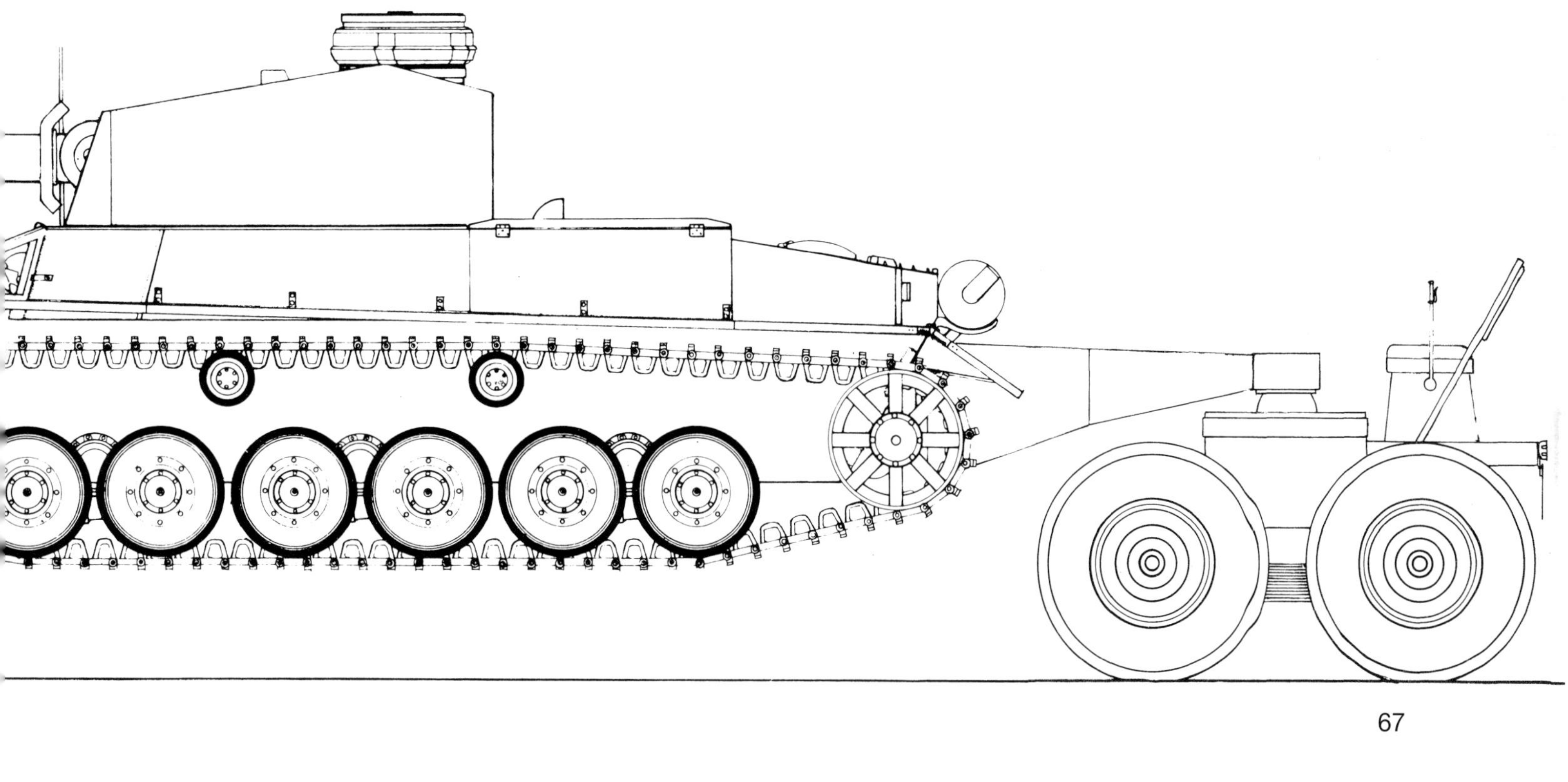

»Panther« und »Tiger« mit geringstem Sparstoffaufwand schaffen sollte. Es wurde ein Laufwerks-Aggregat geschaffen, welches an der Wanne des Panzers von aussen mittels eines Zapfens drehbar aufgehängt war. Zur Abfederung wurde für zwei Laufrollen mit gummisparenden Stahllaufringen je ein Federstab verwendet. Die scherenartige Bewegung der beiden Tragrohre wurde mittels eines Hebels in eine Drehbewegung umgewandelt. Das eine Tragrohr war mit seinem einen Ende an dem Zapfen an der Wanne drehbar angebracht und nahm mit seinem anderen Ende das zweite Rohr drehbar in sich auf. Diese Konstruktion ergab eine wesentliche Werkstoff- und Arbeitszeitersparnis gegenüber dem sonst verwendeten Staffellaufwerk. Angeblich ließ sich die Wannenbearbeitungszeit von 360 auf 140 Stunden reduzieren. Auch die Reparaturarbeiten am Panzer konnten durch einfaches Auswechseln des gesamten Aggregates ohne Ausbau der Innenteile in kürzester Zeit erfolgen. Zur Erprobung wurden zehn Fahrzeuge mit diesem Laufwerk ausgestattet. Die Fahrversuche verliefen zufriedenstellend, doch konnte nach Abschluß der Versuche aufgrund der Kriegslage an eine serienmäßige Fertigung nicht mehr gedacht werden.

Der Porschetyp »260« befaßte sich mit einer Kühlanlage für das »Sonderfahrzeug VI«. Der Typ »261« behandelte eine Heizanlage für Panzerfahrzeuge. Mit der Auspuffanlage für den Maybach »HL 120« Motor in Panzerfahrzeugen beschäftigte sich der Entwurf »262«. Schließlich ist noch der Typ »263« zu erwähnen, der eine Kühlanlage am Fahrzeug 38 (t) untersuchte und der Auftrag »267«, der mit einer Beratung mit der Firma Maybach abschloß.

Als letzte in der langen Reihe von Entwicklungen an Panzerfahrzeugen bei der Firma Porsche ist der Typ »305« aufzuführen, der wiederum beweist, wie vielfältig diese Firma in der Lösung technischer Probleme wirklich war.

Porsche erhielt die Aufgabe, ein Turbinentriebwerk mit Getriebe von 1000 PS Wellenleistung zu entwickeln. Der Einbau dieses Triebwerkes in einem Panzer sollte studiert werden. Ferner versuchte man festzustellen, ob die bei der Luftwaffe eingeführten Strahltriebwerke für diesen Zweck verwendet werden konnten. Dies erwies sich wegen des Drehmomentverlaufes und des hohen Treibstoffverbrauches als unmöglich.

Porsche entwickelte darauf unter der Bezeichnung »305« ein neues Aggregat, welches die folgenden wesentlichen Merkmale aufwies:

Einen Axiallader mit Brennkammer mit einer Turbine zum alleinigen Antrieb des Axialladers. Zwischen dem Axiallader und der Brennkammer wurde ein Teil der verdichteten Luft abgezweigt und in eine zweite Brennkammer geführt. Die Verbrennungsgase dieser zweiten Brennkammer speisten eine besondere Antriebsturbine, welche über ein Getriebe das Fahrzeug antreiben sollte. Diese Anordnung versprach einen Drehmomentverlauf, der eine fünffache Steigerung des Drehmoments gegenüber der Höchstdrehzahl ergab. Der Brennstoffverbrauch lag niedriger als beim Projekt ohne besondere Antriebsturbine, er erreichte jedoch immer noch nicht zufriedenstellende Werte. Zur Verbesserung des Wirkungsgrades wurde ein Wärmetauscher in Erwägung gezogen. Durch das Projekt mit der getrennten Arbeitsturbine wäre es möglich gewesen, mit einem zweistufigen Zahnradgetriebe auszukommen.

Porsche war in der Lage, durch Versuche verschiedene Berechnungsergebnisse zu erhärten. Das Projekt kam aufgrund der Kriegsereignisse nicht über das Versuchsstadium hinaus. Die Arbeiten selbst wurden zum größten Teil von der Versuchsanstalt der Waffen-SS bei Wien durchgeführt.

Im Zusammenhang mit der Entwicklung von Panzerfahrzeugen soll noch auf den Porschetyp »142« hingewiesen werden. Dabei handelte es sich um ein fünfachsiges Schwerlast-Transport-Fahrzeug, vor allem zum Transport von Panzerfahrzeugen. Die Porschelösung aus dem Jahre 1941 zeigte eine dreiachsige Zugmaschine mit diesel-elektrischem Allradantrieb. Sie war als Sattelschlepper ausgelegt. Im Prinzip sollte die Last zwischen der Zugmaschine und einem zweiachsigen Nachläufer aufgehängt befördert werden. Dazu wurden genormte Aufhängevorrichtungen an allen für diese Beförderungsart in Frage kommenden Panzerfahrzeuge notwendig. Der Abstand zwischen Zugmaschine und Nachläufer konnte dadurch variabel gehalten werden, was besonders bei verschieden großen Panzerfahrzeugen von Wichtigkeit war. Eine am Nachläufer vorhandene Lenkvorrichtung ermöglichte mittels zweier Lenkhebel eine elektrische Lenkung wie beim

Panzer selbst. Die beiden Nachläuferachsen waren elektrisch angetrieben. Die Gesamtzuglänge betrug 17,4 m.
Obwohl mit Ausnahme des Panzerjägers »Elefant« keine Porsche-Panzerkonstruktion tatsächlich zum Einsatz kam, ergab sich dennoch eine Fülle von technischen Neuerungen, die sich befruchtend auf die Gesamtentwicklung auswirkten. Selbst wenn im Konzept verfehlt, wurden mit dem Entwurf »205« die technischen Grenzen klar umrissen, die sonst noch von niemand erfaßt worden waren. Militärisches Denken war offensichtlich nicht die starke Seite Professor Porsches, sein technischer Ideenreichtum sowie sein Streben nach neuen technischen Lösungen jedoch sind für den Techniker immer wieder faszinierend.

Die Entwicklungstypen-(E-Typen)Baureihe

Die Fronterfahrungen, welche die Deutsche Wehrmacht mit ihren Panzerfahrzeugen während der ersten Jahre des Zweiten Weltkrieges gemacht hatte, wurden von einer im Heereswaffenamt neu geschaffenen Gruppe »Forschung« ausgewertet. Diese Gruppe, unter der Leitung von Ministerialrat H. E. Kniepkamp, konzipierte eine neue Serie von Panzerfahrzeugen, welche sich von den Serienfahrzeugen grundsätzlich unterschieden. Zur Produktion dieser Fahrzeuge wurden Firmen eingeschaltet, die bis zu diesem Zeitpunkt nichts mit der Kampfpanzer-Entwicklung und -Fertigung zu tun gehabt hatten. Das Waffenamt hatte ursprünglich drei Firmen für das neue Programm vorgesehen und zog später noch eine weitere hinzu.* Die Aussichten einer Verwirklichung dieser Ideen waren wegen der Gesamtlage gering, dennoch kam es in einigen Fällen zum Bau von Prototypen. Nach Ansicht von Oberbaurat Augustin vom Heereswaffenamt besaßen die durch diese Forschung geschaffenen Programme einen nur rein theoretischen Wert, da auf Grund der Kriegsereignisse mit einer Serienfertigung von Panzerkampfwagen nach diesen Untersuchungsergebnissen nicht zu rechnen war.

Es ist aber angebracht, die Änderungen herauszustellen, die bei diesen »E-Typen« grundsätzlich von den bisher bekannten Entwicklungen abwichen, da sie für spätere Jahre richtungsweisend werden sollten. Offensichtlich wurde für die immer größer werdende Munition mehr Platz im Kampfraum gefordert. Eine Vergrößerung der Außenmaße sollte jedoch unter allen Umständen vermieden werden. Dies war sowohl aus rein taktischen Gründen notwendig, wie auch wegen der Tatsache, daß größere Abmessungen automatisch das Gefechtsgewicht ungünstig beeinflußten. Um nun eine Vergrößerung des Kampfraumes zu erreichen, ohne oben angeführte Nachteile, mußte die bisher so bewährte Drehstabfederung verschwinden. Daneben wurde grundsätzlich auch der Fahrzeugantrieb, der bisher vom Fahrzeugheck kommend, durch den Kampfraum zu den vorne liegenden Antriebsaggregaten ging, aus diesem Raum verbannt. Aus diesem Grunde finden wir bei den Neuentwürfen außenliegende Federungsaggregate und die Entwicklung von Getriebe-, Lenkgetriebe- und Vorgelegeeinheiten mit Unterbringung in einem möglichst schmalen Triebwerkraum.

Ausschlaggebend bei der Entwicklung der neuen Federung war der Wunsch nach einem möglichst großen Radausschlag, verbunden mit einer Reduzierung der Nickbewegungen des Fahrzeuges.

Bei der Unterbringung der Antriebsaggregate im Heck des Fahrzeuges berücksichtigte man nebenbei die Zugänglichkeit in bezug auf Wartung und Reparatur.

Der Wegfall der Drehstabfederung im Fahrzeuginnern gestattete ebenfalls den Einbau von Bodenluken, der immer wieder von der Truppe gefordert wurde.

Zusammenfassend sei hier erwähnt, daß versucht wurde, folgende neue Konstruktionsmerkmale im Panzerbau zu verwirklichen:

- Möglichst geringe Nickbewegung des Fahrzeuges,
- Entfernung der Federungs- und Antriebsaggregate aus dem Kampfraum,
- die Entwicklung einer stabilisierten Feuerkontrolle.

Als Beiprodukt ist die Vereinfachung des Unterhalts und auch Produktionseinsparungen zu beachten. Hauptbestimmend jedoch war der Wunsch nach Verstärkung der Feuerkraft.

Grundsätzlich äußerte man die Ansicht, die 1944/45 in Produktion stehende Typenreihe von Panzerfahrzeugen durch diese neue E-Baureihe abzulösen. Man versprach sich eine erweiterte und verbilligte Fertigung durch Standardisierung und Vereinfachung.

* Adler, Frankfurt
Argus, Karlsruhe
Weserhütte, Bad Oeynhausen
Klöckner-Humboldt-Deutz, Ulm

Fünf verschiedene Vollkettenfahrzeuge standen in diesem Programm:

1) Versuchsnummer »E 10« – ein kleines Panzerfahrzeug der 10–15 t Klasse*

2) Versuchsnummer »E 25« – ein Panzerfahrzeug der 25–30 t Klasse

3) Versuchsnummer »E 50« – ein mittleres Panzerfahrzeug der 50 t Klasse als Ersatz für den »Panther«

4) Versuchsnummer »E 75« – ein schweres Panzerfahrzeug der 75–80 t Klasse als Ersatz für den »Tiger«

5) Versuchsnummer »E 100« – ein überschweres Panzerfahrzeug der 130–140 t Klasse

Bezeichnend für diese Fahrzeuge, mit Ausnahme des »E 100«, waren hinten liegende Antriebsaggregate und einfach verzahnte Antriebsräder. Eine von Dr. Lehr entwickelte Tellerfederung, außen an der Wanne angebracht, war typisch für alle Fahrzeuge. Es soll hier näher auf diese Federung eingegangen werden: Jede Federeinheit war in sich geschlossen gekapselt und bestand aus einer Befestigung mit zwei unabhängig abgefederten Laufrädern. Beide Räder waren an Kurbelarmen befestigt. Das Federungselement selbst bestand aus verschieden großen Tellerfedern, auf welche die Radlast über die Kurbelarme mit Zahnsegment und eine Zahnstange übertragen wurde. Untersetzungsverhältnis war 1 : 2,83. Die Zahnstangenanordnung war so ausgelegt, daß unter allen Umständen ein gleichmäßiger Lastabbau, selbst bei ungünstigen Radbewegungen gewährleistet war. Die Zahnbelastung betrug jedoch bei ungünstigen Verhältnissen bis zu 20 000 kp. Es ist dadurch fraglich, ob die rein theoretischen Ermittlungen auch der kalten Praxis standgehalten hätten. Ein weiterer Vorteil wurde auch darin gesehen, daß durch einfache Variierung der Federpakete die Federungsaggregate bei allen Fahrzeugen der E-Baureihe verwendet werden konnten. Die Zahnstangen waren fernerhin fest mit den Zylindern der Stoßdämpfer verbunden, welche horizontal angeordnet waren. Gummianschläge waren zwischen der Halterung und den Schwingarmen angebracht. Zentralschmierung war vorgesehen, welche gleichzeitig als Schmierung und als Dämpfungsmittel dienen sollte. Hier wiederum muß auf die Tatsache hingewiesen werden, daß Schmieröl in seiner Eigenschaft ein äußerst schlechtes Dämpfungsmittel ist. Außer Zweifel hat diese Federungsanordnung in bezug auf Herstellungskosten, Austauschbarkeit und Reparaturanfälligkeit seine Vorteile, unter den gegebenen Umständen jedoch waren Experimente dieser Art zu diesem Zeitpunkt nicht mehr zu vertreten.

Der Typ »E 10«, ein leichtes Mehrzwecks-Panzerfahrzeug, sollte von der Klöckner-Humboldt-Deutz AG, Werk Magirus in Ulm entwickelt werden. KHD war zu diesem Zeitpunkt mit der Produktion des diesel-angetriebenen Ost-Raupenschleppers »RSO/03« beschäftigt und hatte nur geringe Kenntnisse im Panzerbau. Verantwortlich für den Entwurf war Direktor Hasselgruber. Leider stehen keine Unterlagen über diese Fahrzeuge zur Verfügung.

Der »E 25« entstand unter der verantwortlichen Leitung von Dr.-Ing. Hermann Klaue. Er arbeitete während des Krieges für die hauptsächlich aus dem Flugzeugbau bekannte Firma Argus, Karlsruhe. Argus war jedoch im Panzerbau nicht unbekannt, denn viele der Bremsaggregate, vor allem für den »Tiger«, wurden von dieser Firma geliefert. Für die vorgesehene Panzerentwicklung standen fernerhin die Werke Reinickendorf und Berlin mit ausgedehnten Erfahrungen im Motoren- und Apparatebau zur Verfügung. Die Ausschreibungen des Waffenamtes verlangten von dieser Firma ein 25 t schweres Gefechtsfahrzeug, welches als Jagdpanzer und Aufklärungspanzer Verwendung finden sollte. Als Motor war ursprünglich ein 400 PS Maybach Vergasermotor vom Typ »HL 100« vorgesehen, welcher bei n = 4000 bis 4500 laufen sollte. Ein Serienbau dieses Triebwerkes wurde jedoch nicht eingeleitet und deswegen der Einbau eines quergestellten, luftgekühlten Argusmotors mit Sammeleinspritzung und 600 PS Leistung geplant. Da auch mit diesem Motor in absehbarer Zeit nicht zu rechnen war, sah Argus den Einbau eines gedrosselten Otto Flugmotors von 400 PS Leistung vor. Auch hier waren die Schwierigkeiten im Moment unüberwindlich und die ersten 5 Prototypen, welche 1945 bei der Alkett im Bau waren, wurden zur Erreichung des vorgeschriebenen Leistungsgewichtes von mindestens 20 PS/t mit dem bekannten Maybach »HL 230« ausgerüstet. Es entstand ein dem »Jagdpanzer 38-Hetzer« ähnliches Fahrzeug, welches ursprünglich mit der 7,5 cm Pak 39 L/48, dann mit der auf L/70 verlängerten 75 mm Kanone ausgerüstet werden sollte, um im Endzustand eine zu dieser Zeit in der Entwicklung liegende

* mit Maybach »HL 101« Motor 550 PS bei n = 3800. Auftrag Nr. SS 0006-6665/45 sollte durch 38 (D) ersetzt werden

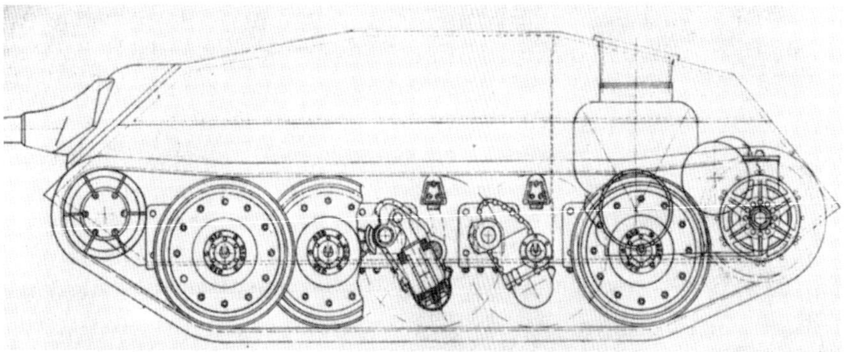

Die Seitenansicht des Fahrzeuges »E 25« zeigt Einzelheiten des Laufwerkes. Das Federgehäuse schwang mit der Laufrolle, die Kurbel war fest mit der Wanne verbunden.

Panzerkampfwagen E 25

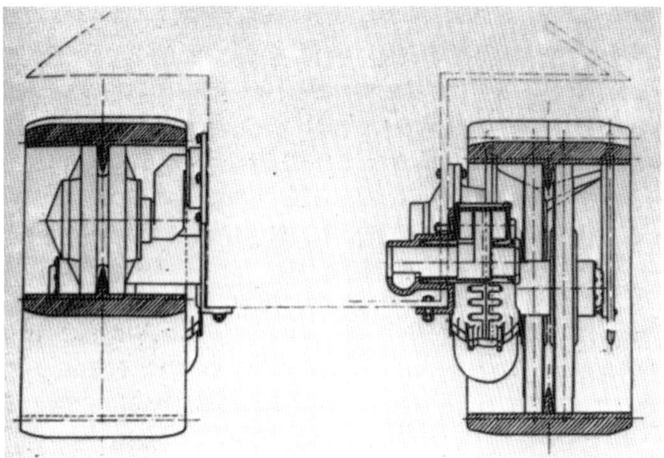

Querschnitte durch das Laufwerk des Fahrzeuges »E 25«. Links das Leitrad, rechts ein Laufrad mit Federelement. Der Innenraum des Kampfraumes wurde nur ganz gering beansprucht.

Motor, Schalt- und Lenkgetriebe waren quer zur Fahrtrichtung in der Wanne untergebracht.

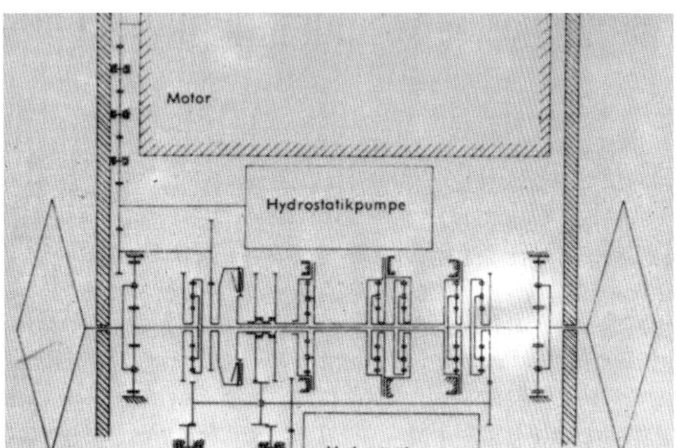

10,5 cm Hochleistungskanone zu bekommen. Alle Eingangs erwähnten Konstruktionsmerkmale wurden hierbei berücksichtigt und alle Anforderungen in bezug auf Produktionsvereinfachung, Raumgestaltung, Raumausnutzung und größtmögliche Wartungsfreiheit verbunden mit einfacher Reparaturmöglichkeit erfüllt. Getriebemäßig kam ein parallel zum Motor angeordnetes 8-Gang kupplungsbremsgeschaltetes Planetengetriebe mit hydrostatischem Lenkgetriebe zum Einbau. Sämtliche Geschwindigkeiten konnten vorwärts und rückwärts gefahren werden. Ein Staffellaufwerk mit gekapselten, außen an der Wanne angebrachten Tellerfeder-Paketen wurde verwendet. Für das Laufwerk sollten »Panther« Teile, einschließlich der Laufketten zur Verwendung kommen.
Es soll hier darauf hingewiesen werden, daß die zu gleicher Zeit bei Porsche in Entwicklung liegenden Fahrzeuge der Typenreihen »245«, »250« und »255« nichts

mit der vom Heereswaffenamt in Auftrag gegebenen »Entwicklungstypen« Baureihe zu tun hatten, sondern ausschließlich der Initiative der Dr.-Ing. h. c. F. Porsche KG zuzuschreiben waren.
Die Entwicklung der »E 50/75« Baureihe kann in einem

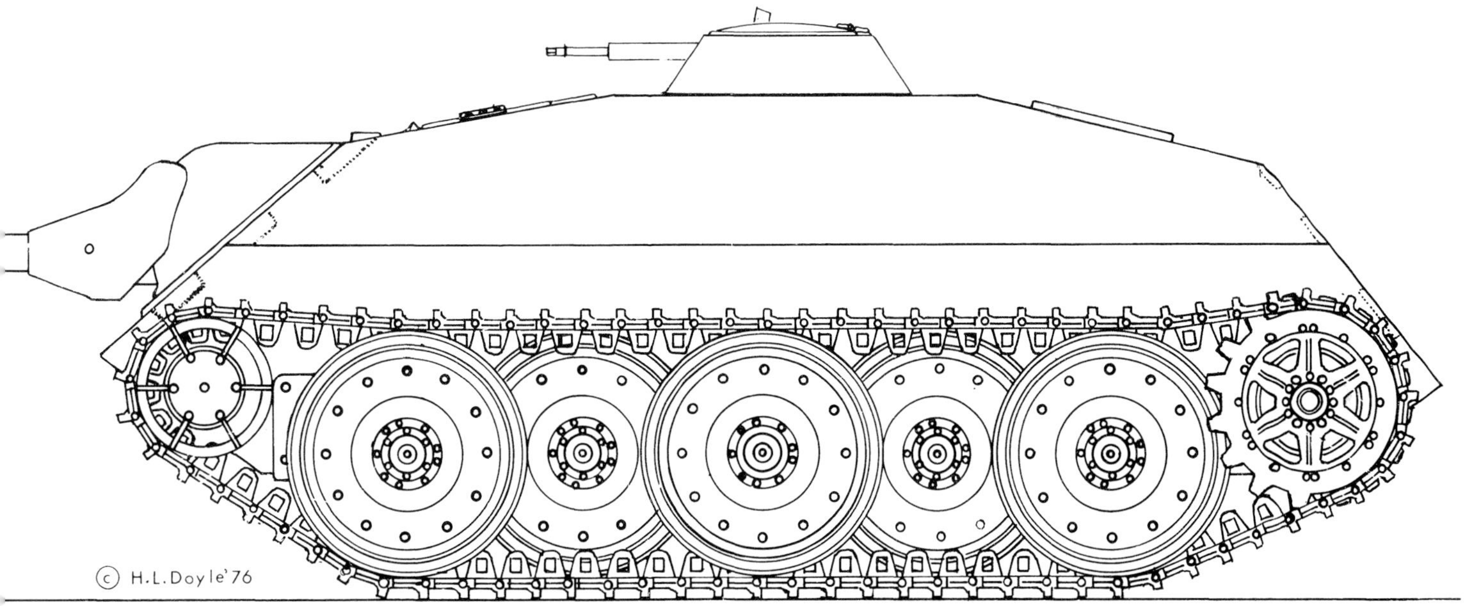

Zusammenhang erwähnt werden, da beide Fahrzeuge als sogenannte »Standardpanzer« galten. Sie verwendeten dieselben Antriebsaggregate, das gleiche Laufwerk, dieselben Gleisketten und ein gemeinsames Ventilationssystem. Kraftstoffbehälter und anderes Zubehör kam aus der gleichen Fertigung. Sogar der Wannenentwurf war so ausgelegt, daß bei gleichen Außenabmessungen beide Fahrzeuge in ihrem Aussehen völlig baugleich waren. Der »E 50« hatte dadurch den Vorteil eines größeren Innenraumes, da bei gleichen Gesamtabmessungen die Panzerung schwächer gehalten war als beim »E 75«. Wie schon bei den Vorschlägen für den »Panzer III/IV« früherer Jahre war auch hier vorgesehen, beide Fahrzeuge auf ein Montageband zu legen und dieselben Werkzeuge zu benützen. Eine beträchtliche Kosteneinsparung war mit Recht zu erwarten. Als Triebwerk war der neue Maybach »HL 234«*, bestimmt, der im Laufe des Jahres 1945 Serienreife erlangen sollte. Hauptsächliche Verbesserungen gegenüber dem »HL 230« sahen verstärkte Kurbelwellenlager, verbesserte Pleuelstangen und die Verwendung von Natrium-gekühlten Ventilen vor. Auch die Verwendung einer Spezial-Kühlflüssigkeit wurde erwogen. Die Leistungssteigerung selbst wurde durch Aufladung mittels Kompressor und Benzin-Einspritzung erzielt.
Ein Prototyp Motor mit 900 PS Leistung mit Einspritzung, jedoch noch ohne Aufladung war auf dem Prüfstand, die Arbeiten am Kompressor bei Professor Kamm standen vor dem Abschluß.
Bis zu diesem Zeitpunkt waren Getriebe, Lenkgetriebe und Vorgelege immer als Einzelaggregate eingebaut worden. Diese vier Einheiten wurden nunmehr in einem Block zusammengefaßt. Allein an Arbeitsstunden sollten dabei fast 25 % eingespart werden, während die Gewichtsreduzierung rund 1 Tonne betrug. Das Hauptgetriebe war ein hydraulisch betätigtes 8-Gang Vorwählgetriebe, gekuppelt mit einem Überlagerungs-Zweiradienlenkgetriebe. Die Höchstgeschwindigkeit beim »E 50« betrug 60 km/h, während der »E 75« nur für 40 km/h ausgelegt war. Selbst die Gangzahnräder waren baugleich, lediglich ein zusätzliches Unterset-

* Hecktriebsatz auch Maybach »HL 233 P« mit Getriebe E 50 (ZF) Abschluß der Konstruktion Anfang 1945

Panzerkampfwagen E 50
Versuchsgerät

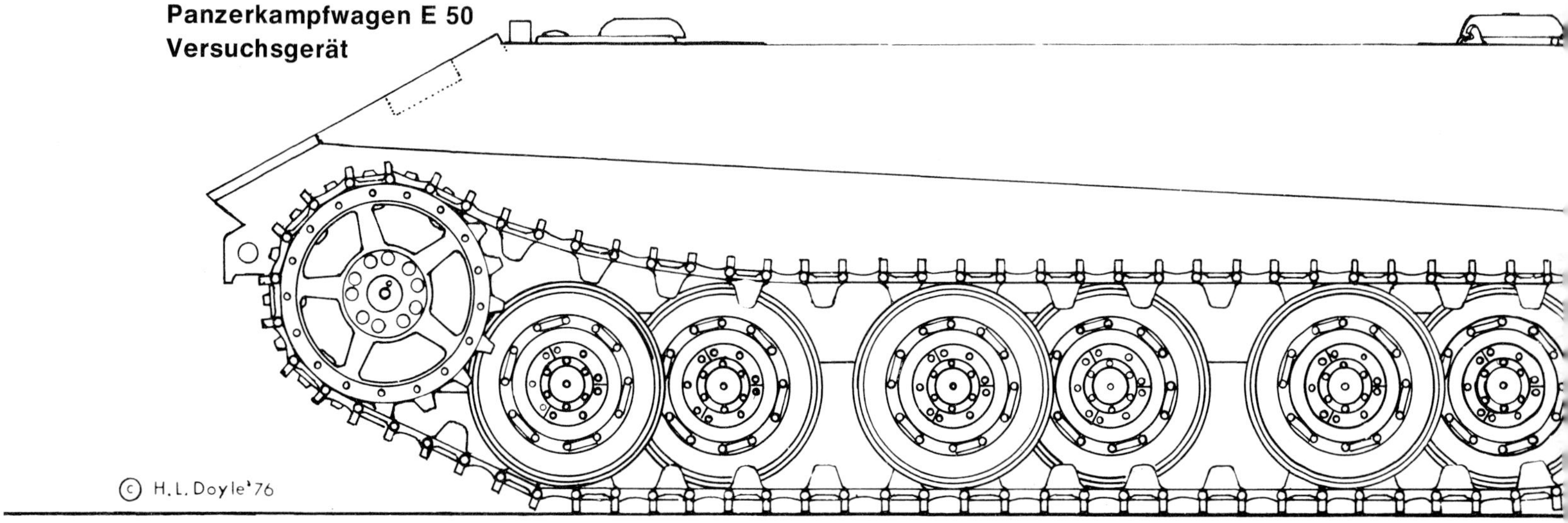

Panzerkampfwagen E 75
Versuchsgerät

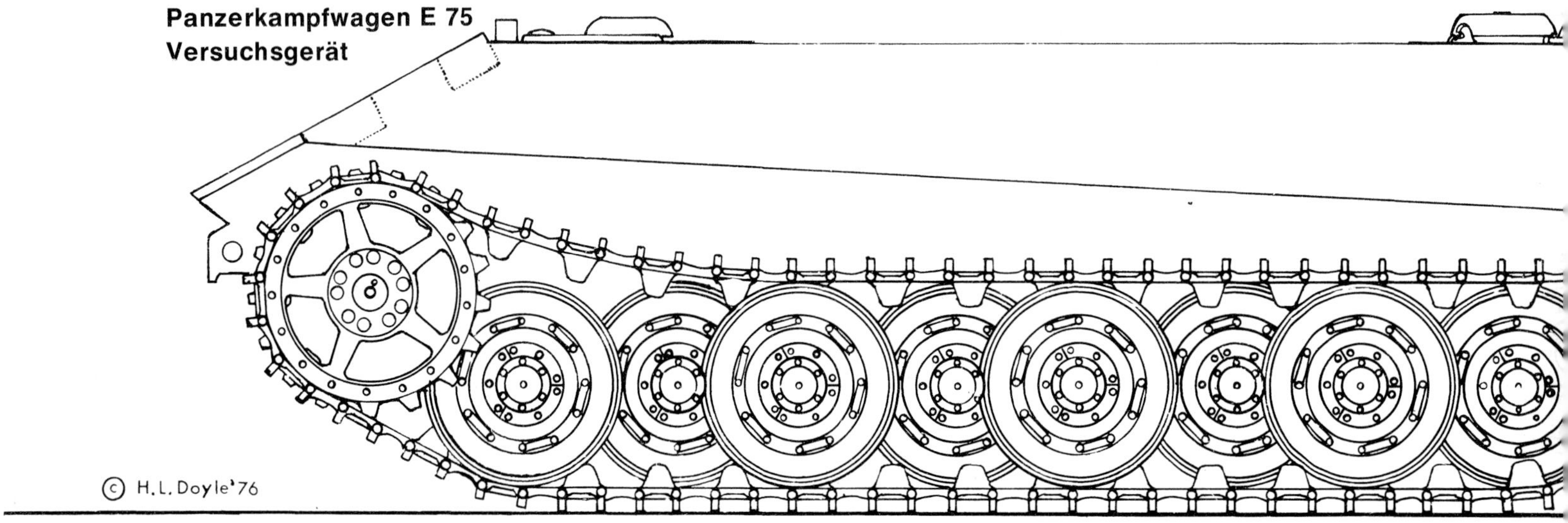

zungsrad gab dem »E 75« eine andere Getriebeauslegung.
Die Vorteile dieser Getriebekonstruktion in bezug auf einfachere Herstellung, geringeres Gesamtgewicht und niedrigere Herstellungskosten veranlaßten das Waffenamt, die Firma Adler, welche für diesen Entwurf verantwortlich zeichnete, auch für die Getriebe der »E 10« und »E 25« Fahrzeuge heranzuziehen. Verantwortlich für die Entwicklung der »E 50/75« Baureihe war die Firma Weserhütte in Bad Oeynhausen, bekannt durch ihre Produktion von Panzerspäh- und Schützenpanzer Fahrzeugen. Fahrversuche in den vergangenen Jahren mit Panzerfahrzeugen in Kummersdorf hatten gezeigt, daß »ein Panzer so schnell ist wie er, ohne die Besatzung zu verletzen, im Gelände eingesetzt werden kann«. Deswegen war eine der verlangten Bedingungen eine ausreichend große Geschwindigkeit im Gelände, wobei möglichst eine Ausschaltung der Nickbewegungen bis zu 30/min der Besatzung die Möglichkeit geben sollte, während der Fahrt Ziele zu erfassen und zu bekämpfen. Die bereits eingangs erwähnten Federungselemente wurden dieser Forderung zugrunde ge-

Weiterentwicklung Panther/Tiger Einheitslaufwerk E 50/75-3-04

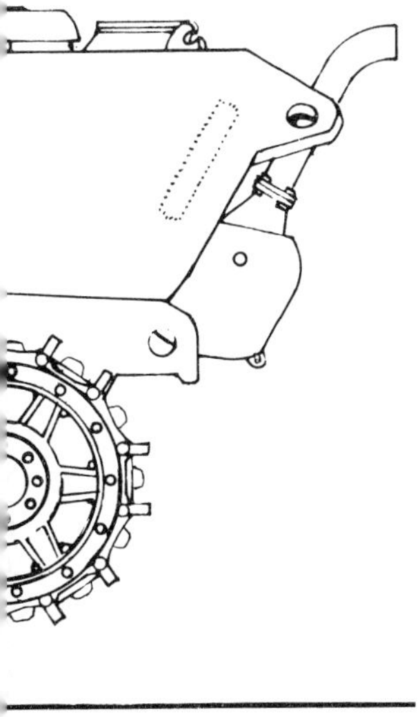

Panther (Adler)

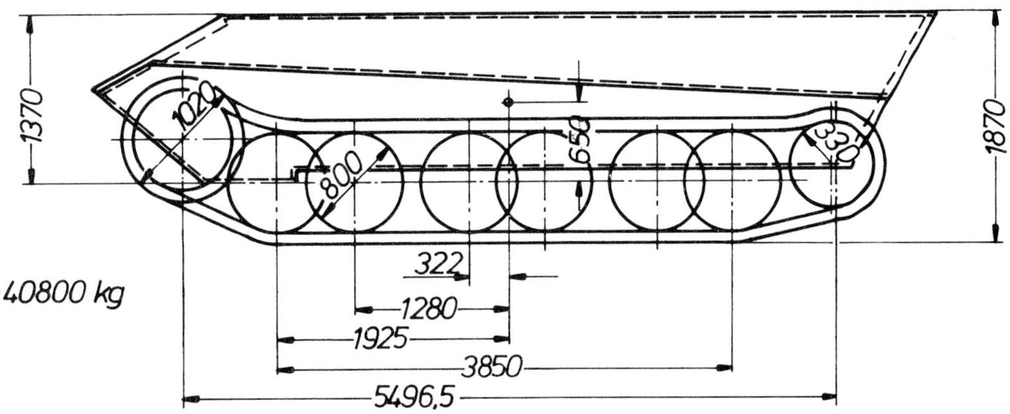

G = 40800 kg

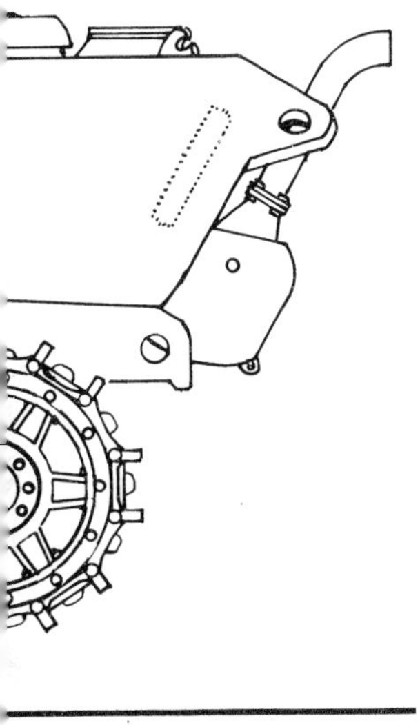

Tiger (Adler)

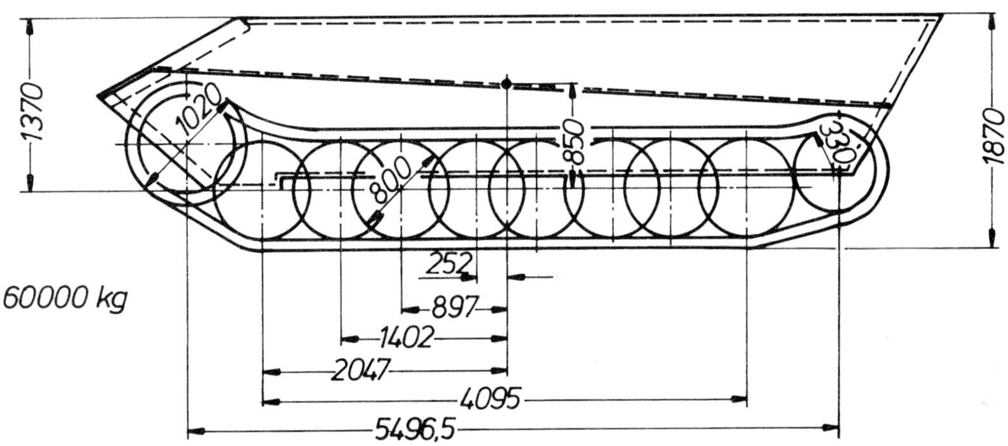

G = 60000 kg

Tiger (Weserhütte)

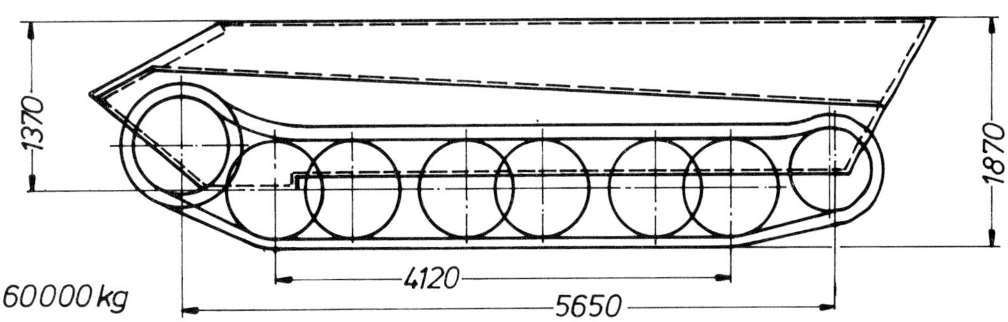

G = 60000 kg

legt und das Laufwerk in Schrittanordnung ausgelegt. Der Typ »E 50« hatte sechs Laufräder pro Seite, während der »E 75« vier Federeinheiten pro Seite oder 8 Laufräder hatte. Tellerfedern, welche hier Verwendung fanden, waren hauptsächlich von der MAN in Augsburg entwickelt worden und ergaben zu dieser Zeit der Rohstoffknappheit ein brauchbares Federelement durch Benützung von verfügbarem Material. Ermüdungserscheinungen dieses qualitativ minderwertigen Stahls waren bei dieser Anordnung fast gleich den Chromstahl Drehstabfederungen anderer Fahrzeuge. Die Auslegung des »E 75« als Sturmgeschütz ergab eine Erhöhung des Gesamtgewichtes auf 80 Tonnen. Hierbei wurde durch die neuen Konstruktionsmerkmale im Innenraum allein eine 66prozentige Vergrößerung ermöglicht.

Die Wanne für den Kampfpanzer hatte eine 30° Bugplatte, während alle anderen Neigungen 45° betrugen. Die Einstiegluken waren gegenüber den Fahrzeugen »Panther« und »Tiger« beträchtlich verstärkt, wie auch der Vorderteil des Bodenpanzers eine Verstärkung gegenüber Mineneinwirkung aufwies. Durch Verzinkung der Panzerplatten und neues Schweißmaterial versprach man sich größere Beschußfestigkeit und eine weitere Vereinfachung der Herstellung.

Der Drehturm, eine Krupp Entwicklung, war in Drehkranz und Aufbau baugleich für beide Fahrzeuge. Er konnte, trotz verschiedener Hauptbewaffnung, auf beide Fahrzeuge aufgesetzt werden. Der Turmantrieb erfolgte mittels Elektromotor.

Um Ende 1944 das neue Laufwerk sobald als möglich zu erproben, war vorgesehen eine beim Dortmund-Hoerder Hüttenverein lagernde »Tiger B« Wanne umzubauen. Diese Versuche kamen jedoch auf Grund der Kriegslage nicht mehr zum Abschluß.

Am weitesten fortgeschritten war die Entwicklung des größten Fahrzeuges dieser Baureihe, des »E 100«. Das Waffenamt hatte dazu den gesamten Ingenieurstab der Firma Adler, Frankfurt, unter Leitung von Direktor Jenschke beauftragt, diese Aufgaben zu übernehmen. Deren Arbeit an diesem Projekt begann in Friedberg/Hessen am 30. Juni 1943. Obwohl Hitler alle Arbeiten an überschweren Panzerfahrzeugen 1944 einstellen ließ, wurde die Fertigstellung des »E 100«, wenn auch langsam, jedoch beständig bis zum Kriegsende weitergeführt. Der Zusammenbau erfolgte in Haustenbeck in

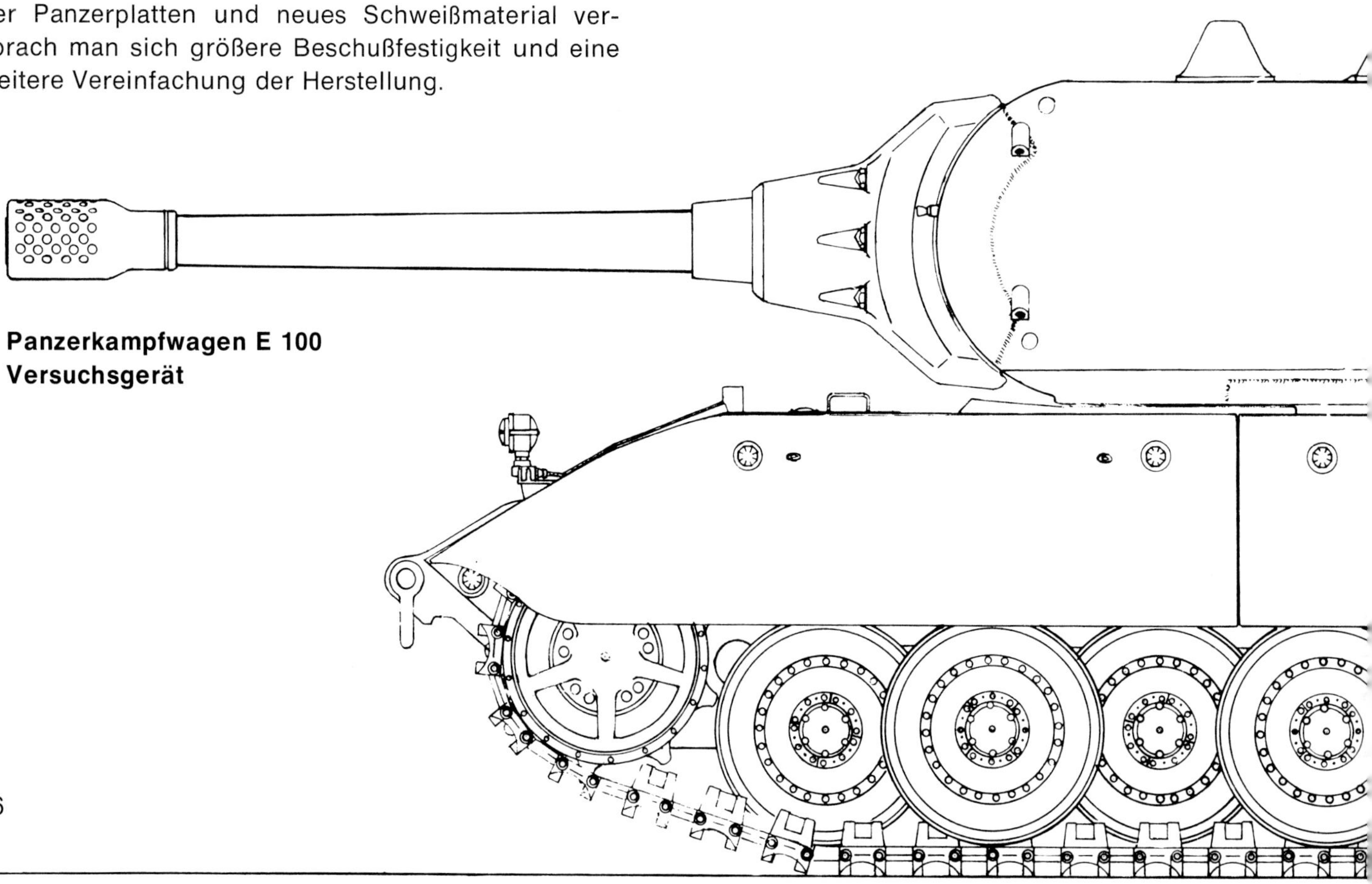

Panzerkampfwagen E 100
Versuchsgerät

Der Prototyp des Panzerkampfwagens E 100, wie er Ende des Krieges in Haustenbeck (Truppenübungsplatz Sennelager) vorgefunden wurde.

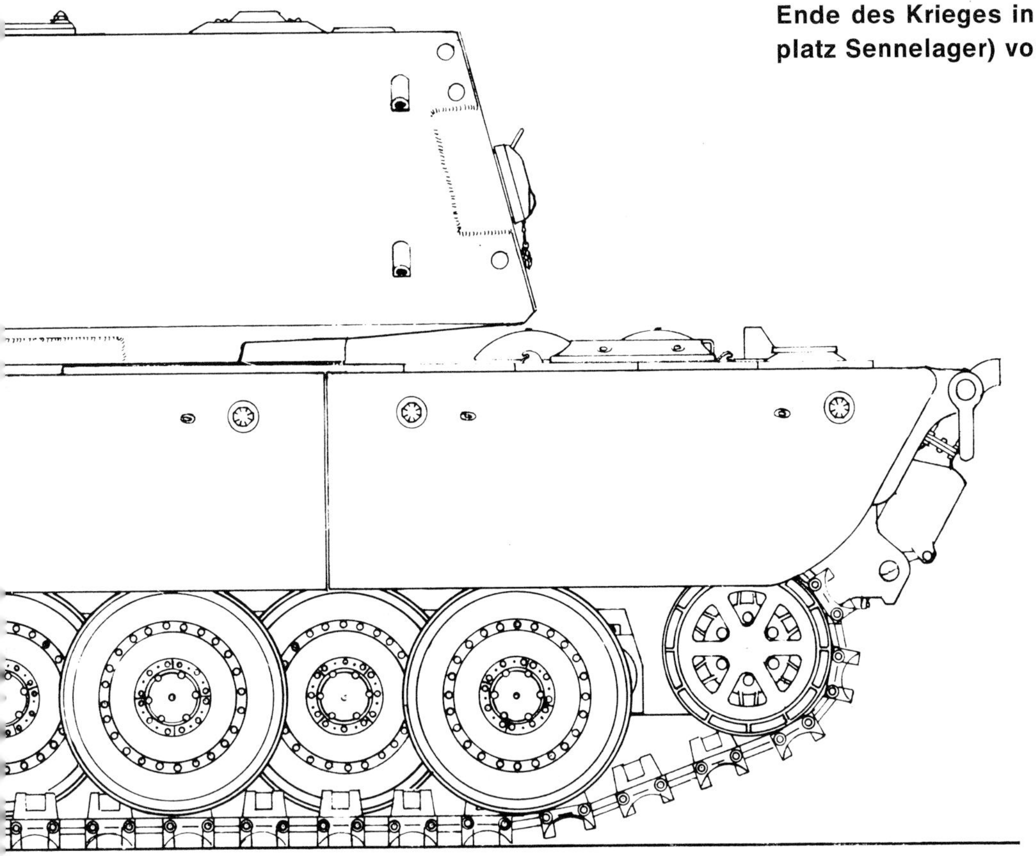

Hier wird die Wanne des Fahrzeuges E 100, auf einem Culemeyer-Tieflader verladen, in der Henschel Versuchsanstalt Haustenbeck angeliefert.

Das hintere Abschlußblech der Panzerwanne.

E 100 von hinten, die Leiträder sind eingebaut.

E 100 in Ansicht von vorne seitlich nach hinten.

Einzelheiten mit Leitradverstellung und montierten Schäkeln.

◄ Der Bug mit anmontiertem Antriebsrad. Der Zahnkranz fehlt noch.

Rechte untere Heckpartie mit Kettennachspanndeckel, links daneben sitzendem Deckel für Schwungkraftanlasser und dem darüber befindlichen Schutz für den Auspuffkrümmer.

Der Wannenboden mit noch nicht verschlossenen Wartungsöffnungen.

Die Motorraumabdeckung mit b) Kraftstoffeinfüllstutzen, c) Kühlwassereinfüllöffnung und a) Saugstelle zum Johnlüfter.

Die obere Abdeckung mit eingebauten Motorteilen und Lüftergetrieben. ▶

Die Motorenabdeckung mit linker und rechter Grätingpartie.

Ein Blick durch die Hecköffnung mit sichtbarem Johnlüfter. ▶

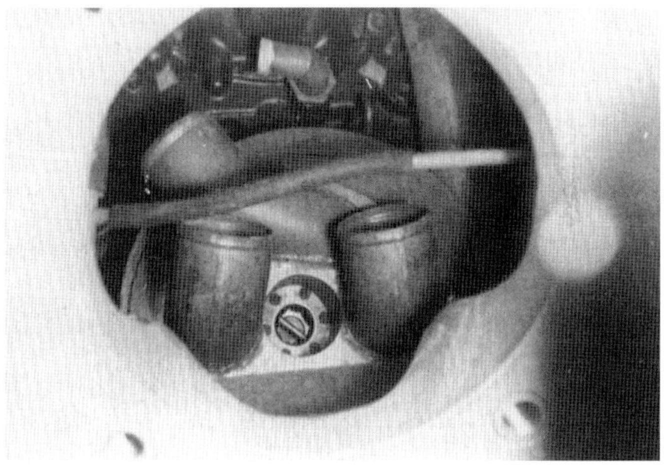

Die Motorenabdeckung in geöffnetem und geschlossenem Zustand.

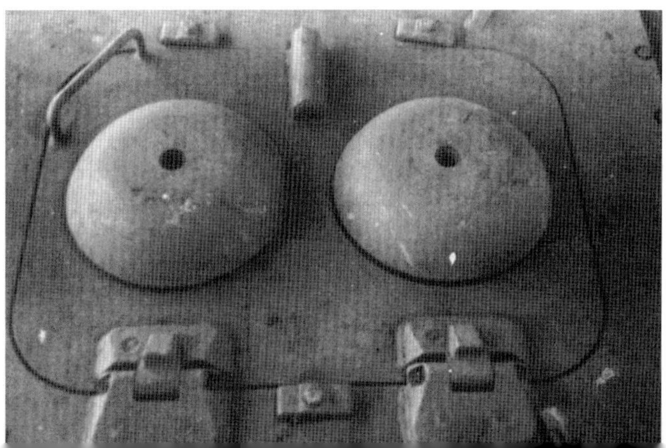

Der rechtsseitige Überflutungsraum mit abgedeckten Grätings und eingebautem Lüftergetriebe.

Blick in den Kampfraum zum Motor.

Die Kettenschürzen, die zum Bahntransport abgenommen werden mußten. Blick in das Innere einer solchen Schürze. ▶

Rechtes vorderes Ansauggräting.

Die Kettenschürzen von außen gesehen.

Rechte Lüfterraumabdeckung mit Lüfterflügel.

Die Wanne mit Blick zum Fahrerraum.

Panzerkampfwagen Maus — Versuchsgerät

Panzerkampfwagen E 100 — Versuchsgerät

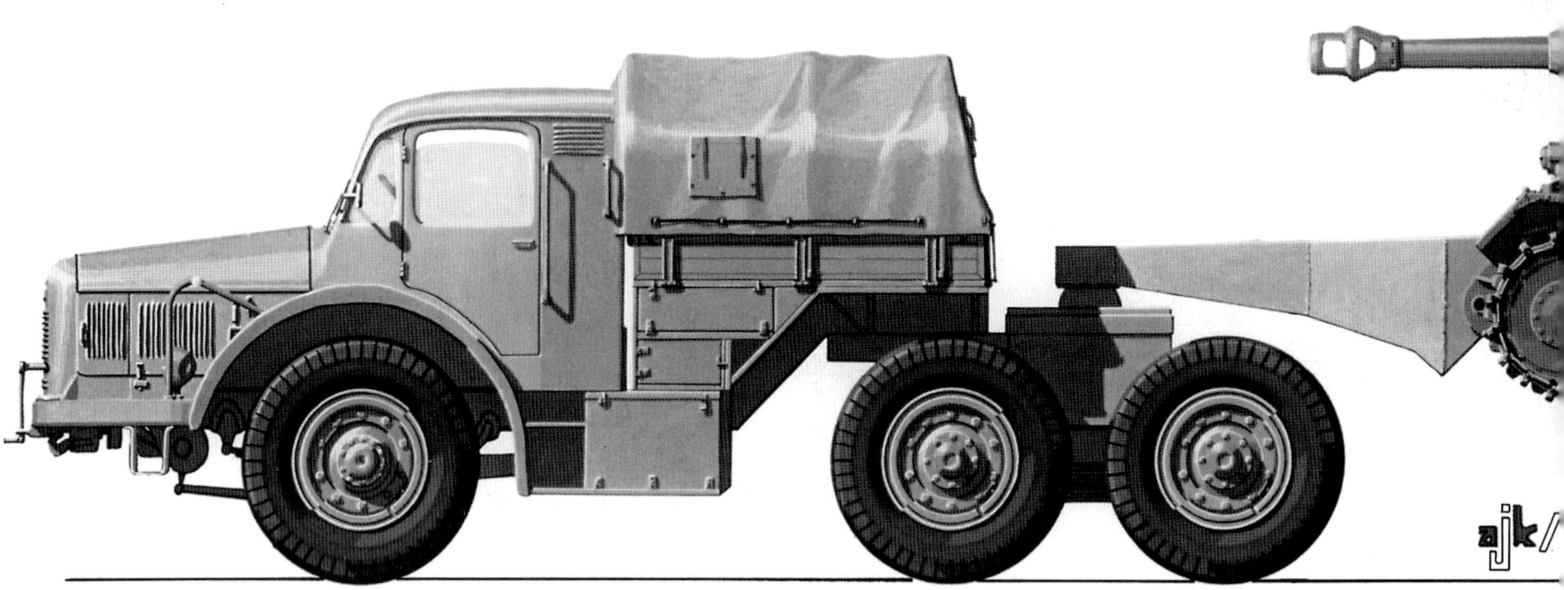

Zum Kapitel „Entwicklungen der Dr.-Ing. h. c. F. Porsche KG“ Panzertransporter Typ 142 mit aufgelastetem Panzerkampfwagen VK 3001 (P) – Porsche Typ 100

© 1976

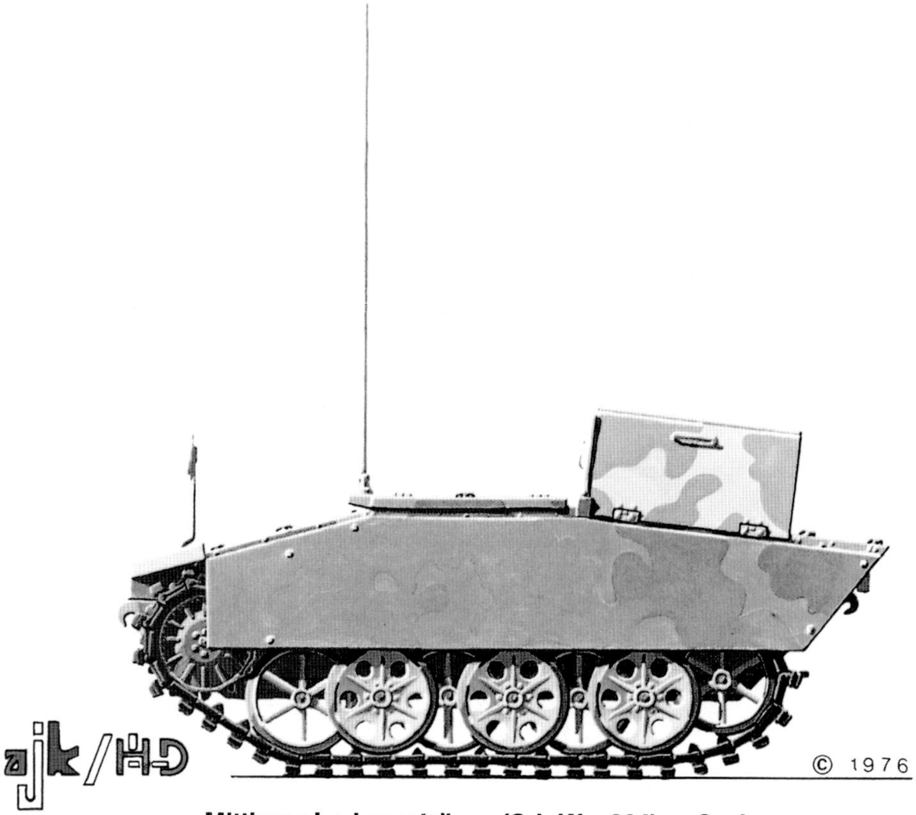

Mittlerer Ladungsträger (Sd. Kfz. 304) – Springer

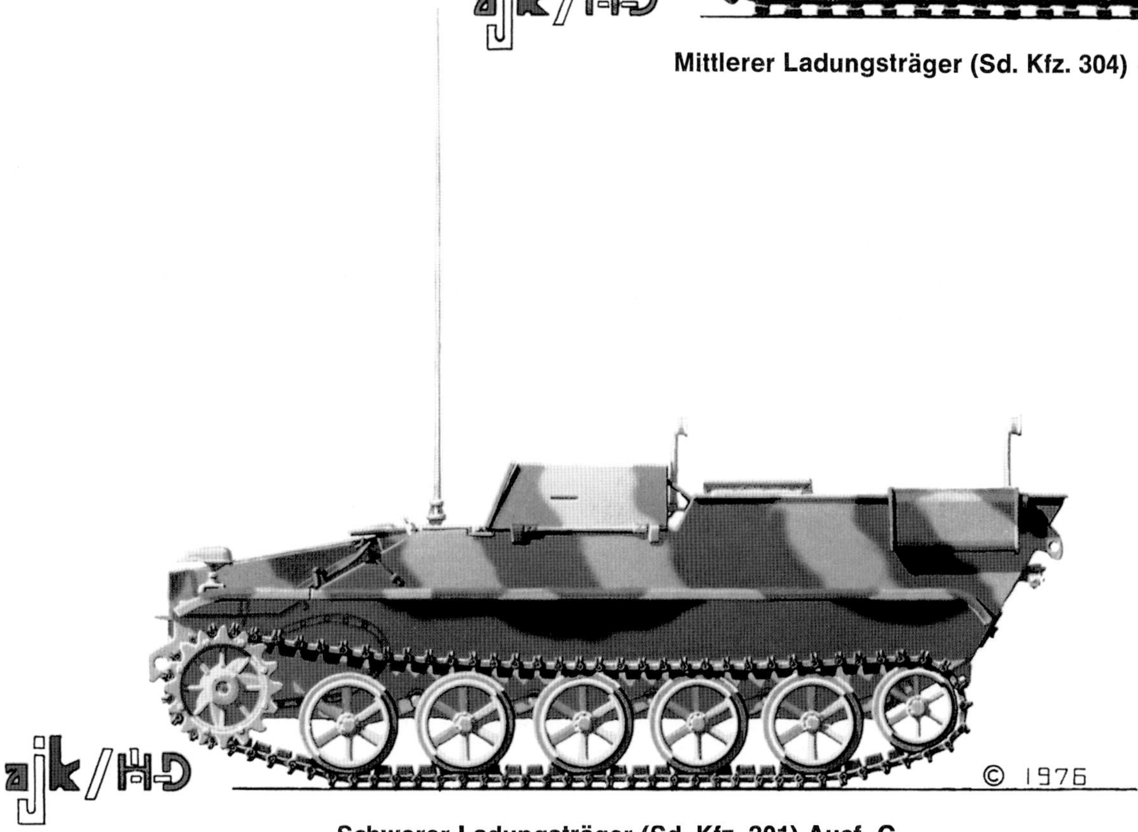

Schwerer Ladungsträger (Sd. Kfz. 301) Ausf. C

Einzelheiten der Bugausbildung.

Draufsicht auf die Motorluftfilter.

Einblick in den in Fahrtrichtung rechts liegenden Überflutungsraum. Oben rechts der Kraftstoffeinfüllstutzen.

Der Motorraum mit eingebautem Triebwerk. ▼

Der rechte Batteriekasten mit eingebauter Heizplatte. Davor die Verschlußdeckel der Laufradschwingenlagerung. Man sieht, wie wenig Innenraum diese Federanordnung beanspruchte. ▼

Links im Motorenraum der Kraftstoffeinfüllbehälter, rechts daneben der Wassereinfüllbehälter.

Der Brandschott zwischen Kampf- und Motorraum.

Hier ein Blick auf den Funkerplatz.

Innerhalb der Wanne war ein Kraftstoffbehälter untergebracht, durch dessen Mitte die Kardanwelle vom Motor zum Schaltgetriebe führte.

Einzelheiten des Kraftstoffbehälters mit 850 l Inhalt.

Einzelheiten der Stoßdämpferaufhängung.

Ein Blick auf den Fahrersitz zeigt die innenliegenden vorderen Stoßdämpfer.

Das Buginnere mit Getriebe und Platz für Fahrer und Funker. Die Kardanwelle ist abgedeckt.

Der Verschlußdeckel der Laufradschwingenlagerung von innen gesehen.

Der Fahrersitz ist hier auf Hochsitzstellung gebracht.

Hier ist die Kardanwelle am Motor angeflanscht.

Die linke Laufwerkseite mit eingebauten Bauteilen. Die Laufradkurbeln sind montiert.

Der Fahrersitz mit Lenkrad und Pedalanordnung.

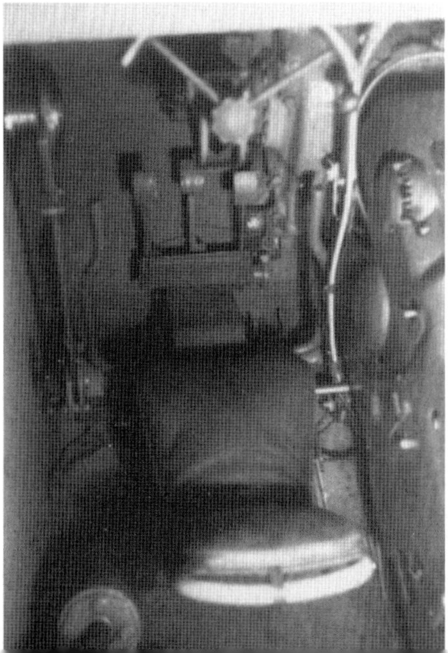

Einzelheiten des linken Antriebsrades ohne Zahnkränze.

Das Antriebsrad ohne Zahnkränze.

Die Schritt-Anordnung der Laufrollen.

Rechte Laufwerkskurbeln mit ihren anmontierten Federtellern von unten aufgenommen.

Die Laufradkurbeln mit Naben und dahinter angeordneten Federtellern.

Die ersten Laufrollen werden montiert.

Einzelheiten der rechten Leitradkurbel mit anmontiertem Leitrad.

Das Laufwerk wurde unter englischer Aufsicht komplettiert, das Fahrgestell dann aus der Halle gerollt. Die Bilder zeigen Vorder-, Seiten- und Rückansicht des Fahrgestelles.

der Nähe von Paderborn, wo das Fahrzeug den Alliierten in die Hände fiel. Es wurde von dort aus im Juni 1945* nach England verschifft. Das Fahrgestell war praktisch fertig, lediglich einige der Federpakete und Zubehörteile wurden noch benötigt. Vorübergehend, und um die nötigen Fahrversuche durchführen zu können, wurde ein Maybach »HL 230« Motor eingebaut. Ebenfalls verwendet wurde ein Maybach OLVAR-Getriebe vom Typ »OG 40 12 16 B«, verbunden mit dem von Henschel entwickelten Tiger B »L 801« Lenkge-

* Freundliche Mitteilung von Obering Kurt Arnoldt vom 12. 3. 1976.

Die Gleisketten für das Fahrzeug E 100 waren noch angeliefert worden.

Diese Nahaufnahme zeigt die linke Seite des Fahrgestelles mit den Aufnahmen für die gewölbten Seitenschürzen.

Die Verzahnung der Heckplatte ist hier gut zu erkennen. Das Bild vermittelt einen Eindruck der massiven Panzerbleche, welche hier verwendet wurden.

In diesem Zustand wurde das Fahrzeug nach England verschifft.

Ein Modell des Panzerkampfwagens E 100.

triebe. Die Gleisketten waren eine Neuentwicklung der Firma Adler und hatten als Marschkette eine Breite von 1000 mm. Um das Eisenbahn-Lichtraumprofil von 3270 mm einhalten zu können, wurden Verladeketten verwendet und die gewölbten Panzerschürzen entfernt.

Während die Federeinheiten den bereits besprochenen Bestimmungen entsprachen, war der Antrieb bei diesem Fahrzeug jedoch noch immer konventionell mit vorne liegenden Antriebsrädern versehen. Die Panzerplattenneigung der Wanne betrug 30 bzw. 45°, die Panzerstärke vorne 200, seitlich 120 und hinten 150 mm. Der Panzerturm wurde wegen der Kriegsereignisse nicht mehr fertig, ein gleich schwerer Versuchsturm sollte während der Fahrversuche Verwendung finden. Ebenfalls war eine letzte Entscheidung über die Hauptbewaffnung noch nicht gefallen. Es war entweder eine 174 mm oder 150 mm Kanone vorgesehen. Während der Entwicklungsarbeiten stellte sich jedoch bereits heraus, daß das endgültige Fahrzeug als »Sturmgeschütz« ausgelegt werden mußte. Um eine derart große Hauptbewaffnung im Drehturm mit 3060 mm Durchmesser unterzubringen und daneben der Besatzung ausreichend Platz einräumen zu können, war das einzuhaltende Lichtraumprofil einfach nicht ausreichend. Trotz des vorgesehenen Einbaues der verbesserten Maybach Maschine, verbunden mit einem neuen Schalt-Lenkgetriebe der Firma Maybach vom Typ »Mekydro«, welches eine Spitzengeschwindigkeit von 40 km/h für dieses 140 t schwere Fahrzeug versprach, war das Leistungsgewicht von 8,5 PS/t völlig unzureichend.

Zusammenfassend muß erwähnt werden, daß der Gedanke, zu diesem Zeitpunkt neue Panzerfahrzeuge zu entwickeln, auf Grund der Begrenzung der zur Verfügung stehenden Produktionskapazität und der Rohstofflage grundsätzlich verfehlt war. Die damals in Produktion stehenden Kampfwagen waren trotz aller bekannten Schwierigkeiten ausreichend und Verbesserungen, angeregt durch die offensichtlich noch immer zur Verfügung stehende Konstruktions-Kapazität, hätten diesen so notwendigen Fahrzeugen zugute kommen sollen. Neuentwürfe, mochten sie technisch noch so interessant sein, waren 1944 einfach nicht mehr vertretbar. Die Grenzen der taktischen Einsatzfähigkeit, die beim »Tiger B« schon ganz deutlich aufgezeigt waren, wurden bei allen größeren Fahrzeugen ganz deutlich überschritten.

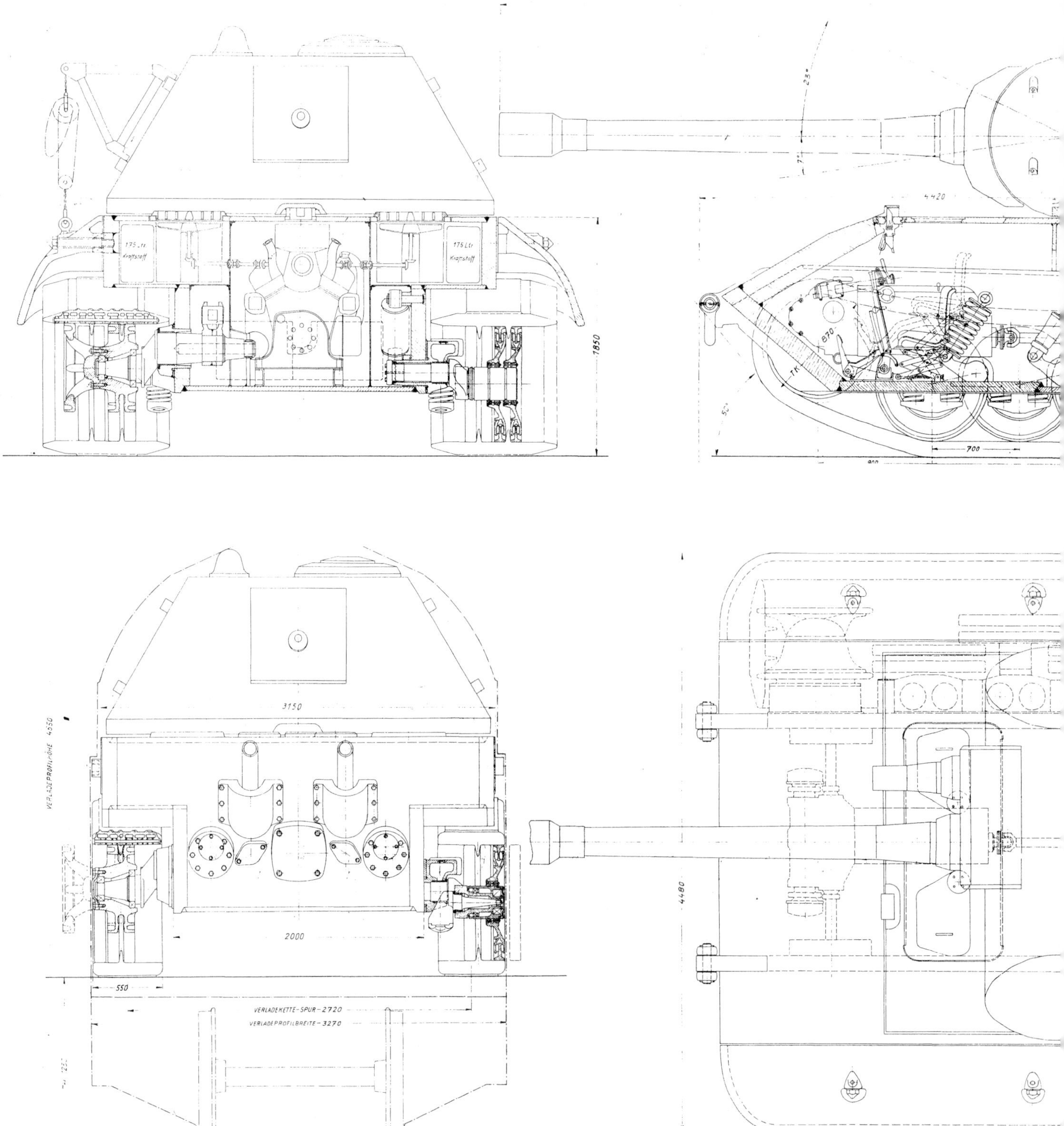
175 Ltr Kraftstoff
1850
23°
7°
4420
870
50°
700
3150
VERLADEPROFILHÖHE 4550
2000
550
VERLADEKETTE-SPUR-2720
VERLADEPROFILBREITE-3270
4480

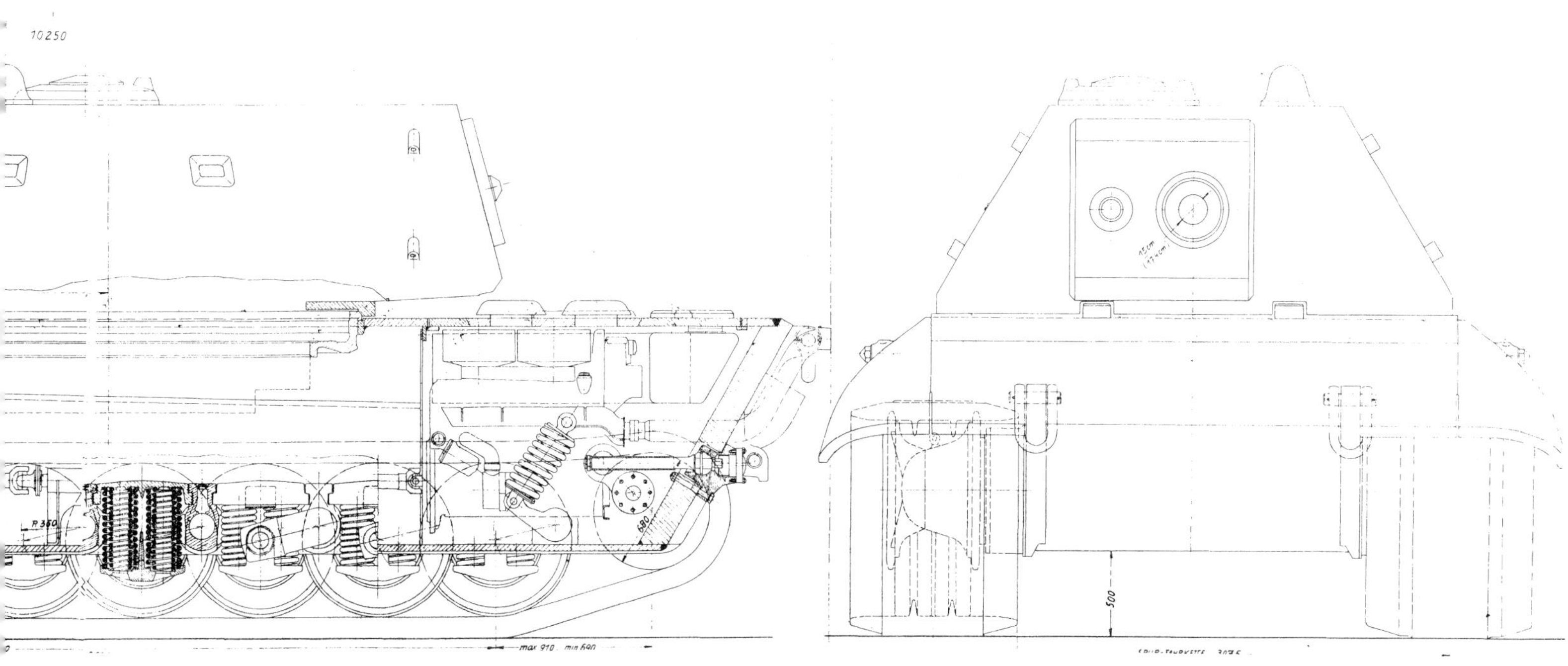

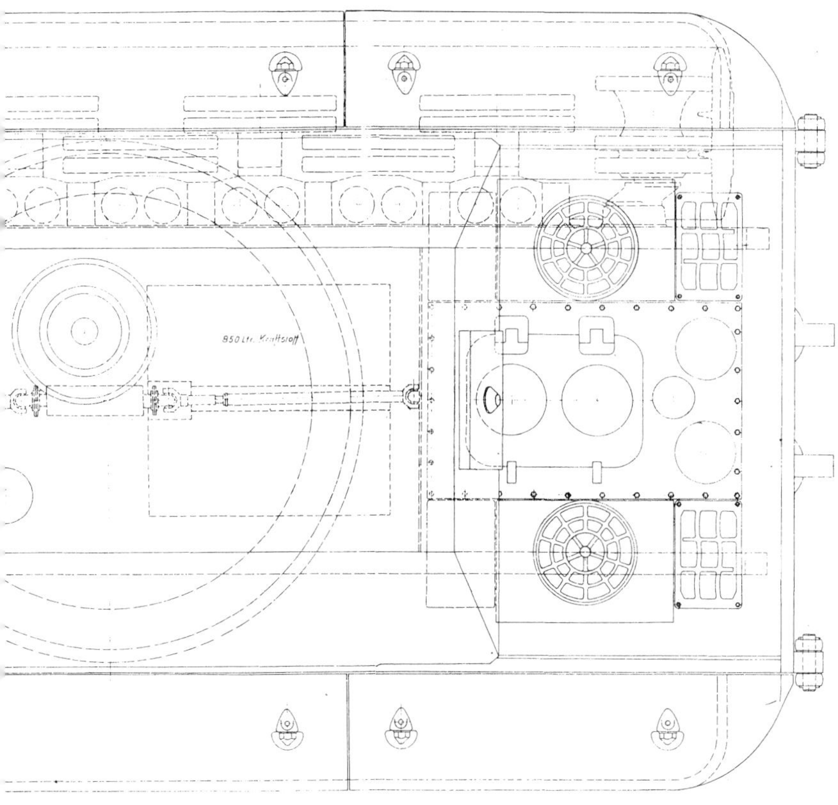

GEWICHTE

WANNE MIT KETTENSCHUTZ	53.- TONNEN
GESAMTES TRIEBWERK	6.- "
GESAMTES LAUFWERK	20.- "
TURM MIT MUNITION	51,5 "
ZUBEHÖR UND AUSRÜSTUNG	9.5 "
GESAMTGEWICHT	140 - TONNEN

FEDERUNGS – KENNWERTE

ABGEFEDERTES GEWICHT CA. 92 %	128 - TONNEN
PARALLEL-EIGENSCHWINGUNGSZAHL	82/MINUTE
NICK-EIGENSCHWINGUNGSZAHL	
KETTENAUFLAGEFLÄCHE	98000 CM²
FLÄCHENDRUCK AUF FAHRKETTE	1.4 KG/CM²
LENKVERHÄLTNIS L:SP	1.6

ANTRIEB

	PROJEKT: A	PROJEKT: B
MOTOR	700 PS 3000 TUREN/MINUTE (MAYBACH HL230 P30 WIE TIGER B)	1200 PS 3000 TUREN/MINUTE (MAYBACH NEUES PROJEKT)
HÖCHSTGESCHW.	23 KM/ST	40 KM/ST
GESAMT ÜBERSETZUNG	1 GANG 1 : 333,3 8 GANG 1 : 21.2	1 GANG 1 : 192 8 GANG 1 : 12.2
SCHALT-GETRIEBE	OG 401216 B (MAYBACH WIE TIGER B)	„MEKYDRO" MECH.-HYDRAULISCHES KOMBINIERTES SCHALT-LENKGETRIEBE (MAYBACH NEUES PROJEKT)
LENK-GETRIEBE	L 801 ZWEIRADIEN-GETRIEBE (HENSCHEL WIE TIGER B)	

Zusammenbauzeichnung Panzerkampfwagen E 100 Versuchsgerät

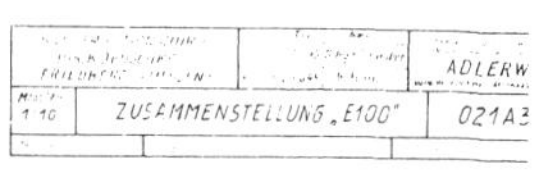

Artillerie auf Selbstfahrlafetten

Unmittelbar nach dem Ersten Weltkrieg war die Frage der Kraftzugartillerie noch keineswegs gelöst. Man untersuchte immer noch, ob Geschütze vom Kraftfahrzeug gezogen (Schlepper-Traktor) oder getragen werden sollten (Kraftfahrgeschütze oder Selbstfahrlafetten). Zu Beginn der dreißiger Jahre schien aus dem Kampf beider Arten der Schlepper als unbedingter Sieger hervorzugehen. Kraftfahrgeschütze und Selbstfahrlafetten sollten lediglich als Fliegerabwehrwaffen weiter Verwendung finden, da der Motor der Sfl. in der Feuerstellung der Vernichtung durch feindliches Artilleriefeuer ohne zwingenden Grund und Witterungseinflüssen vermehrt ausgesetzt war. Selbst die Verwendung von Halbketten- und Vollkettenfahrgestellen brachte keine nennenswerte Änderung dieser bei allen Streitkräften vorwiegenden Meinung.
Trotzdem konnte man sich nicht ganz den logischen Folgerungen entziehen, die auf den Erfahrungen des Ersten Weltkrieges beruhten.
Die enorme Steigerung der Artilleriewirkung führte in diesem Kriege dazu, Artillerie an Brennpunkten zu massieren. Dabei waren große Marschleistungen und Marschgeschwindigkeiten oftmals von entscheidender Bedeutung. Die Motorisierung rückte daher immer mehr in den Vordergrund. Sollten derartige Verschiebungen durch motorische Kraft erfolgen, mußte Artillerie auf der Straße wie auch querfeldein beweglich sein. Um eine solche schnelle Verschiebung zu gewährleisten, konnten die Geschütze auf Lastwagen verladen werden, während für Geländefahrt Schlepper bereitgehalten werden mußten. Diese wurden wiederum bei Straßenfahrt auf Lastwagen untergebracht.
Zur Vermeidung dieser Arbeit und um die Marschkolonnen zu verkürzen wurde erwogen, die Geschütze auf Fahrzeugen fest aufzubauen (Selbstträger, Autokanone). Das Fahrzeug sollte auf der Straße auf Räder, im Gelände auf Gleisketten fahren. Die Umstellung sollte in der Regel nicht mehr als 10 Minuten in Anspruch nehmen. Als Nachteile einer solchen »Autokanone« wurden angeführt:

a) der sehr hohe Preis,
b) die kurze Lebensdauer, wobei zu dieser Zeit weder das Kraftfahrzeug noch der Gleiskettenantrieb eine befriedigende Lösung gefunden hatten,
c) die bereits oben erwähnte Verwundbarkeit der Geschütz-Fahrzeug Kombination.

Dazu kam noch die Unmöglichkeit, das Fahrzeug für andere Zwecke wie z. B. zum Munitionstransport zu verwenden.
Während also die Masse der Artillerie pferdebespannt blieb und nur zögernd mit Schleppern ausgerüstet wurde, ergab sich bei der Reichswehr der Einsatz einer nur geringen Anzahl von »Kraftwagen 19 als Geschützkraftwagen oder Zugkraftwagen (Sd. Kfz. 1)«. Dabei handelte es sich um den von der Daimler-Motoren-Gesellschaft hergestellten Typ »KD I«. Versuchsweise wurden weitere Selbstfahrlafetten in Angriff genommen, so daß sich am 1. Januar 1930 folgender Stand der Entwicklung ergab:

Leichte Selbstfahrlafette für Kampfwagenabwehr

a) Kettenfahrzeug Krupp	in der Fertigung
b) Räder-Kettenfahrzeug Horch	in der Fertigung
c) Sfl auf Fahrgestell Leichttraktor	in der Fertigung

Schwere Selbstfahrlafette (Waffenträger) für K-Flak und Kw-Geschütz

a) Dürkopp	in der Fertigung
b) Krupp	in der Fertigung

Diese Entwicklungen wurden nicht weiterverfolgt, da

Der Krupp-Daimler »Kraftwagen 19« als Geschützkraftwagen oder Zugkraftwagen (Sd. Kfz. 1).

ausreichende Mittel zu ihrer Beschaffung nicht bereitgestellt werden konnten.

Es waren aber nicht nur die fehlenden Haushaltsmittel, welche einschneidende Beschränkungen verlangten, sondern auch das Unvermögen der militärischen Führung hier einheitliche Grundlagen zu schaffen.

Der spätere Generaloberst Heinz Guderian wies in seinem Buch »Erinnerungen eines Soldaten« treffend auf diese Entwicklung hin und sagte u. a.: »Unsere begrenzten Hilfsmittel auf dem Gebiet der Motorisierung wurden aber auch noch durch Fehler auf dem Gebiet der Organisation der anderen Waffen des Heeres verschwendet. So befahl der Chef des Allgemeinen Heeresamtes, General Fromm, daß die 14. Kompanien der Infanterie-Regimenter, die Panzerabwehrkompanien, motorisiert würden. Auf meinen Einspruch, daß diese Kompanien im Rahmen der zu Fuß marschierenden Regimenter vorerst besser pferdebespannt bleiben sollten, erwiderte er: ›Die Infanterie muß auch ein paar Autos haben.‹ Meine Bitte, statt der 14. Kompanien der Infanterie lieber die schweren Artillerie-Abteilungen zu motorisieren, wurde abgelehnt. Diese schweren Geschütze blieben pferdegezogen und versagten später im Kriege, besonders in Rußland.« Guderians grundsätzliche Forderung ging darüber hinaus, bereits zu dieser Zeit, auf voll geländegängige, gepanzerte Fahrzeuge für alle Ergänzungswaffen der neu zu schaffenden Panzerdivisionen. So wurden u. a. für die Artillerie und die Panzerabwehr-Abteilungen gepanzerte Selbstfahrlafetten verlangt. Allerdings blieb es bei diesem Verlangen, denn die Panzerabwehr und die Artillerie der Panzerverbände verblieben bis 1942 ungepanzert und ohne Selbstfahrlafetten.

Hitler hatte schon am 23. 1. 1942 anläßlich eines Vortrages die Einleitung der Entwicklung von Artillerie-Selbstfahrlafetten gefordert.

Am 4. 4. 1942 wurde verlangt, die Entwicklung von Artillerie-Selbstfahrlafetten zu beschleunigen. Sie sollten lediglich einen Panzerschutz gegen Splitterwirkung erhalten. Eine Gewichtsreserve von 30 % war vorzuhalten. Die Bedeutung der Selbstfahrlafetten konnte bis zum nächsten Frühjahr schon so bedeutend sein, daß sich ein In-Serie-Gehen unter Umständen erforderlich zeigen würde. Die Entwicklung sollte nach Möglichkeit auf vorhandene Lafetten oder wenigstens auf vorhandene Einzelteile (bis zum Fahrzeug Tiger) beschränkt bleiben.

Die Erfahrungen der Feldzüge des Zweiten Weltkrieges zeigten bei der motorisierten Artillerie und vor allem bei der Panzer-Artillerie eine Reihe von taktischen Forderungen, die dem an sich schon älteren Gedanken der Selbstfahrlafetten-Artillerie sich nunmehr klar abzeichnende Linien aufprägte. Gegenüber den zu unterstützenden Panzern erwies es sich notwendig, höhere Fahrleistungen zu fordern, um das »Heranbleiben« sowie das »Nachschwingen« der Artillerie im fortschreitenden Panzerangriff sicherzustellen. Der zunehmend größer werdende Geländeraum zwischen Panzer und Artillerie mußte beim Stellungswechsel in kürzester Zeit überbrückt werden, um zu jeder Zeit artilleristische Unterstützung zu gewährleisten.

Ferner ergab sich die Notwendigkeit einer schnellen Feuerbereitschaft, da die Panzerartillerie laufend auf sich selbst gestellt war in Räumen, die nur von Panzern durchfahren waren. Wieder auflebender Feindwiderstand mußte schnell und mit Wirkung ausgeschaltet werden. Dabei ergab sich die Forderung nach Rundumfeuer. Die Forderung nach Rundumfeuer war keineswegs dadurch erfüllt, daß diese Bewegungen mit dem ganzen Fahrzeug durchgeführt wurden. Diese Drehbewegungen waren zu langsam und ungenau im artilleristischem Sinne.

Da auf die Panzerartillerie und damit auf die Selbstfahrlafetten-Artillerie in der Abwehr nicht verzichtet werden konnte, andererseits die wertvollen Fahrgestelle nicht unnötig dem Beschuß und der Witterung ausgesetzt werden sollten, ergab sich die Forderung nach einer Absetzbarkeit des Geschützes. Der Wert der Selbstfahrlafette lag in ihrer hohen Beweglichkeit, die eine dauernde Wartung voraussetzte. In einer Feuerstellung war dies nur mit Einschränkungen möglich. Auch bot das abgelastete Geschütz in der Abwehr ein bedeutend kleineres Ziel.

Ferner mußte die Selbstfahrlafetten-Artillerie auf jeden Fall Artillerie bleiben und durfte nicht als Sturmgeschütz oder Panzer in Anwendung kommen, da sie sonst ihre artilleristischen Aufgaben nicht mehr erfüllen konnte. Als Panzerschutz genügte deshalb ein Aufbau, der gegen SmK-Geschosse sowie gegen Splitter schützte. Das dabei gewonnene Gewicht konnte der Beweglichkeit zugute kommen.

Die Munitionsstaffel einer Selbstfahrlafetten-Batterie sollte zweckmäßigerweise mit den gleichen Kettenfahrzeugen ausgerüstet werden, bei Ausfall eines Geschützwagens sollte die Möglichkeit bestehen, das Geschütz auf ein Munitionsfahrzeug umzusetzen.

Während ab Anfang 1942 an einer Endlösung für diese Forderung gearbeitet wurde, ergaben sich bei der vordringlichen Ausstattung der Panzerartillerie Zwischenlösungen, die durch Übernahme vorhandener Konstruktionsgruppen entstanden. Dabei wurden aus Zeitersparnisgründen möglichst viele in Fertigung befindliche Baugruppen verwendet. Ein Höhenrichtfeld von –8 bis +40°, sowie eine Seitenabweichung von 35° nach beiden Seiten wurde vorgeschrieben.

Für die leichte Feldhaubitze 18 wurde das Panzer II Fahrgestell, für die schwere Feldhaubitze 18 ein Kombinationsfahrgestell III/IV vorgesehen. Zwecks Schaffung eines geräumigen Kampfraumes wurde in beiden Fällen der Motor nach der Mitte verlegt. Die Herstellung der Verbindungsteile zwischen Geschütz und Fahrzeug mußte einfach und schnell erfolgen, da der Ausstoß gewisser Gerätemengen auf kurze Sicht termingebunden war. Die maschinelle Bearbeitung sowie die Verwendung von Passungen war auf das Allernotwendigste zu beschränken.

Die Firma Altmärkische Kettenwerk GmbH in Borsigwalde begann 1942 mit dieser Entwicklung und schuf die Geschützwagen (Gw) II bzw. III/IV. Der Auftrag lautete, in sehr kurzer Entwicklungszeit unter Übernahme vorhandener Geschütz- und Fahrzeugelemente für die leichte und schwere Haubitze Behelfslösungen zu schaffen. Als Fahrgestell waren dazu für die leFH 18 der Panzer II, für die sFH 18 Baugruppen der Panzer III bzw. IV zur Verfügung gestellt worden. Beim Gw III/IV ergab sich folgende Übersicht über die Herkunft der Baugruppen und Einzelteile:

Gruppe	Teil oder Teilgruppe	Herkunft	Bemerkung
Laufwerk	Laufrollen	Pz. IV, Ausf. F	
	Aufhängung	Pz. IV, Ausf. F	
	Stützrolle	Pz. IV, Ausf. F	Mit 10 mm Beilage
	Federung	Pz. IV, Ausf. F	
	Pufferböcke	Pz. IV, Ausf. F	
	Leitrad und Aufhängung	Pz. IV, Ausf. F	
	Kette	Pz. IV, Ausf. F	400 mm breit
	Kettenspannung	Pz. IV, Ausf. F	
Antrieb	Antriebsrad	Pz. III, Ausf. J	
	Zwischenwelle, links und rechts	Pz. III, Ausf. J	
	Seitenvorgelege	Pz. III, Ausf. J	
	Stütz- und Lenkbremse	Pz. III, Ausf. J	mechanisch
	Wechselgetriebe „SSG 77"	Pz. III, Ausf. J	
	Antriebswelle	Sonderausf.	165 mm lang
Motor	„HL 120 TRM"	Pz. III	ohne Auspuffkrümmer ohne Einfüllstutzen am Ölbehälter

Geschützwagen II für leichte Feldhaubitze 18/2 (Sf) (Sd. Kfz. 124) »Wespe«

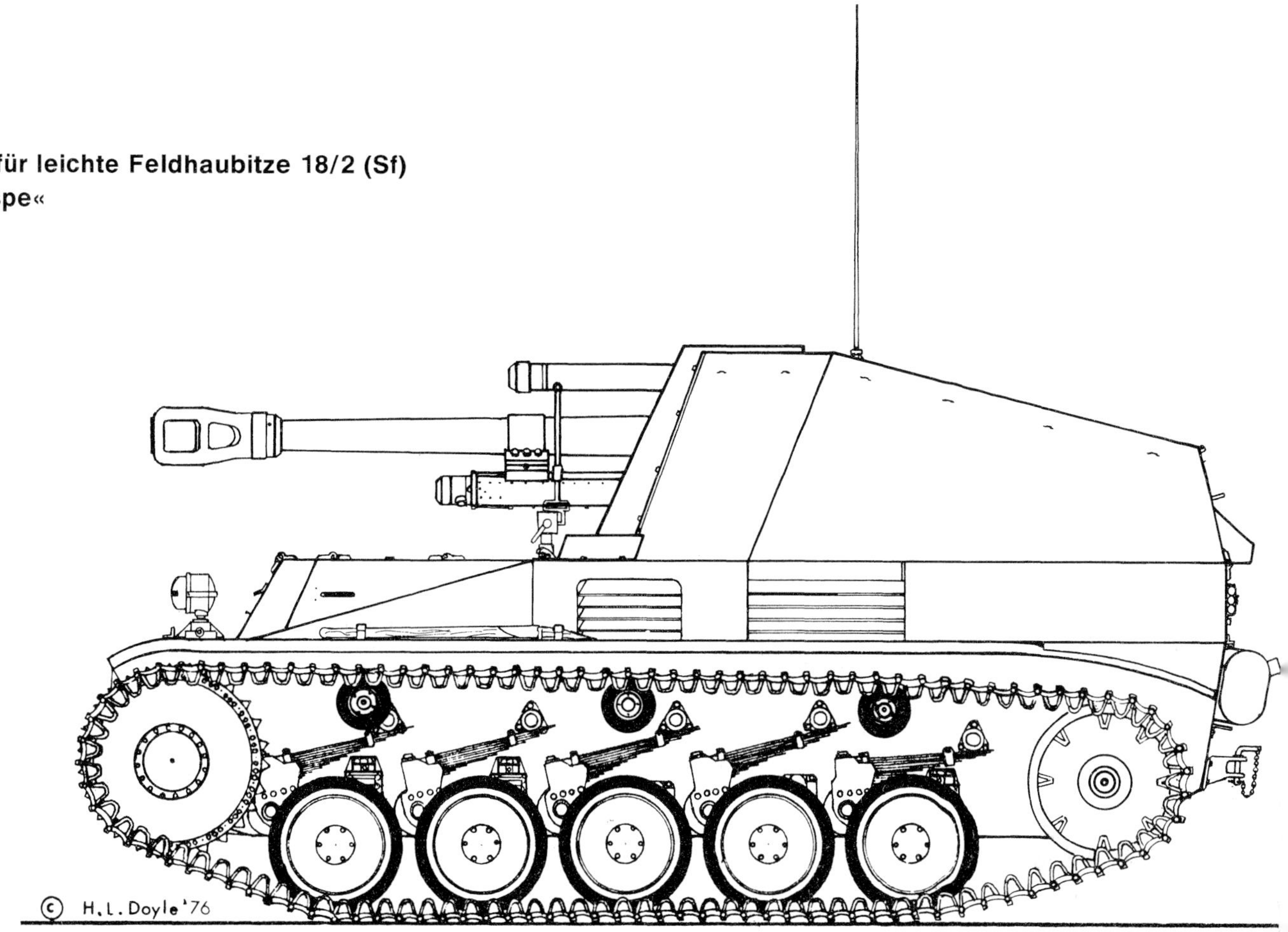

Geschützwagen III/IV für schwere Feldhaubitze 18/1 (Sf) (Sd. Kfz. 165) »Hummel«

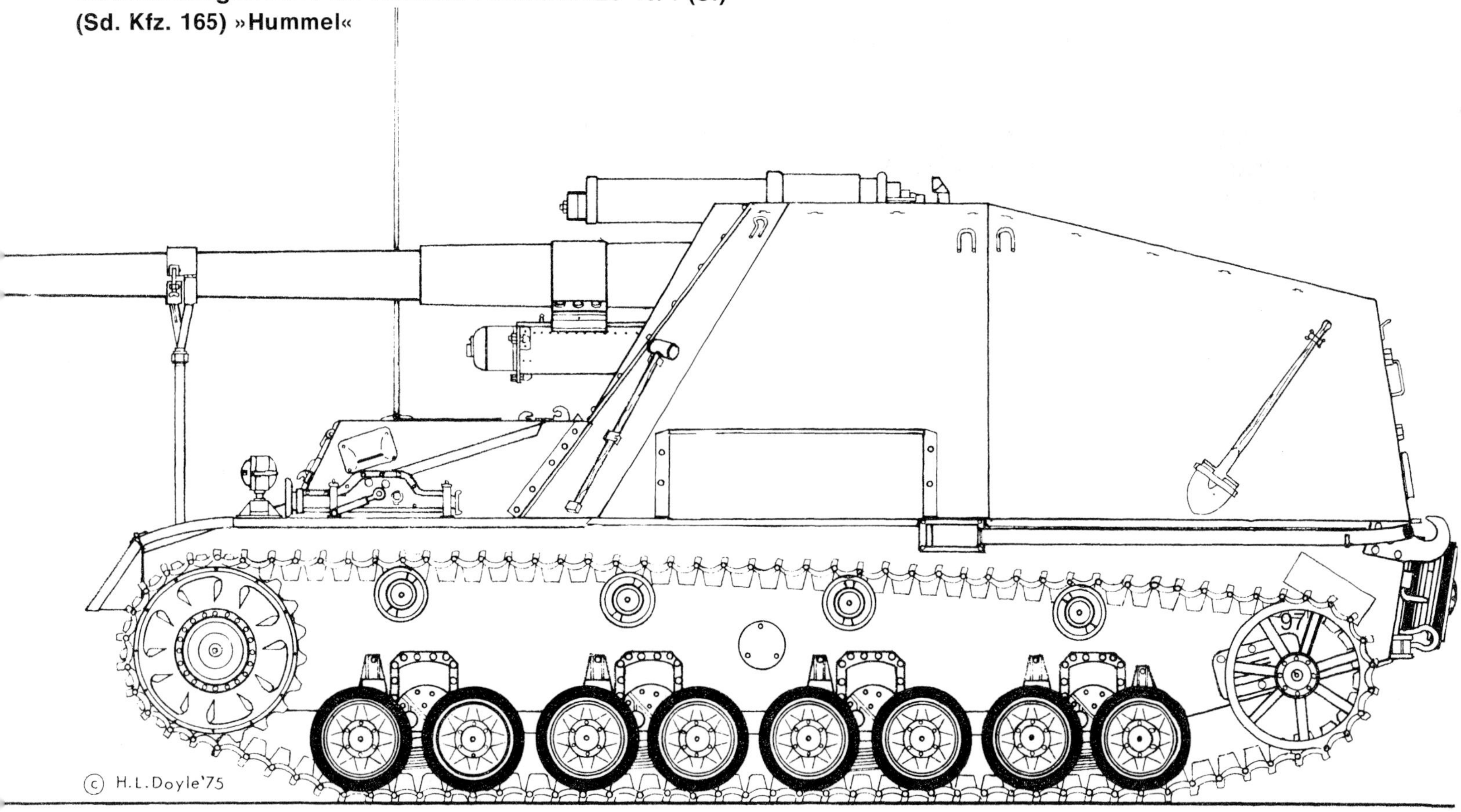

Gruppe	Teil oder Teilgruppe	Herkunft	Bemerkung
	Auspuffkrümmer	Sonderausf.	
	Einfüllstutzen am Ölbehälter	Sonderausf.	
	Kraftstoffpumpe	Pz. III	(Pz. IV kann passend gemacht werden)
	Elektrische Kraftstoffpumpe	Pz. III	
	Kraftstoffilter	PZ. III	
	Luftfilter	Pz. IV	
	Kühler	Pz. IV	
	Lüfter	Pz. IV	
	Spannrolle zum Lüfterantrieb	Pz. IV	
	Keilriemen zum Lüfterantrieb	Pz. III	
	Lüftungsantriebswelle	Sonderausf.	(Pz. IV paßt)
	Auspufftopf	Pz. IV	
	Sammler	Pz. III	2 x 12 V

Schwungkraft-Anlasserkurbel, Kraftstoffleitung, Ventilbatterie und Wintergerätrohranschlüsse waren Sonderausführung.

Der Geschützwagen II für leichte Feldhaubitze 18/2 (Sf) (Sd. Kfz. 124).

Unter den gegebenen Bedingungen war es nicht möglich, den Behelfslösungen das Rundumfeuer und die Absetzbarkeit zu ermöglichen. Auch war das für die Artillerie-Selbstfahrlafetten geforderte hohe Leistungsgewicht nicht zu erreichen, da mit vorhandenen Triebwerken gerechnet werden mußte. Jedoch war die nachrichtentechnische Ausstattung der Zwischenlösung so gestaltet, daß organisatorische Führungserfahrungen bereits für die Endlösung verwendet werden konnten. Dies um so mehr, als der gepanzerte Artillerie Beobachtungswagen (Zwischenlösung Panzer III) ebenfalls die nachrichtentechnische Endausstattung besaß.

Das Gerät 803, Geschützwagen II für leichte Feldhaubitze 18/2 (Sf.) (Sd. Kfz. 124) ging bei der FAMO in Breslau und Warschau in Reihenfertigung. 158 Stück einer »Munitions-Selbstfahrlafette auf Fahrgestell Panzerkampfwagen II« folgten.
Im Juli 1942 wurde berichtet, daß nachdem die leFH nunmehr auf das Panzer II Fahrgestell aufgesetzt werden könne, die vorgesehenen Panzer III/IV Fahrgestelle beschleunigt zum Aufbau von 200 Stück Selbstfahrlafetten für sFH verwendet werden sollten. Als Termin für die Fertigstellung war der 12. Mai 1943 angegeben. ALKETT hatte ursprünglich für das Panzer III/IV Fahrgestell folgende Verwendungen vorgesehen:
Gerät 804 Geschützwagen III/IV für leFH 18/40/2 Sf

Ein Längsschnitt durch das Rohr der 10,5 cm IFH 18 der gepanzerten Selbstfahrlafette »Wespe«.

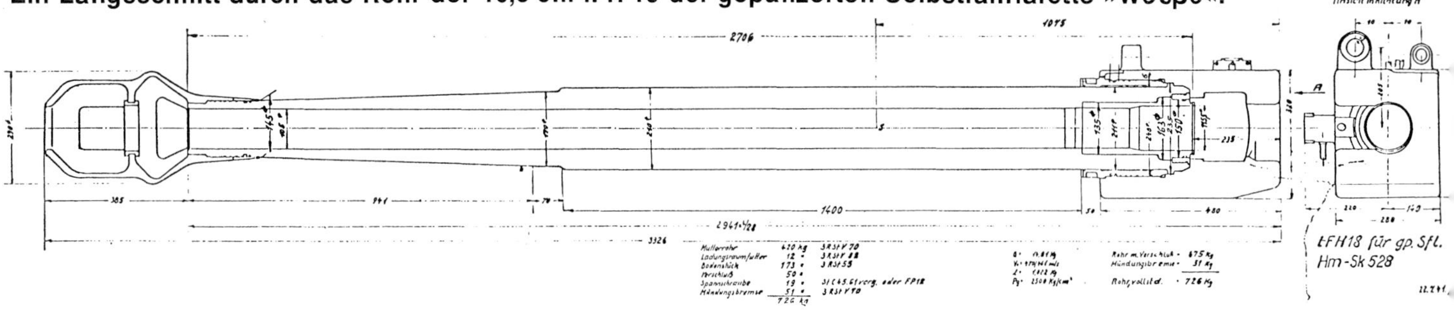

Gerät 807 Geschützwagen III/IV für sFH 18/1 Sf und Gerät 812 Geschützwagen III/IV für sFH 18/5 Sf

Im Oktober 1942 wurde Hitler ein Stahlmodell der in den Teilen gleichen Selbstfahrlafette für die 8,8 cm Pak 43/1 L/71 sowie 15 cm sFH 18/1 vorgeführt. Hitler zeigte sich befriedigt und erwartete die Einhaltung des vorgesehenen Ausstoßes von je 100 Stück zum 12. Mai 1943.

Obwohl Hitler im Februar 1943 grundsätzlich in der ungepanzerten Selbstfahrlafette für die 8,8 cm Pak nur eine Behelfs- bzw. Zwischenlösung sah, sollten die 100 Stück bis zum 12. Mai fertiggestellt werden. Die ab Mai vorgesehene laufende Produktion von 45 Stück sollte aber zugunsten der Haubitzen-Sf Fertigung auf 20 Stück pro Monat reduziert werden.

Die Reihenfertigung der 8,8 cm Pak 43/1 (L/71) auf Fahrgestell Panzerkampfwagen III/IV (Sf.) (Sd. Kfz. 164) lief bei den Deutschen Eisenwerken in Teplitz-Schönau an. Die Fahrgestelle wurden vom Werk Duisburg derselben Firma beigestellt. Die Panzerung kam von der Witkowitzer Bergbau und Eisenhütten Gewerkschaft. Die Suggestivbezeichnung »Hornisse« wurde durch

Die schwere Panzerhaubitze 18/1 auf Fahrgestell Panzerkampfwagen III/IV (Sf) (Sd. Kfz. 165). Das Bild zeigt den Prototyp, bei dem das Geschütz noch mit einer Mündungsbremse versehen war.

Die 8,8 cm Pak 43/1 auf Fahrgestell Panzerkampfwagen III/IV (Sf) (Sd. Kfz. 164).

Führerbefehl vom 27. 2. 1944 durch »Nashorn« ersetzt. Insgesamt wurden bis 1945 494 Stück gebaut.

Die Montage der schweren Panzerhaubitze 18/1 auf Fahrgestell Panzerkampfwagen III/IV (Sf.) (Sd. Kfz. 165) erfolgte bei den Deutschen Eisenwerken in Duisburg. Die Panzerung wurde von den Deutschen Röhrenwerken in Mülheim hergestellt. Fahrgestell Nummern liefen ab 320 001. Während die Prototypen der ALKETT noch eine Mündungsbremse aufwiesen, entfielen laut Heer. Techn. V. Blatt 1944 Nr. 411 diese später. Der Gebrauch der 8. Ladung war dann verboten. Insgesamt wurden 724 Stück dieser unter der Suggestivbezeichnung »Hummel« laufenden Fahrzeuge gefertigt. Dazu kamen noch 157 Stück eines Munitionsträgers »Hummel«. Die Bezeichnung »Hummel« entfiel mit Führerbefehl vom 27. 2. 1944.

Die Fahrerfrontausbildung dieser Fahrzeuge wurde im Laufe der Entwicklung geändert.

Im Mai 1943 wurde Hitler gemeldet, daß für »Hummel« und »Hornisse« wegen der damaligen vorübergehenden Mangellage an Motoren und Getrieben die vorgesehenen Produktionszahlen nicht ganz erreicht werden konnten. Laut Hitlers Anweisung sollten zu dieser Zeit in erster Linie für alle vorhandenen Panzerwannen Motoren und Getriebe in genügender Zahl bereitgestellt werden. Da jedoch diese beiden Fahrzeuge ebenfalls vordringlich waren, erwartete Hitler, daß der Anlauf der Zusatzkapazitäten mit aller Beschleunigung sichergestellt werde. Ferner hielt Hitler die Festlegung von Baukapazität für den Geschützwagen III/IV solange nicht für spruchreif, bis die ersten Fronterfahrungsberichte vorlägen. Speer mußte am 28. 6. 1943 berichten, daß die fertiggestellten »Hornissen« nicht einsatzfähig wären, da sich die Fahrzeuge wegen ungenügender Rohrabstützung nicht fahren ließen. Da die Truppe bereits ab Mai 1943 damit ausgestattet wurde, wurde die Abstellung dieser Mängel vordringlich. Bis Ende Juni 1943 standen bereits 85 »Hornissen« im Fronteinsatz. Das Fahrzeug »Hummel« kam ebenfalls im Mai 1943 an die Front. Bis Dezember waren 227 Stück ausgeliefert. Insgesamt wurden 1943 368 Stück gebaut.

Im August 1943 wurde erwogen, das Fahrgestell des Geschützwagens III/IV als Grundlage zur Verladung der leFH in Spreizlafette mit dem Rohr der leFH 43 zu verwenden. Die Absetzbarkeit sollte nach wie vor untersucht werden. Dabei könnte sich die endgültige Form einer Selbstfahrlafette für die leFH ergeben, selbst wenn unter den gegebenen Voraussetzungen die Forderung auf Rundumfeuer zurückgestellt werden müßte. Eine Entscheidung vom 11. September 1943 sah jedoch noch immer folgende Entwicklungen vor:

- leFH 18/40 mit Rundumfeuer auf Zgkw 3 t, absetzbar auf Kreuzlafette,
- Pak 44 (7,5 cm L/70) mit Rundumfeuer auf Zgkw 3 t, absetzbar auf Kreuzlafette und
- leFH 18/40 mit Rundumfeuer auf Gw III/IV, absetzbar auf Kreuzlafette.

Ferner sollte, falls die 8,8 cm Pak 41 nicht auf dem Panzer II Fahrgestell unterzubringen war, mindestens die 7,5 cm L/70 auf diesem Fahrgestell untergebracht werden. Für diese Fahrzeuge war jedoch unter allen Umständen der neue Motor zu verwenden.

Tatsächlich war mit der Entwicklung der Geschützwagen II und III/IV die Entwicklung von Artillerie-Selbstfahrlafetten abgeschlossen.

Auf die vorgesehene »Endlösung« für solche Fahrzeuge soll nunmehr näher eingegangen werden:

Die 1942 festgelegten Forderungen für Artillerie auf Selbstfahrlafetten wiesen grundsätzlich folgende Einzelheiten auf:

- Höhere Fahrleistung gegenüber dem Panzerkampfwagen
- Schnelle Feuerbereitschaft
- Rundumfeuer
- Absetzbarkeit des Geschützes
- Schutz der Bedienung gegen MG-Feuer und Splitter

Bezüglich der Entwicklung der Artillerie auf Selbstfahrlafetten wollte sich Hitler im April 1942 nochmals die endgültige Fassung seines Erlasses überlegen. Er war grundsätzlich mit dem vorgeschlagenen Programm einverstanden, bestand jedoch darauf, daß zusätzlich ein beweglicher 21 cm Mörser gefertigt würde. Konstruktionsskizzen sollten sofort begonnen werden. Dabei sollte die gleiche Lafette für die 17 cm Kanone sowie den 21 cm Mörser verwendet werden.

Da es sich bei der Selbstfahrlafette für die leichte Feldhaubitze um eine erstmalige, ganz neuartige Konstruktion handelte, wurde im Juli 1942 bestimmt, die vorgeschlagenen drei Modelle bis zum ersten Versuchsstück weiter zu entwickeln. Außerdem sollte der von Rheinmetall und Krupp vorgeschlagene Einbau der 8,8 cm Pak 43 mit eigener Lafette auf dem Fahrgestell der leFH-Selbstfahrlafette als Versuchsstück durchgeführt werden. Diese Entwicklung war vom Waffenamt im Herbst 1941 befohlen worden und lief unter der Bezeichnung »8,8 cm Kanone (Pz. Sfl.) auf Sonderfahrgestell«. Drei Prototypen sollten bis Herbst 1942 fertiggestellt werden. Noch während der Entwicklung wurden die Forderungen geändert, wodurch sich das ursprüngliche Gewicht von 22 auf 30 t erhöhte. Der Panzerschutz, der anfangs 10 bis 50 mm betragen sollte, wurde durch die neuen Forderungen auf 10 bis 80 mm festgelegt. 5 Mann Besatzung waren vorgesehen.

Versuchsflakwagen (VFW) für 8,8 cm Flak 41

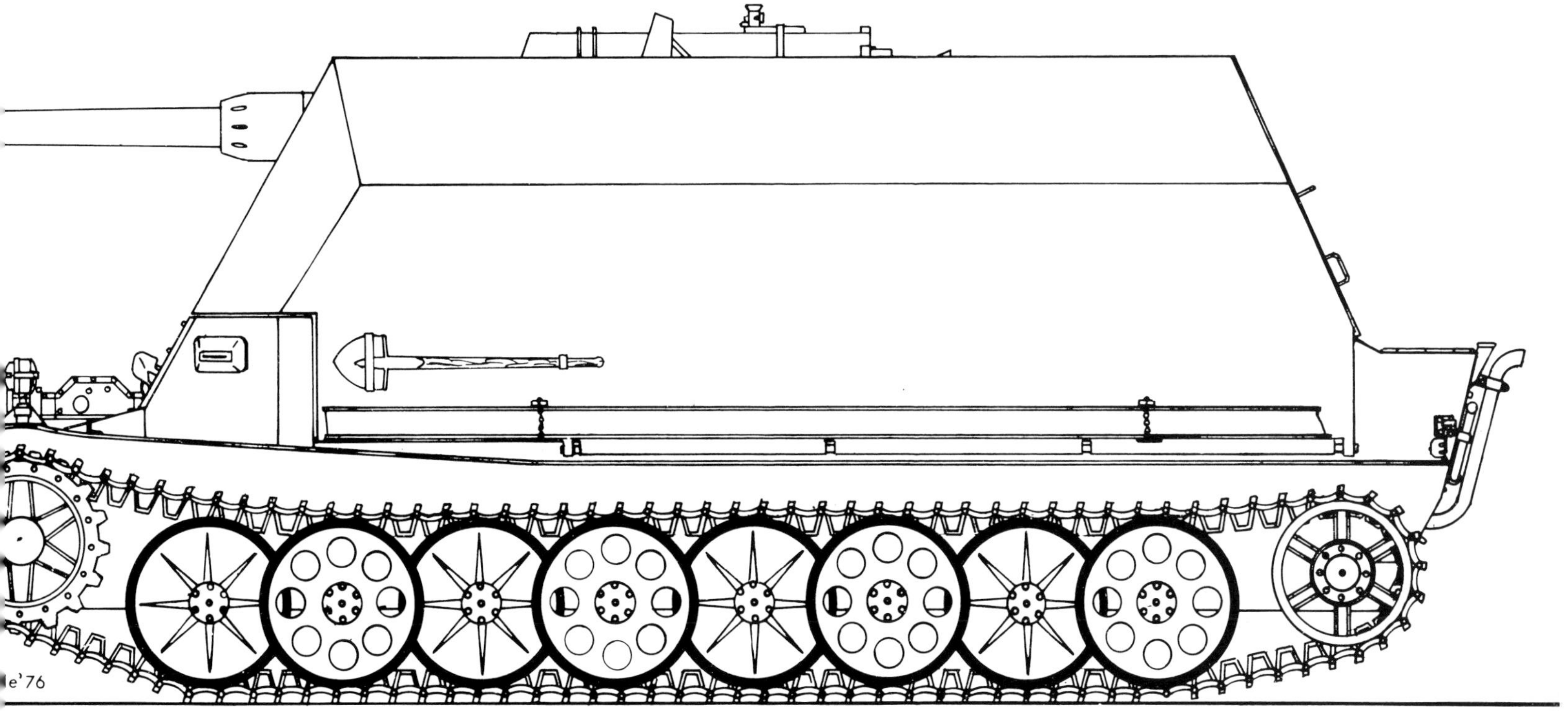

Versuchsflakwagen (VFW) für 8,8 cm Flak 37

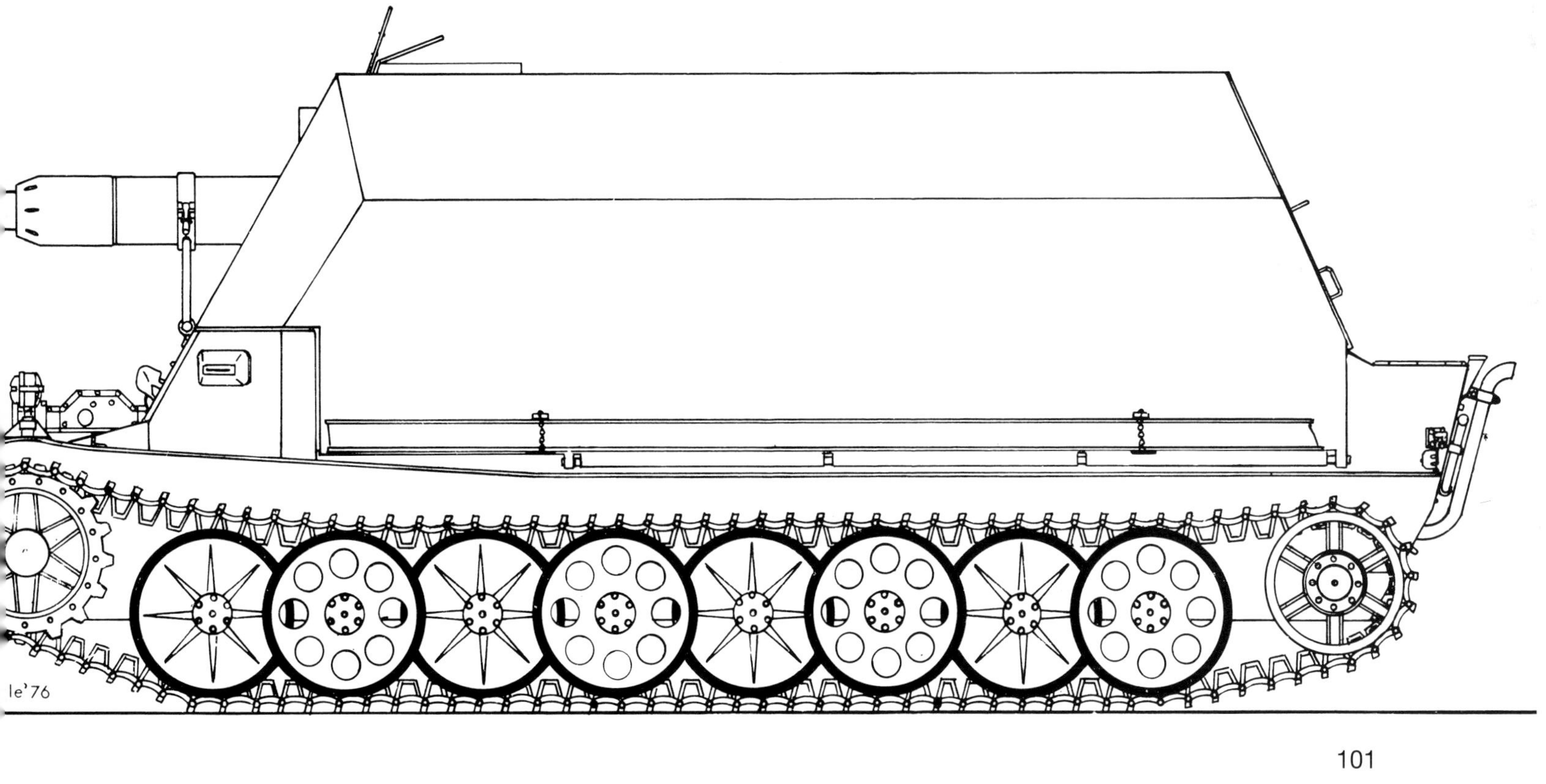

Die »gepanzerte Selbstfahrlafette IV c«, eine Entwicklung von Krupp, die auch als »8,8 cm Kanone (Pz. Sfl) auf Sonderfahrgestell« bezeichnet wurde. Das Fahrzeug wurde nicht gefertigt, da dafür der »Jagdpanther« in Serie ging.

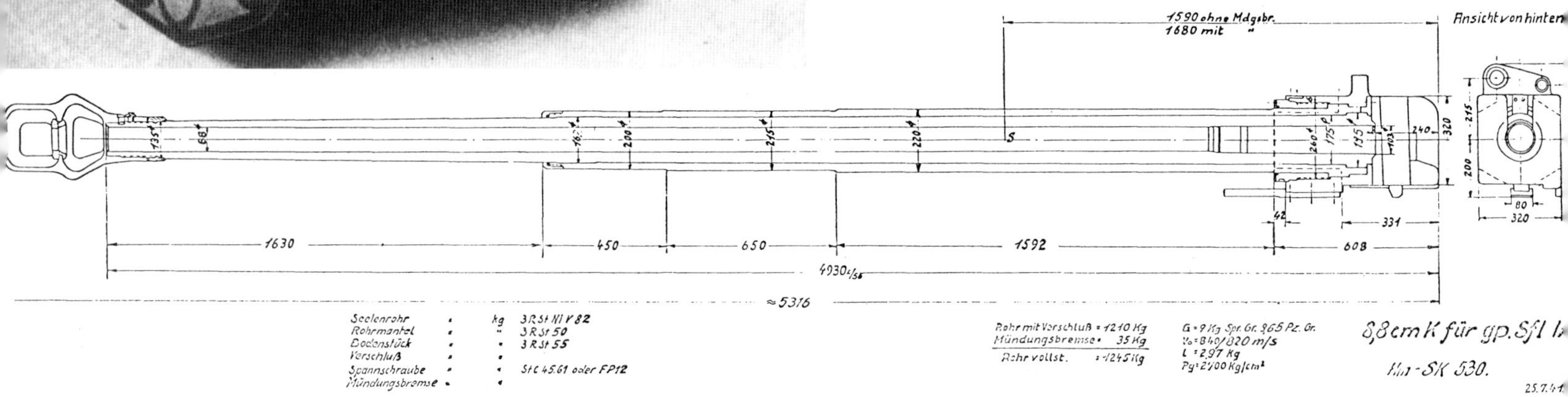

Ein Längsschnitt durch die Bewaffnung des Fahrzeuges »gp. Sfl IV c«. Die Kanone hatte eine Rohrlänge von 4930 mm = L/56. Die endgültige Bezeichnung lautete »Pz. Sfl. IV d«.

Krupp rüstete diesen schweren Panzerjäger auf Selbstfahrlafette mit dem Maybach »HL 90« Triebwerk aus. Bei 100 mm Bohrung und 106 mm Hub ergab sich bei einer »V 12« Auslegung ein Hubraum von 9990 ccm. Die Höchstleistung bei 4000 U/min betrug 400 PS, normalerweise standen 360 PS zur Verfügung. Die Höchstgeschwindigkeit betrug 35 km/h. Als Bewaffnung war von Krupp eine »8,8 cm Kanone für gepanzerte Selbstfahrlafette IV c« vorgesehen. Bei einer Rohrlänge von 4930 mm (L/56) ergab sich eine Höchst Vo für die Panzergranate von 840 m/sek. Das Geschoßgewicht betrug 965 kp. Einschließlich Mündungsbremse wog die Waffe 1245 kp. Noch im Holzmodellstadium wurde die Hauptbewaffnung auf die 8,8 cm Pak 43 L/71 umgestellt, das Fahrzeug selbst jedoch nicht gebaut.

In der Zwischenzeit war durch den »Geschützwagen III/IV« eine Übergangslösung gefunden worden und weitere Pläne sahen die Verwendung des »Panther« Fahrgestelles für einen schweren Panzerjäger vor. Daher wurden die bereits fertiggestellten Fahrgestelle von Krupp für einen Flakpanzer-Versuch verwendet, der ursprünglich die 8,8 cm Flak 37 in Rundumfeuertraverse aufnahm. Die höchste Rohrerhöhung lag bei 85°. Die Wanne, einschließlich Fahrer- und Funkersitz war vollständig gepanzert, für das Geschütz ergab sich ein oben offener, nach den Seiten und rückwärts abklappbarer Panzerschutz, der jedoch im Einsatz die Bedienung ungeschützt ließ. Die Außenabmessungen des Fahrzeuges, welches 1944 noch auf die 8,8 cm Flak 41 umgerüstet wurde, betrugen 7000 x 3000 x 2800 mm.

Ähnlich wie bei den Flak-Selbstfahrlafetten auf Panzer IV Fahrgestell wurde das Chassis der »gepanzerten Selbstfahrlafette IV c« mit einer 8,8 cm Flak 37 bestückt und mit abklappbaren Aufbauseiten versehen.

Das Bild zeigt Einzelheiten des Geschützaufbaus und die Verzurrung der abklappbaren Schutzwände.

Das Fahrzeug von hinten zeigt den Motorenraum und die Auspuffanlage.

Gegen Ende des Krieges wurde eine 8,8 cm Flak 41 aufgesetzt. Die Bilder zeigen das Fahrzeug in verschiedenen Feuerstellungen.

Das Gefechtsgewicht war auf 26 t festgelegt. Es blieb auch hier bei Einzelausführungen.
Die drei vorgelegten Muster für die leFH-Selbstfahrlafette sah man nicht nur für den Einbau der leFH 43, sondern auch als Träger für die 12,8 cm Kanone vor. Auch diese Entwicklung sollte bis zur Erstellung eines ersten Versuchsstückes vorwärts getrieben werden.

Es wurde angestrebt, die Entwicklung von Artillerie Selbstfahrlafetten, sowie die der Waffenträger ab 1942 unabhängig von der Panzerproduktion aufzuziehen. Als Entwicklungsfirmen traten Krupp, Rheinmetall und Ardelt auf.
Ursprünglich waren für die Entwicklung der leFH-Selbstfahrlafette Baugruppen des Fahrzeuges »Leopard« (Gerät 5-1028) vorgesehen worden. Durch das Ausscheiden dieses Fahrzeuges bedingt, sollten nunmehr Bauelemente des neuen Sturmgeschützes (etwa 35 t) verwendet werden. Zeichnerische Unterlagen dieser ALKETT-Konstruktion sollten voraussichtlich bis 1. Mai 1943 zur Verfügung stehen. Um jedoch baldmöglichst zu Versuchsgeräten zu gelangen, wurden für die Anfertigung dieser Fahrzeuge Bauelemente des Panzers IV verwendet, mit der Maßgabe, daß für die Versuchsgeräte der Motor »HL 90« (350 PS) und für die Endlösung der Motor »HL 100« (400 PS) genommen werde. Der baldige Serienanlauf dieses bisher noch nicht vorhandenen Triebwerkes war daher für die leFH-Selbstfahrlafette von entscheidender Bedeutung.
In der Zeit vom 27. bis 30. Januar 1943 fanden in Berlin Vorführungen aller bisher erstellten Artillerie-Selbstfahrlafetten statt. Dabei konnte der Entwicklungsstand einer vergleichenden Beurteilung nach militärischen, technischen und fabrikatorischen Gesichtspunkten unterzogen werden. Bei der leichten Selbstfahrlafette für die 10,5 cm leFH 43 wurden Modelle der Firmen Krupp, Rheinmetall/Daimler-Benz und Škoda vorgeführt. Durch ihren konstruktiven Aufbau und die Bearbeitung des Begriffes »Selbstfahrlafette« standen die Lösungen Krupp »Heuschrecke« (Gerät 5-1026) und die Lösung Rheinmetall im Vordergrund. Krupp hatte sich bewußt von der Bedingung freigemacht, weitgehendst Baugruppen des entsprechenden Feldgeschützes zu übernehmen. Das in seiner Leistung höher liegende Rohr mit Jackenwiege, eigens für die Sfl. konstruiert und in einem drehbaren Turm gelagert, gab dem Fahrzeug ein harmonisch geschlossenes Bild, führte jedoch im Hinblick auf die fertigungsmäßigen Schwierigkeiten zu Bedenken. Das Rohr hatte eine Länge von 3675 mm = L/35 und wog mit Mündungsbremse 730 kp. Die Vo betrug 655 m/s.
Rheinmetall dagegen verwendete nahezu ohne Änderungen das Feldgeschütz, welches mit einem Panzergehäuse versehen, in einem Lager drehbar auf dem Fahrgestell aufgesetzt war.
Beide Firmen lösten die Absetzbarkeit mit Hilfe von Schwingarmen, der Antrieb hierfür erfolgte bei Krupp über ein Zahnradgetriebe, bei Rheinmetall hydraulisch. Krupp setzte das Geschütz auf einem Rahmen ab, der in 4 Teilen am Fahrzeug mitgeführt wurde. Rheinmetall verwendete Ansteckholme im Sinne einer Kreuzlafette. Die Munitionsunterbringung (60 Schuß) war bei Krupp vorteilhaft gelöst, bei Rheinmetall entwicklungsmäßig noch nicht abgeschlossen.
In Anbetracht der sehr unterschiedlichen Wege, die von beiden Firmen beschritten wurden, konnte eine endgül-

Ein Vorschlag von Krupp zur Ablastbarkeit einer 10,5 cm leFH unter Verwendung des verlängerten Panzer II Fahrgestelles.

Leichte Feldhaubitze 43 (Sfl) »Heuschrecke 10«.

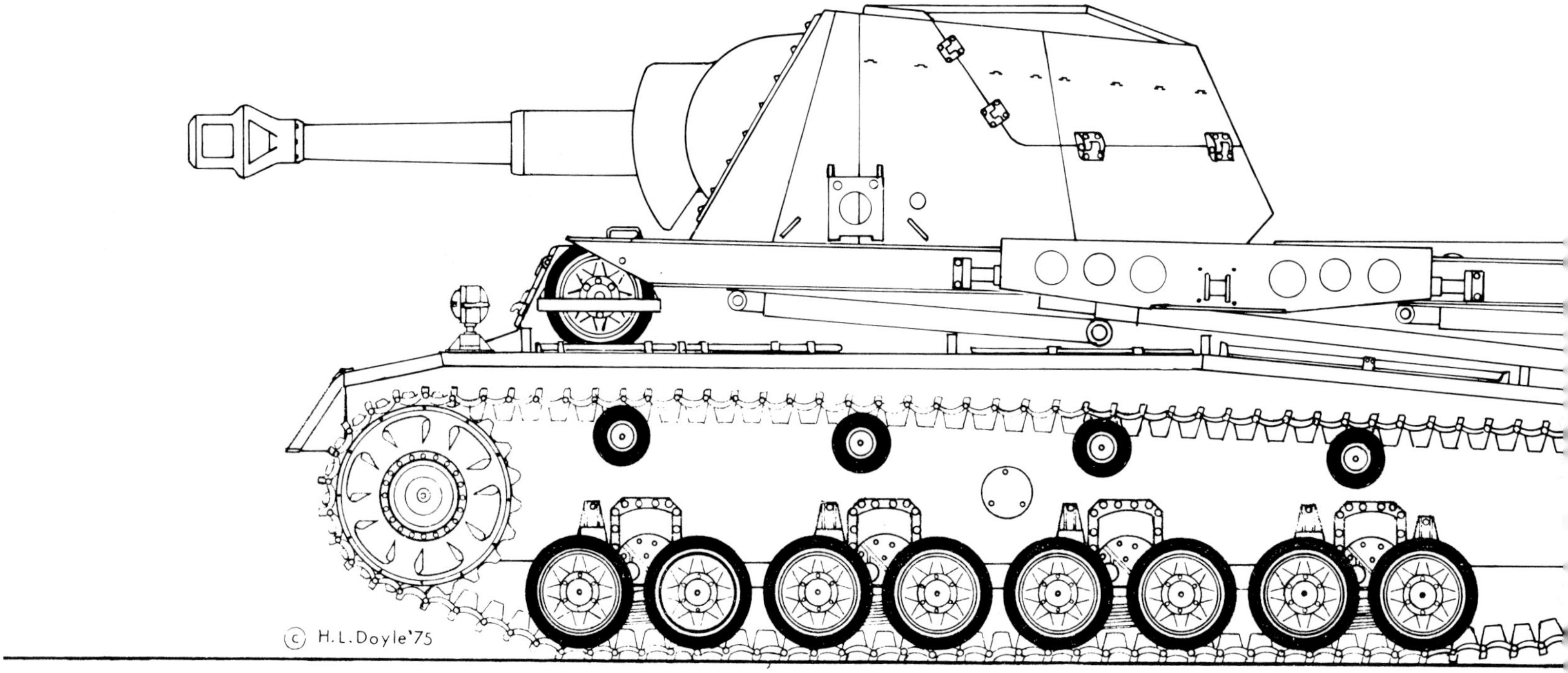

Die Rheinmetall-Lösung der 10,5 cm Selbstfahrlafette (tatsächlich ausgeführt).

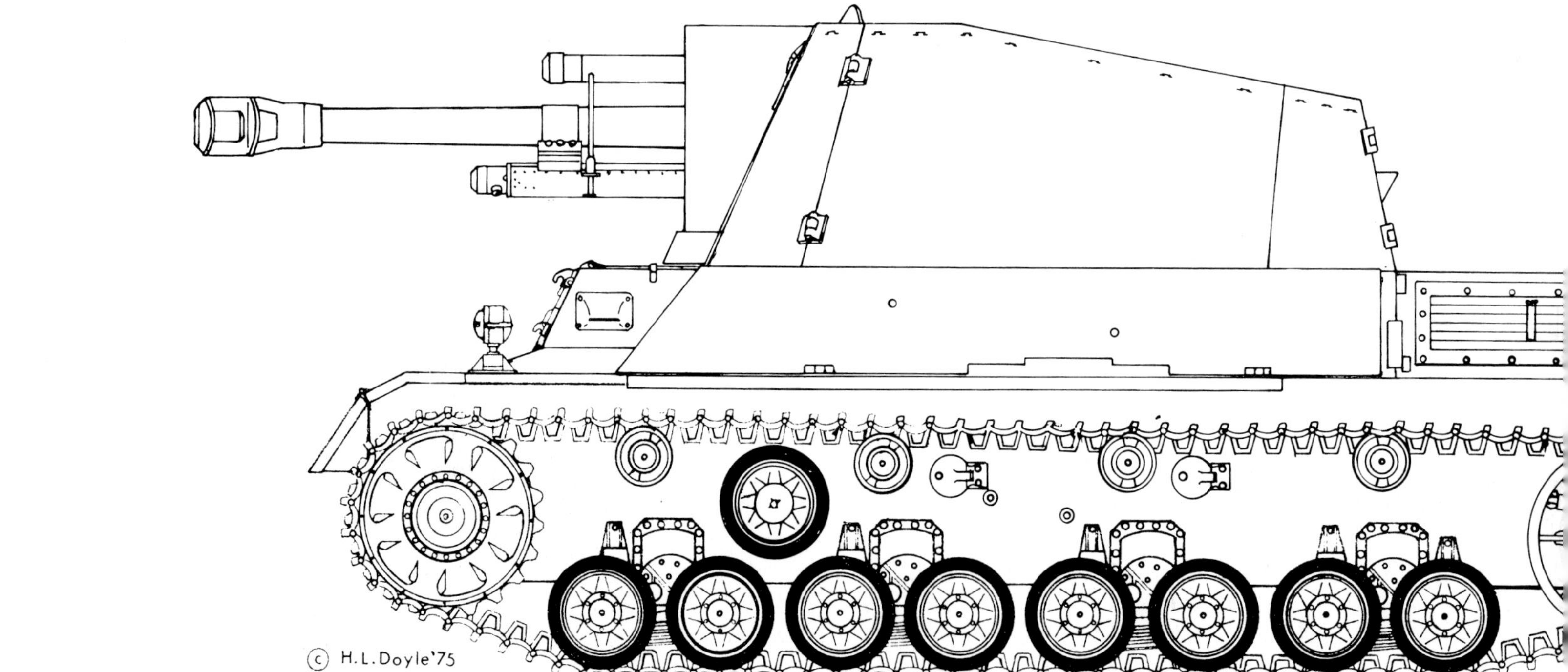

Die leichte 10,5 cm Feldhaubitze 43 (Sfl) »Heuschrecke 10« – Prototyp der Firma Krupp. ▶

Die Rheinmetall-Lösung der 10,5 cm Selbstfahrlafette (geplant). ▶

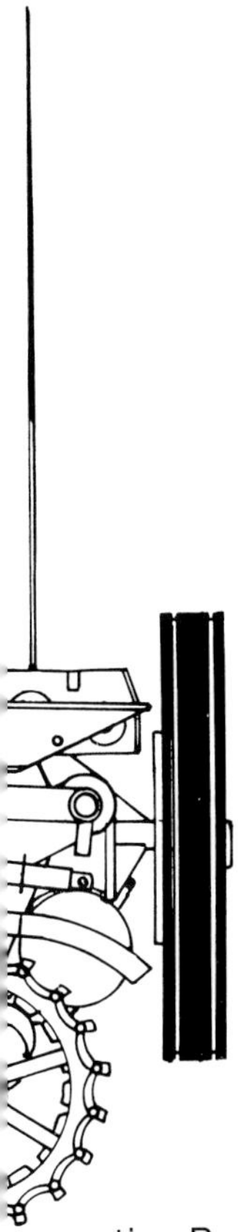

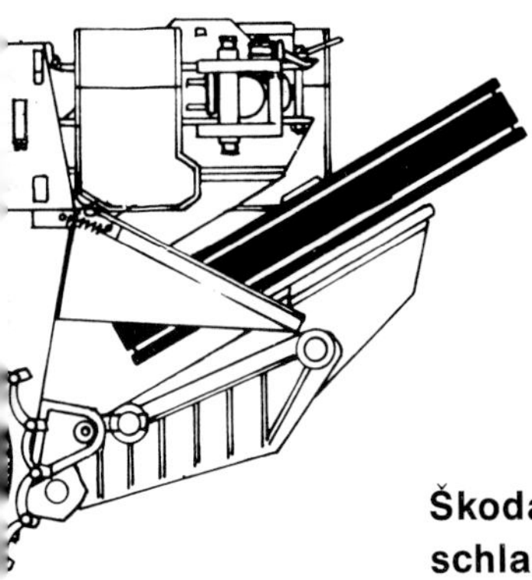

tige Beurteilung sowie Entscheidung erst dann erwartet werden, wenn das Ergebnis von Schieß-, Fahr- und Absetzversuchen vorlag. Beide Firmen wurden aufgefordert, je ein Versuchsstück zu bauen.
Škoda hatte unter Verwendung des »T 25« Panzerfahrgestelles die gestellte Aufgabe auf die einfachste Weise gelöst, in dem das unveränderte Feldgeschütz auf ein Fahrgestell gesetzt und lediglich aus Platzgründen die Holme abgenommen wurden. Die Absetzbarkeit wurde durch Abrollen des Geschützes über eine schiefe Ebene mittels Seilwinde erreicht.

▶ Škoda verwendete für ihren Vorschlag zur Schaffung einer 10,5 cm Selbstfahrlafette Fahrgestellteile des Panzerkampfwagens »T 25«.

Rheinmetall verwendete ursprünglich für das Gerät 5-1028, eine Selbstfahrlafette für die leFH 43, Fahrgestellteile des Fahrzeuges »Leopard«.

Nachdem das Fahrzeug »Leopard« nicht in Produktion ging, sollten »Panther«-Fahrgestellteile für diese Selbstfahrlafette Verwendung finden. Die Bilder zeigen die 1 : 1 Holzattrappe mit der 10,5 cm leFH im Drehturm. ▶

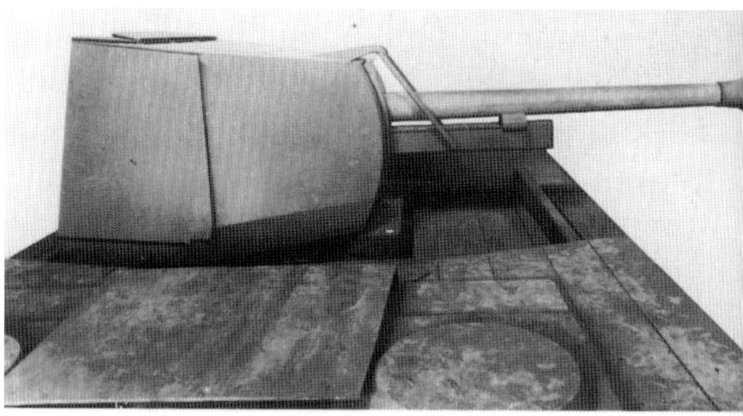

Da die Sfl-Entwicklung weitgehend von der des Feldgeschützes abhängig war, erwies es sich als zweckmäßig, die Weiterentwicklung der Škoda Lösung von der Entscheidung über das Geschütz selbst abhängig zu machen.
Krupp stellte neben der »Heuschrecke« noch eine andere neue Lösung vor, die jedoch nur skizzenhaft dargestellt war. Dabei handelte es sich um Überlegungen, ein zweiachsiges Feldgeschütz in einer flakähnlichen Kreuzlafette unverändert auf einer Selbstfahrlafette unterzubringen. Die Anregung wurde mit großem Interesse aufgenommen und Krupp angewiesen, gleichlaufend mit der Entwicklung dieser zweiachsigen Feldlafette die entsprechende Sfl-Lösung im Auge zu behalten. Einer der Krupp Prototypen der »Heuschrecke« führte die Fahrgestell Nummer 582 503. Ursprünglich war das Fahrgestell nach hinten etwas verlängert wor-

mußte, bei der die bisherige leFH, und zwar abgesetzt auf Räder, Verwendung fand. Dadurch war bei Ausfall des Fahrgestelles das Geschütz immer noch einsatzbereit.
Diese beiden Entwürfe bildeten den Abschluß der seit 1942 betriebenen Entwicklung einer leFH Selbstfahrlafette.
Für die Aufnahme der 15 cm sFH 43 sowie der 12,8 cm K 43 wurden von Krupp und Rheinmetall je ein Modell vorgeführt. Beide Firmen verwendeten für das Fahrgestell, den Konstruktionsbedingungen entsprechend, Bauteile des Panzerkampfwagens »Panther«. Ursprünglich sollten auch hierzu Fahrgestellteile des Fahrzeuges »Leopard« verwendet werden (Gerät 5-1212 und 5-1529 der Firma Krupp).
Rheinmetall schuf in Zusammenarbeit mit Daimler-Benz das »Gerät 5-1213 (12,8 cm K 43 (Sfl) Rh. B)«. Bei der Auslegung des Fahrzeuges ergab sich eine Anordnung Motor hinten – Geschütz Mitte, wobei die Absetzbarkeit wie bei der leFH 43 (Sfl) mit Hilfe einer von Daimler-Benz entwickelten Hydraulik erreicht wurde. Das Gewicht des Fahrzeuges in Feuerstellung betrug ca. 38 t, das der abgelasteten Bewaffnung 6,2 t. Ein Fahrzeug war in Auftrag gegeben, mit voraussichtlicher Auslieferung im Sommer 1943. Die 12,8 cm Kanone

Zur Aufnahme der 12,8 cm Kanone 43 schuf Krupp das Gerät 5-1211, welches Fahrgestellbauelemente des »Panthers« verwendete. Unter der Bezeichnung Gerät 5-1212 sollte die Selbstfahrlafette ursprünglich das Fahrgestell des Fahrzeuges »Leopard« verwenden.

den, die Zahl der Kettenglieder hatte sich dadurch von 99 auf 107 erhöht.
Im April 1944 waren Hitler Bilder und technische Daten beider Entwicklungsfahrzeuge vorgelegt worden. Er neigte dazu, daß trotz der verschiedenen Nachteile unter allen Umständen eine Konstruktion gewählt werden

Rheinmetall baute in Zusammenarbeit mit Daimler-Benz das Gerät 5-1213, welches Fahrgestellteile des »Panthers« verwendete. Dieselben Fahrzeuge sollten auch die 15 cm sFH 43 aufnehmen.

hatte keine Mündungsbremse. Vom 15 cm Fahrzeug sollte ebenfalls bis Sommer 1943 ein Prototyp erstellt werden. Er lief unter der Bezeichnung »Gerät 5-1530 (sFH 43 (Sfl) Rh. B)«. Das Gewicht in Fahrstellung betrug 40 t, das der abgelasteten Waffe 8,2 t. Auch die 15 cm L/32,5 Haubitze hatte keine Mündungsbremse. Krupp setzte bei seinen Vorschlägen das Geschütz grundsätzlich hinten auf. Die Absetzbarkeit wurde nach dem Prinzip der schiefen Ebene erreicht, wobei das Rohr mittels Flaschenzug als Kran für das Bewegen der schweren Einzelteile (Gleitbahnen, Holme) verwendet wurde. Das Geschütz wurde zum Absetzen mit Winden angehoben und war mit Gleitrollen versehen. Die 12,8 cm Entwicklung lief unter der Bezeichnung »Gerät 5-1211 (12,8 cm K 43 (Sfl) Kp I)«. Die als schwere Artillerie der Panzer geforderte 15 cm sFH L/30 Sfl wurde als »Gerät 5-1528 (sFH 43 (Sfl) Kp. I)« ausgewiesen.

Alle Lösungen waren einschließlich der Geschütze eisenbahnprofilgängig, sie mußten jedoch den gepanzerten Aufbau durch entsprechende Änderungen auf das Transitprofil bringen.

Die Unterbringung von 30 Schuß Bereitschaftsmunition war bei beiden Lösungen sichergestellt, bedurfte jedoch bei Rheinmetall noch einer eingehenden Überarbeitung hinsichtlich der Zugänglichkeit.

Wie schon bei der leichten Selbstfahrlafette war eine endgültige Entscheidung zu diesem Zeitpunkt nicht möglich, und beide Firmen wurden ersucht, je ein Versuchsstück zu bauen.

Die Entwicklung der Firma Krupp führte den Sammelnamen »Grille«, während die Rheinmetall-Borsig die Bezeichnung »Skorpion« verwendete.

In Größenklassen eingeteilt war der Typ »10« in der Lage, entweder die 10,5 cm leFH 43 oder die 10 cm Kanone aufzunehmen. Der Typ »15« beförderte die 15 cm sFH 43 bzw. die 12,8 cm K 43. Ferner war der noch zu beschreibende Typ »17/21« vorgesehen.

In Verbindung mit Rheinmetall schuf Daimler-Benz 1943/44 ein Holzmodell und später einen Weichstahl-Prototyp eines »Waffenträger« Fahrzeuges, bei dem das »Panther« Fahrgestell um ein Laufrollenpaar verkürzt worden war. Diese Entwicklung war von WaPrüf 4 gefordert, um ein Fahrzeug zu schaffen, welches als Artillerie-Zugmaschine sowie als Selbstfahrlafette verwendet werden konnte. Das verlastete Geschütz konnte

In Verbindung mit Rheinmetall schuf Daimler-Benz 1943/44 einen Vorschlag über ein Waffenträger-Fahrzeug, welches ein verkürztes »Panther«-Fahrgestell verwenden sollte. Die Bilder zeigen das Holzmodell des Fahrzeuges.

mittels eines am Fahrzeug fest angebrachten Kranes abgenommen und vom Boden aus eingesetzt werden. Das Fahrzeug selbst fand dann als Munitionsschlepper und Schleppfahrzeug Verwendung. Die vorgesehene Panzerstärke lag zwischen 20 bis 30 mm. Das Fahrzeug wurde nicht gebaut.

Dokumentarisch ist auf »Panther« Basis noch der Vorschlag »Gerät 811« ausgewiesen, wobei es sich um einen Geschützwagen für die sFH 18/4 handelte. Weitere Einzelheiten sind nicht bekannt.

In der Zwischenzeit hatte die Firma Krupp die 0-Serie einer Panzerselbstfahrlafette aufgelegt, die als Fahrgestell ein verkürztes Laufwerk des Panzers IV verwende-

Die leichte Feldhaubitze 18/1 (Sf) auf Geschützwagen IV b (Sd. Kfz. 165/1), von dem durch Krupp 8 Stück gebaut wurden.

Das Holzmodell der von Hitler geforderten Selbstfahrlafette für die 17 cm Kanone 44 oder den 21 cm Mörser 18. Die Gerätebezeichnungen lauteten 809 Geschützwagen Tiger für 17 cm K 72 (Sf) und 810 Geschützwagen Tiger für 21 cm Mrs 18/1 (Sf). Ursprünglich waren die Geschütze ablastbar aufgesetzt.

te. Es kamen nur drei Rollenwagen pro Seite zum Einbau. Das Fahrzeug lief unter der Bezeichnung »leFH 18/1 (Sf)/Gw IV b (Sd. Kfz. 165/1)« und war mit dem Maybach »HL 66« Motor ausgerüstet, der in der Serie durch den »HL 90« mit 320 PS ersetzt werden sollte. Das 17 t schwere Fahrzeug führte die leFH mit einem Seitenrichtfeld von insgesamt 70°. Die Höhe war von – 10° bis + 40° erreichbar. Die Rohrlänge dieser Haubitze betrug 2941 mm = L/28, das vollständige Rohr mit Mündungsbremse wog 726 kp. Die Vo betrug 480 m/sek. 60 Schuß Bereitschaftsmunition wurden mitgeführt. Die oben offene Panzerung mit vorne 20 und seitlich 14,5 mm Blechen schützte die Besatzung von 5 Mann. Im November 1942 war Hitler damit einverstanden, daß von der jetzt erstmalig zum Ausstoß kommenden leFH 18/1 auf Gw IV b nur insgesamt acht Fahrzeuge gefertigt würden. Die Gesamtlösung entspräche nicht den gestellten Forderungen. Später wurden Versuche unternommen, diese Sfl in Panzerjägerfahrzeuge umzubauen (Panzerjäger IV b (E 39)).

Bereits im Juli 1942 wurde Hitler das Modell einer nur von Krupp vorgestellten Selbstfahrlafette »17/21«* vorgeführt, welches starke Zustimmung fand. Die Weiterentwicklung wurde angeregt, um damit eine frühzeitige Ausbringung des Versuchstückes zu ermöglichen. Hitler erklärte sich mit der Forderung des Chefs der Heeresrüstung einverstanden, Komponenten des »Tiger« Fahrgestelles zum Aufbau der 17 cm Kanone 18 sowie des 21 cm Mörsers 18 abzuzweigen. Gerätebezeichnungen 809 Gw Tiger für 17 cm K 72 (Sf) und 810 Gw Tiger für 21 cm Mrs 18/1 (Sf). Die Firma Krupp löste die Forderung nach Rundumfeuer und der Absetzbarkeit in besonderer Weise. Das Fahrzeug wurde auf eine Drehplatte bis zur Stellung Schwerpunkt über Drehpunkt gefahren und auf diese Weise Rundumfeuer gewonnen. Durch Herauswinden des Geschützes aus dem Fahrgestell nach rückwärts und Absetzen des Geschützes auf die Drehplatte und die Schwanzplatte wurde die Absetzbarkeit erreicht. Zur Eisenbahnverladung war ein besonders für den Panzerkampfwagen »Tiger« konstruierter Plattformwaggon vorgesehen. Um die Profilgängigkeit zu erhalten, mußten die Seitenwände der Kampfraumpanzerung um ein bestimmtes Maß nach innen abgeklappt werden.

Im April 1943 erklärte sich Hitler damit einverstanden,

* Grille 17/21 mit ZF AK 7-200 Getriebe, Henschel KLL 803675 Lenkgetriebe und Gleisketten Kgs 63/725/130.

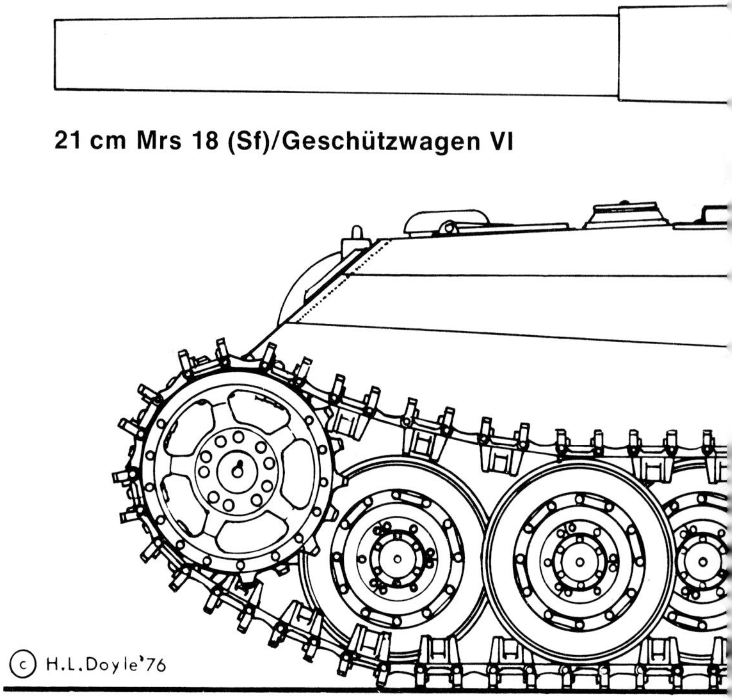

21 cm Mrs 18 (Sf)/Geschützwagen VI

Um die Platzverhältnisse im Innern des Fahrzeuges festzulegen, wurden zu Beginn der Entwicklung Holzattrappen um das Geschütz herumgebaut.

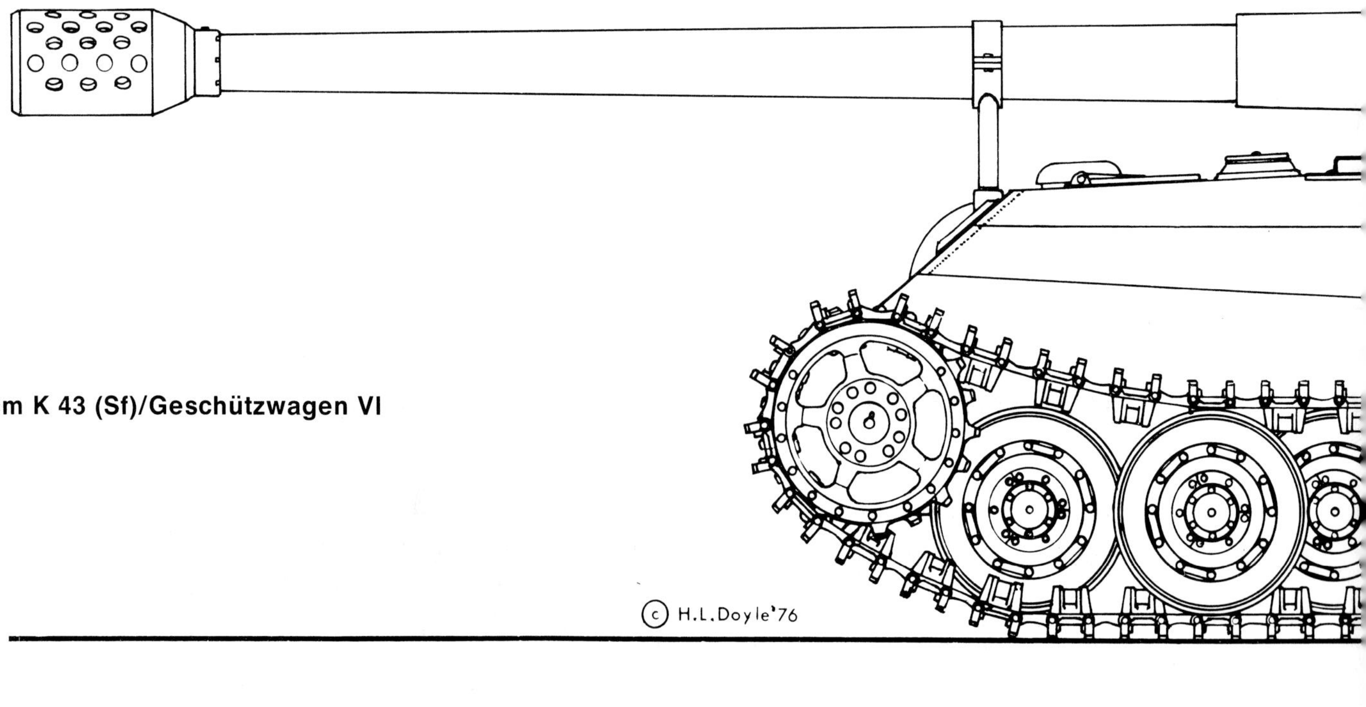

17 cm K 43 (Sf)/Geschützwagen VI

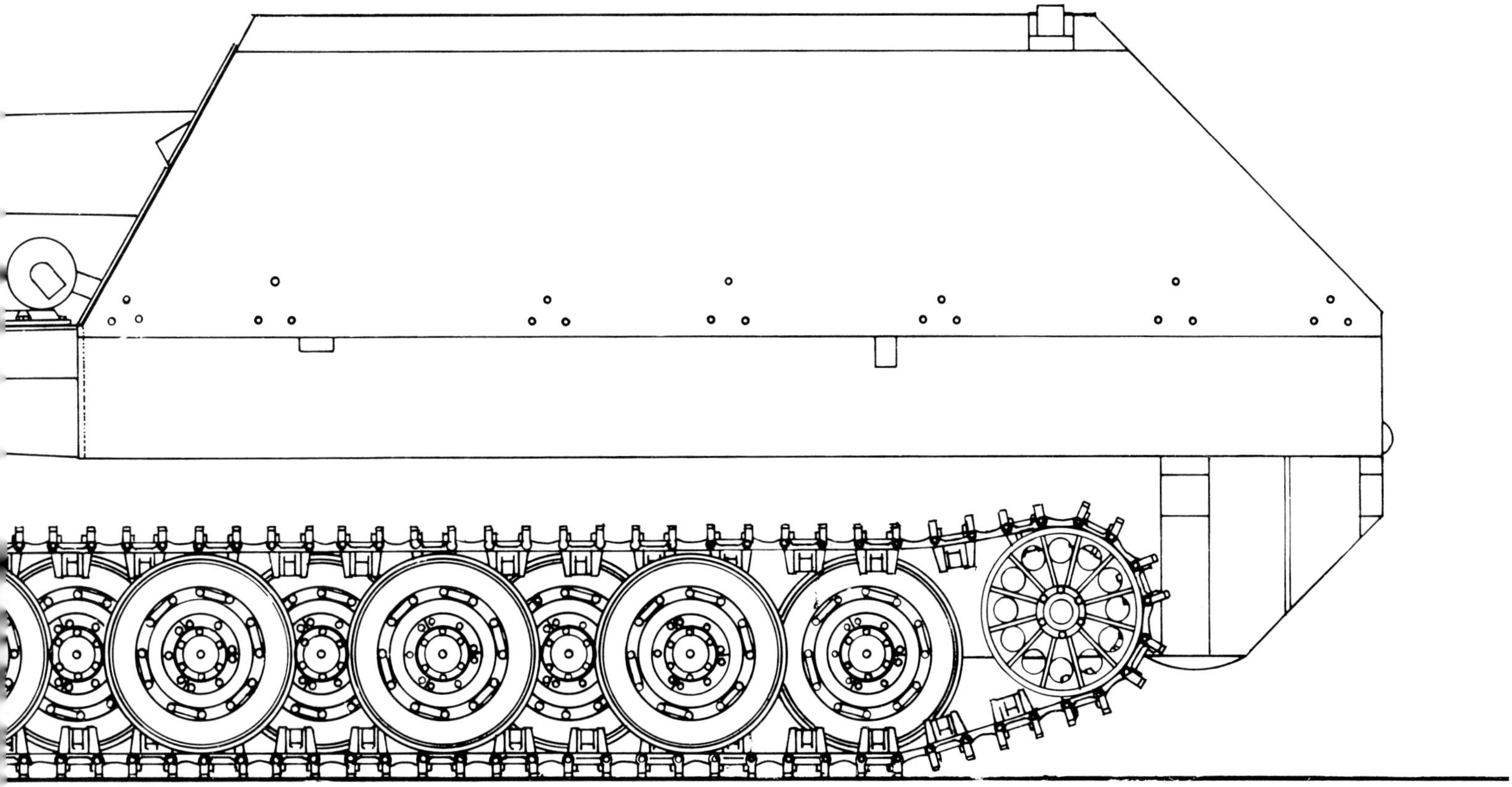

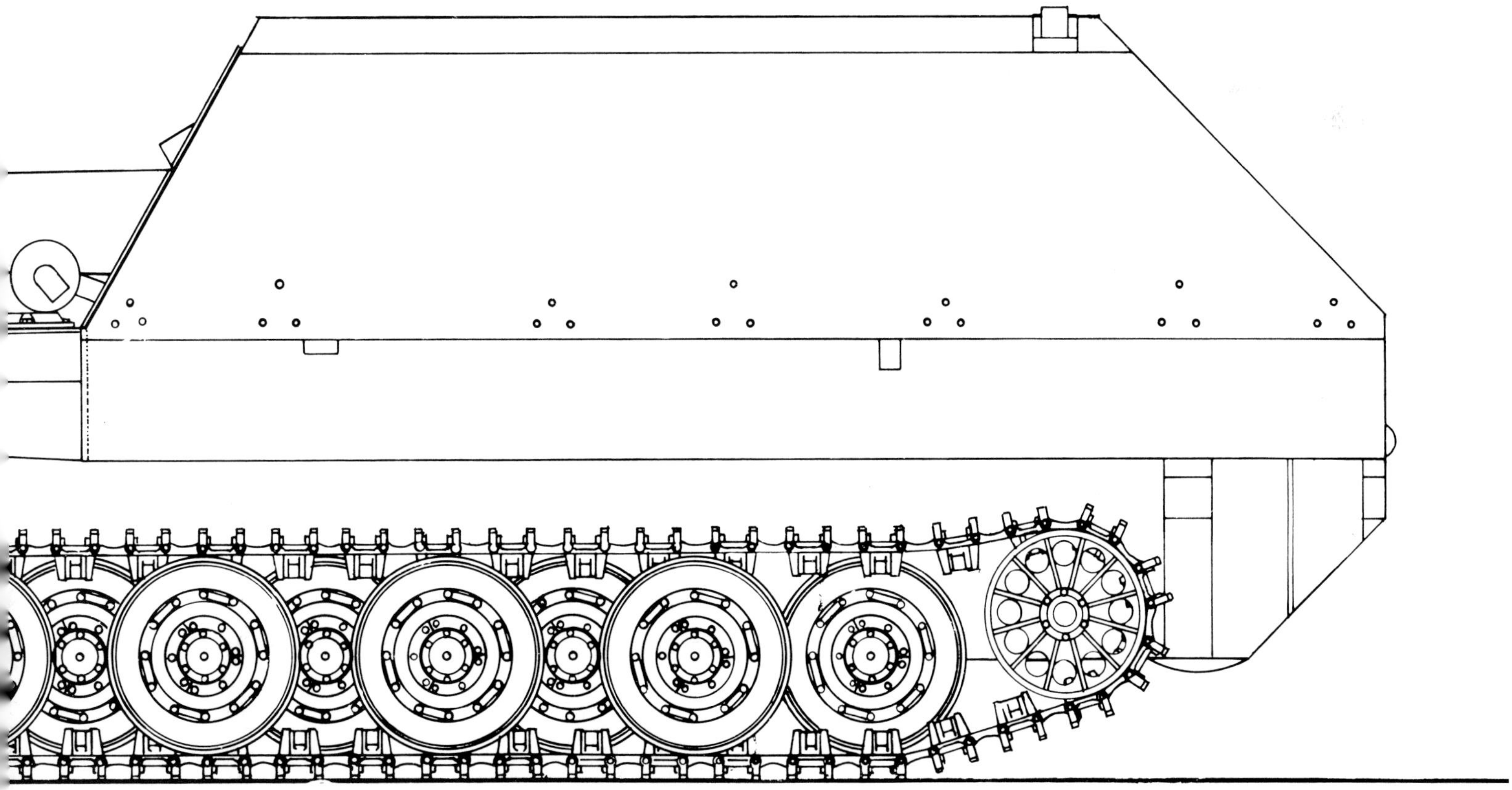

die Fertigung schwerster Selbstfahrlafetten auf »Tiger« Basis zugunsten einer zusätzlichen Fertigung von Panzerkampfwagen zurückzustellen. Die Entwicklung schwerster Selbstfahrlafetten durfte jedoch nicht unterbrochen werden.

Im Juli 1944 befahl Hitler die Einstellung aller Entwicklungen schwerer und schwerster gepanzerter Selbstfahrlafetten. Er forderte jedoch nach wie vor die beschleunigte Vorlage eines Entwurfes über eine Selbstfahrlafette für die 17 cm Kanone unter ausschließlicher Verwendung von »Tiger« Fahrgestellteilen.

Daraufhin wurde im September 1944 anhand von Zeichnungen und Modellfotos Hitler über den Stand der Vorarbeiten für die 17 cm K 72 Selbstfahrlafette berichtet. Er forderte eine Vorführung des zur Zeit in Entwicklung liegenden Prototyps und befahl die Einleitung von Vorarbeiten, die einen Ausstoß von mindestens zwei dieser Fahrzeuge pro Monat ermöglichen sollten. Das Versuchsstück dieser Selbstfahrlafette wurde gegen Ende des Krieges unvollendet in Sennelager von den Alliierten erbeutet.

Die Ablastbarkeit der Waffe war jedoch 1944 aufgegeben worden und die neuen Baubedingungen verlangten eine Selbstfahrlafette konventioneller Bauart. Dadurch entstand die »17 cm K 44 (Sf)/Gw VI«, bei welcher bei acht Mann Besatzung, 5 Schuß Bereitschaftsmunition und einer Frontpanzerung von 30 mm das Gefechtsgewicht 58 t betrug. Die Seitenpanzerung bestand aus 16 mm Blechen. Triebwerk und Laufwerk stimmten mit dem des »Tigers II« überein, der Motor war jedoch nach vorne verlegt worden. Auch kamen pro Seite 11 Laufräder zur Verwendung. Eine frühere Gerätebezeichnung für dieses Fahrzeug lautete »Gerät 5-1702 (17 cm K 43 (Sf))«.

Eine ähnliche Auslegung ergab sich beim Fahrzeug »Gerät 5-2107 (21 cm Mrs 18/43) (Sfl)«. Diese gepanzerte Selbstfahrlafette mit dem 21 cm Mörser 18 L/31 sollte bis Herbst 1943 fertiggestellt sein. Das Gewicht in Fahrstellung war mit 52,7 t, das abgelastete Geschütz mit 12,7 t festgelegt. Die später verfolgte Ausführung »21 cm Mrs 18 (Sf)/Gw VI« war in Aussehen und Gewicht dem 17 cm Fahrzeug gleich. Es konnten lediglich 3 Schuß Bereitschaftsmunition mitgeführt werden. Speer berichtete noch am 28. November 1944 anhand von Zeichnungen über ein Fahrzeug »Hummel-Wespe«

Der einzige Prototyp der 17 cm K 44 (Sf)/Gw VI war bei Kriegsende noch nicht fertiggestellt. Die Bilder vermitteln die Größe des Fahrzeuges und zeigen die Laufwerksteile des Tigers B.

als Universal Artillerie-Selbstfahrlafette.
Hitler hielt diese Ausweichlösung für außerordentlich wertvoll. Nähere Einzelheiten über dieses Projekt sind nicht mehr bekannt.

Waffenträger

Im Zuge der Loslösung der Artillerie-Selbstfahrlafetten von der Panzerfertigung ergab sich ab 1942 die Entwicklung von sog. Waffenträger Fahrzeugen. Das Waffenamt (WaPrüf 4) schaltete dazu Firmen ein, die nicht direkt mit der Panzerfertigung zu tun hatten. Die ursprünglich gestellten Forderungen verlangten u. a.:

- Vollkettenfahrgestell, unabhängig von der Panzerfertigung mit serienmäßigem Motor, der eine Marschgeschwindigkeit von ca. 17 km/h ermöglichte.
- Vorrichtung zur Absetzbarkeit des Geschützes mit Mitteln der Truppe. Alle Vorrichtungen mußten am Fahrzeug mitgeführt werden.
- Rundumfeuer mit 360° Traverse auf dem Fahrzeug und abgelastet.
- Geschütz sollte auf eigener Räderlafette beweglich sein.
- Splitterschutz für die Besatzung, 8 mm Panzerbleche wurden für ausreichend erachtet.
- Einheitsfahrgestell für mehrere, wahlweise aufzusetzende Waffen.

Auf dieser Basis wurden mehrere Entwicklungsstudien ausgearbeitet, die Fahrgestellteile der Fahrzeuge Panzer IV, Panzer III/IV und 38 (t) in Erwägung zogen. WaPrüf 4 legte folgende Bezeichnungen für diese Fahrzeuge fest:

- Einheits-Waffenträger Größe I, ausgelegt für: 7,5 cm Pak 40 L/46, 7,5 cm Pak 44 L/70, 10,5 cm leFH 18/40, 12 cm sGraW und auch »Kugelblitz« Drehturm sowie die 3,7 cm Flak.

Auch der Einsatz von Flammenwerfern sollte untersucht werden.

- Einheits-Waffenträger Größe II, ausgelegt für: 8,8 cm Pak 43 L/71, 15 cm sFH 43, 10 cm Kanone 18 und 12,8 cm K 43.

Die ersten Prototypen, vorgestellt von Krupp, Steyr und Rheinmetall, fanden nur geteilten Beifall, da sie durch die Bank zu kompliziert und zu schwer waren. Die Industrie schlug daraufhin Vereinfachungsmaßnahmen vor. WaPrüf 4 erklärte sich bereit, einige ihrer Forderungen fallen zu lassen. Trotzdem konnte keine zufriedenstellende Lösung erzielt werden.
Am 4. Februar 1944, anläßlich einer Besprechung bei Steyr-Daimler-Puch, legte ein Vertreter von WaPrüf 4 nochmals deren Forderungen für ein Waffenträger-Fahrzeug vor:

Die Entwicklung leichter Waffenträger-Fahrzeuge diente vorwiegend der Beweglichmachung der 8,8 cm Pak 43. Die Bilder zeigen die Prototypfahrzeuge der Firmen Rheinmetall-Borsig/Ardelt. Sie verwendeten Fahrgestellteile des Panzers 38 (t).

Das zur Produktion bestimmte Waffenträger-Modell der Firma Ardelt.

Das Holzmodell der Krupp/Steyr Lösung zeigt die Rundumfeuermöglichkeit der Bewaffnung sowie den ausgezeichneten Höhenrichtbereich. (Bildreihe oben)

Ein Prototyp des Krupp/Steyr Fahrzeuges wurde tatsächlich gebaut. Wanne und Turm zeigen eine gute ballistische Auslegung. Die geringen Außenmaße des Fahrzeuges werden durch die Größe der Kanone bestätigt. (Bildreihe rechts)

– Es darf sich nicht um eine Zwischenlösung handeln, d. h. das Aufsetzen einer Waffe auf ein vorhandenes Fahrgestell. Das Gesamtfahrzeug muß speziell für diesen Zweck entwickelt sein.
– Feuerhöhe darf nicht mehr als 1800 mm betragen.
– Rohrerhöhung von – 8° bis + 45° (mindestens 42°).
– Rundumfeuerung von 360° bei allen Rohrerhöhungen.
– Die Waffe muß für Panzerabwehr- sowie für artilleristische Aufgaben verwendbar sein.
– Ein MG zur Nahverteidigung war vorzusehen.
– Funkausrüstung war vorzusehen.
– Panzerstärke 20 mm vorne, seitlich 10 mm.
– Aktionsradius 100 bis 150 km.
– Höchstgeschwindigkeit 35 km/h.
– Mindestbodenfreiheit 50 mm.
– Besatzung 4 bzw. 5 Mann.
– Am Fahrzeug mitgeführter Munitionsvorrat 50 Schuß, davon 20 Schuß Bereitschaftsmunition.

Vordringlich sollte die Beweglichmachung der 8,8 cm Pak 43 behandelt werden. Eine neue Entwicklungsserie wurde begonnen, wozu nunmehr auch die Firma Ardeltwerke in Eberswalde/Mark eingeschaltet wurde. Das Fahrgestell der Panzer IV und III/IV wurde als Grundlage dieser Entwicklung fallengelassen, da ein

* Waffenträger Ardelt auch für Gerät Norden vorgesehen

Mit Fahrgestellteilen des Panzers 38 (t) sollten Einheits-Waffenträger geschaffen werden. Hier das Bild des leichten Fahrzeuges der Firma Ardelt Maschinenbau in Eberswalde. Das Fahrzeug sollte entweder die leFH 18/40, die 8,8 cm Pak 43, die 3,7 cm Flak oder den »Kugelblitz« Turm aufnehmen. Die Skizze zeigt das Fahrzeug mit der 10,5 cm LeFH 18/40.*

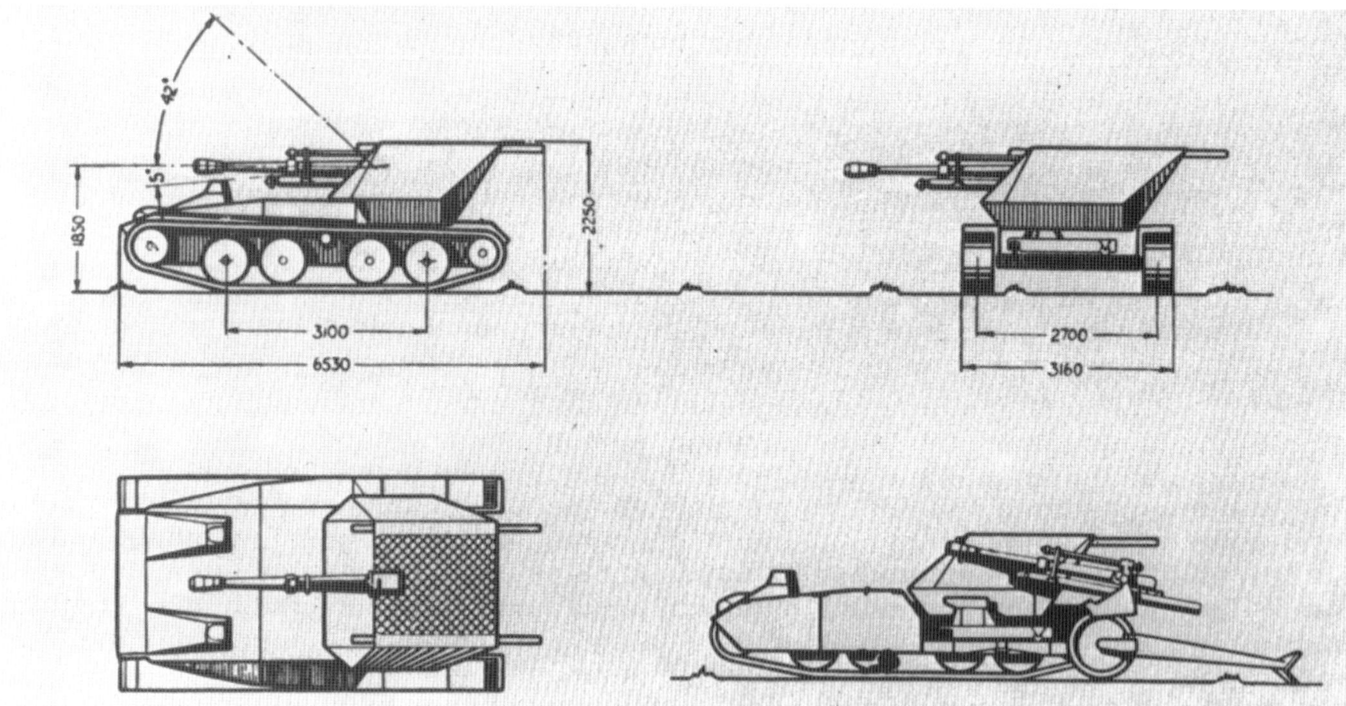

Der Einheitswaffenträger der Größe II war für die 10,5 cm leFH 18/40, die 8,8 cm Pak 43, die 15 cm sFH 18 und die 12,8 cm K 81 ausgelegt.

Die Aufnahme zeigt ein leichtes Waffenträgerfahrzeug von hinten.

leichteres Fahrzeug bevorzugt wurde. Dabei ergab sich die Verwendung von Fahrgestellteilen des tschechischen Panzers 38 (t). Es ist zu berücksichtigen, daß der Panzer IV zu dieser Zeit bereits als Auslaufsmodell galt und es nur noch eine Frage der Zeit war, bis dessen Produktion eingestellt werden würde.
Neue Prototyp-Fahrzeuge wurden geschaffen und Hitler im Juni 1944 anhand von Fotos und Zeichnungen über die Entwicklung des »Waffenträgers 8,8 cm Pak 43« berichtet. Er erwartete von der Einführung dieses Waffenträgers einen beachtlichen Fortschritt für die bewegliche Einsatzmöglichkeit dieses Geschützes und wünschte, daß diese Arbeiten mit dem nötigen Nachdruck weitergeführt würden. Er erklärte sich damit einverstanden, daß zunächst 100 Fahrzeuge des Vorschlages »Ardelt I« für einen ausgedehnten Frontversuch mit aller Beschleunigung fertiggestellt würden. Gleichzeitig sollten die beiden anderen Lösungen von Ardelt und Steyr in je einem Musterfahrzeug zur Ausführung und Vorführung kommen.
Bereits im April 1944 hatte Hitler verlangt, daß ihm anhand von Modellen in Originalgröße über den Stand der Entwicklung des Waffenträgers für 8,8 cm Pak berichtet werde. Im Mai wurden ihm die ersten Fotos der Ardelt Konstruktion überreicht, die er behielt, um mit seinen Fachleuten die Frage des Rundumfeuers sowie des zusätzlichen Splitterschutzes nochmals zu besprechen.
Im August 1944 wurden die Waffenträger »Steyr-Krupp«* sowie »Ardelt« Hitler vorgeführt, nachdem beide Fahrzeuge seit April in Hillersleben eingehend erprobt worden waren.
Das Ardelt Fahrzeug erwies sich mit Abstand als das leichteste, kleinste und billigste Fahrzeug aller Vorschläge, wenn es auch nur wenige der ursprünglichen Forderungen erfüllte.
Auf Grund der immer schwieriger werdenden Luftlage verlegte man auf Drängen des Heeres-Waffenamtes einen Teil des Artillerie-Entwicklungsbüros der Firma Krupp in die Räume der Firma Ardelt in Eberswalde. Dadurch ergab sich die Möglichkeit, die Erfahrungen dieser Firma der Entwicklung der Waffenträger-Fahrzeuge bei Ardelt zugute kommen zu lassen.
Die Verantwortung für die Weiterentwicklung der »Waffenträger«-Fahrzeuge wurde damit Herrn Egen der Firma Krupp übertragen, der bald darauf die Notwendigkeit für zwei verschiedene Ausführungen bestätigte. Dabei kam es laufend zu Auseinandersetzungen zwischen Egen und dem in Essen sitzenden verantwortlichen Entwicklungschef Wölfert, die sich praktisch bis Ende des Krieges hinzogen.

* mit einem neuentwickelten 12-Zylinder-Boxermotor mit 140 PS Leistung. Getriebe, Laufwerk und Ketten vom »RSO« übernommen.

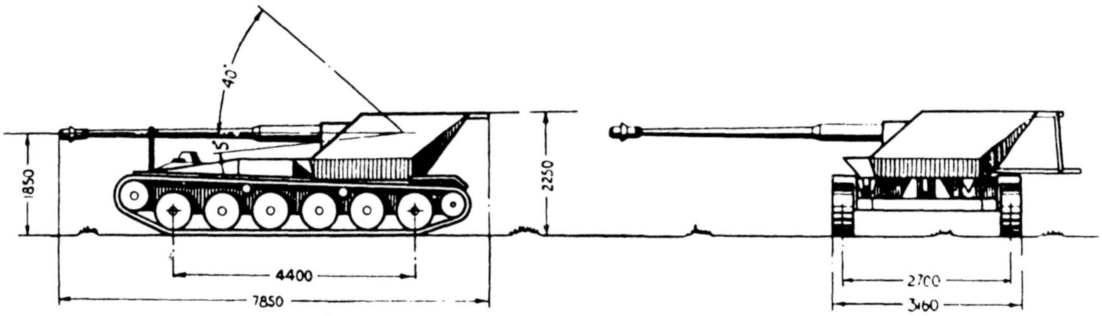

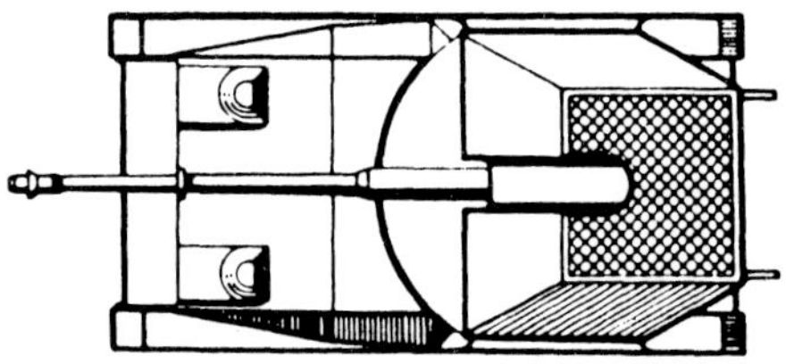

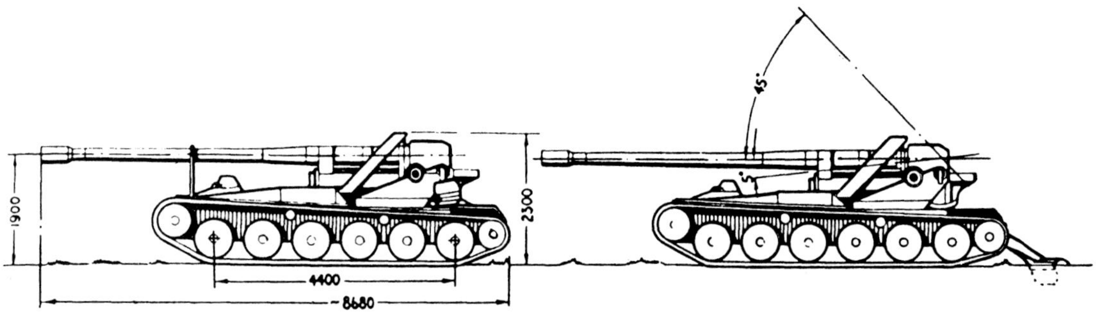

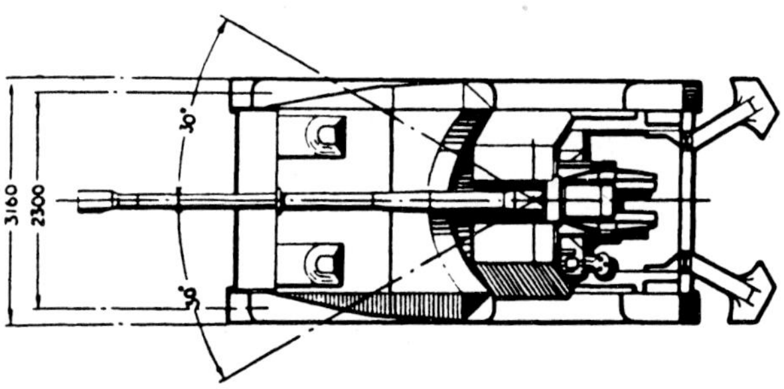

Die Skizzen zeigen den Waffenträger Größe II mit der 8,8 cm Pak 43 L/71 (oben), der 12,8 cm Kanone 81 L/55 (Mitte) und der 15 cm sFH 18 L/29,5 (unten).

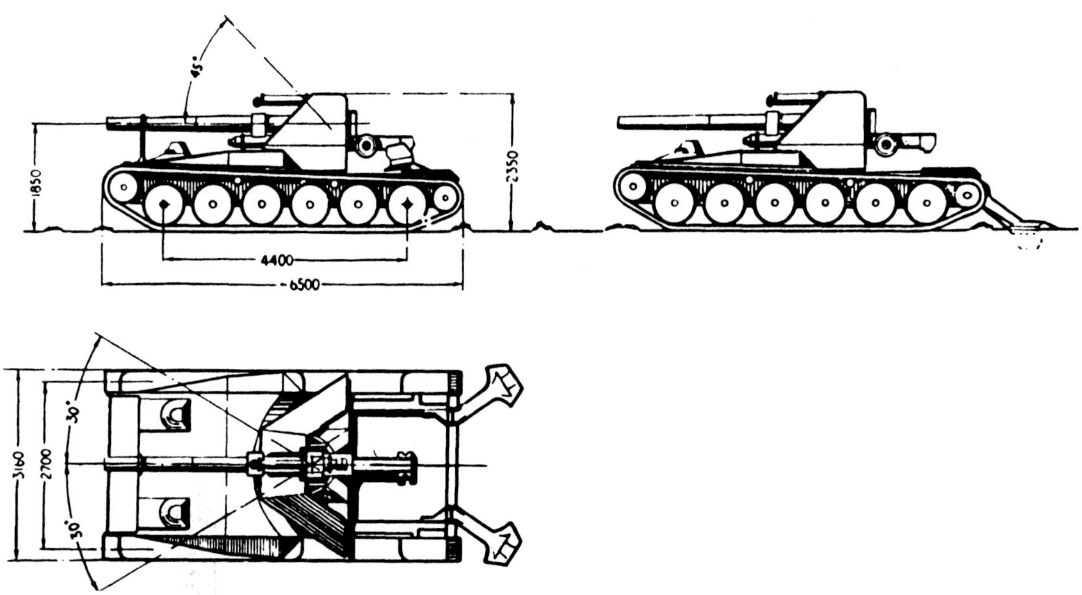

Durch die Auseinandersetzung Egen/Wölfert ergaben sich zwei Waffenträger-Vorschläge, die näher erörtert werden müssen:

	Krupp I (Egen)	Krupp II (Wölfert)
a) Motor	Tatra 6-Zylinder 125 PS luftgekühlt	Tatra 6-Zylinder 125 PS luftgekühlt*)
b) Getriebe und Lenkgetriebe**)	wie beim Panzer 38 (t) Antrieb vorne	wie beim Panzer 38 (t) Antrieb hinten
c) Fahrgestell	wie beim Panzer 38 (t) mit 6 Laufrädern pro Seite***)	wie beim Panzer 38 (t) mit 4 Laufrädern pro Seite
d) Außenmaße (mm)	Länge 6600	4320
	Breite 2550	2050
	Feuerhöhe 1575	1770****)
e) Bewaffnung (mit Gefechtsgewicht und Munitionsvorrat in ())		
8,8 cm Pak 43	16 t (34)	14,4 t (34)
10,5 cm leFH 18	14,5 t (40)	13,5 t (96)
15 cm sFH 18	16,5 t*****) (29)	wegen Heckmotor nicht möglich
12,8 cm K 43	17,8 t*****) (30)	wegen Heckmotor nicht möglich
f) Bodenfreiheit (mm)	430	430
g) Panzerung, vorne	15 bis 20 mm	15 bis 20 mm
seitl.	10 mm	10 mm
h) Waffenerhöhung (8,8 cm Pak 43)	−7° bis +40° über 180° der Traverse	−8° bis +20° über 360° der Traverse
i) Seitenrichtfeld (8,8 cm Pak 43)	360° (Höhenrichtfeld ist begrenzt)	360°
(10,5 cm leFH)	360° (Höhenrichtfeld	360°
(15 cm sFH)	+− 38° ist begrenzt)	wegen Heckmotor nicht möglich
(12,8 cm K 43)	+− 38°******)	wegen Heckmotor nicht möglich

) Wölfert bestand darauf, daß in seinem Entwurf der luftgekühlte 12-Zylinder Tatra Motor Typ »103« mit 220 PS Leistung ohne Schwierigkeit untergebracht werden konnte und dabei sich die Gesamtfahrzeuglänge um 45 cm verringern würde. Beim Einbau dieses Motors im Fahrzeug Krupp I würde sich eine Verlängerung des Fahrzeuges um rd. 90 cm ergeben.

**) Ein Vorschlag wurde gemacht, daß anstelle des 38 (t) Getriebes ein neu entwickeltes ZF Getriebe mit Lenkgetriebe und Vorgelege verwendet werden sollte. Diese Änderung sollte bei beiden Fahrzeugen durchgeführt werden.

***) Die zusätzlichen Laufräder, sowie die verlängerten Ketten wogen ca. 300 kp, die Fahrzeugwanne wurde schwerer.

****) Die größere Feuerhöhe, sowie die beschränkte Waffenerhöhung beim Entwurf Krupp II war durch die Antriebswelle zum hinten liegenden Motor bedingt.

*****) Das Gewicht der einziehbaren Sporne ist eingeschlossen.

******) Wölfert wies auf die schlechte Lenkbarkeit dieser verlängerten Fahrzeuge hin und betonte nachdrücklich die Notwendigkeit eines größeren Seitenrichtbereiches.

Im November 1944 wurde Hitler anhand einer von Krupp ausgearbeiteten Denkschrift über die grundsätzlichen Gedanken und den derzeitigen Stand der Entwicklung von »Waffenträgern« berichtet. Er hielt den vorgeschlagenen Weg einer universellen Lösung für diese Fahrzeuge für außerordentlich wertvoll und bat, insbesonders unter Berücksichtigung der immer schwieriger werdenden Transportlage deren Entwicklung mit dem Ziel einer sofortigen Fertigungsaufnahme beschleunigt zum Abschluß zu bringen.

Beim »Leichten Waffenträger« ergab sich ein Kompromiß durch die Verwendung eines Vierrollen-Laufwerkes mit Frontantrieb und einer Waffenaufnahme auf niedriger Plattform im Rückteil des Fahrzeuges. Dabei war eine Verlastung des Geschützes mit Unterlafette und Rädern nicht mehr vorgesehen. Ein am Fahrzeug untergebrachter Spezialkran erlaubte das Absetzen der Waffe auf eine hinter das Fahrzeug geschobene Unterlafette. Wölferts Entwurf verlegte das Triebwerk mit Getriebe neben den Fahrer und ermöglichte ebenso eine 360° Rundumfeuer-Möglichkeit der Bewaffnung. Diese leichten Waffenträger sollten ausschließlich für die 8,8 cm Pak 43**, die 10,5 cm leFH 18/40 sowie für einen leichten Flakpanzer mit Turm »Kugelblitz« Verwendung finden.

Der Munitionsvorrat war ausreichend und die Mehrzahl der vorhandenen Munition war unter der Drehbühne untergebracht. Sie lag dort geschützt gegen Beschuß und die Nachladung war verhältnismäßig einfach. WaPrüf 4 verlangte gleichzeitig die Entwicklung eines Munitionsträgers auf dem gleichen Fahrgestell, der bei Ausfall des Geschützwagens leicht als solcher zum Einsatz kommen konnte.

Die mit drei fast gleichen Prototypen gemachten Versuche erlaubten die Vorbereitungen für eine Serienfertigung im Frühjahr 1945. Nach vorhandenen Krupp Unterlagen sollten ab Herbst 1945 monatlich 350 dieser Fahrzeuge hergestellt werden. Die Fahrzeugteile hierfür waren ausschließlich dem Panzer 38 (t) und (d) Bauprogramm zu entnehmen und waren den Firmen herstellungsmäßig zugeteilt, die früher Panzer IV produzierten.

Oberleutnant Ardelt, der den Grundgedanken für diese Fahrzeuge festlegte, ist bei der Verteidigung seiner Heimatstadt in einem seiner Waffenträger gefallen.

* im Panzer mit der Typenbezeichnung »TD 103P« – 207 PS bei n = 2250

** Geschützbenennung für 8,8 cm Pak 43/6 (Sf) auf Waffenträger 8F43

Der sog. »Einheitswaffenträger« hatte ein 6-Rollen Laufwerk mit der luftgekühlten »103« Tatra 12-Zylinder Maschine. Um die Lenkbarkeit der langen Wanne zu erleichtern, wurde ein neues ZF Getriebe und Lenkgetriebe vorgeschlagen.

Fahrzeuge dieser Art nahmen die 10,5 cm leFH 18/40 L/28, die 15 cm sFH 18 L/29,5, die 8,8 cm Pak 43 L/71 sowie die 12,8 cm K 81 L/55 auf. Die 12,8 cm und 15 cm Fahrzeuge hatten am Heck abklappbare Sporne angebracht.

Die 8,8 cm Pak sowie die 10,5 cm leFH war mit 360° Traverse sowie mit 42° bzw. 40° Erhöhung untergebracht. Die 12,8 cm K sowie die 15 cm sFH hatten 45° Erhöhung, jedoch nur 60° Seitenrichtfeld. Das Gefechtsgewicht mit der sFH und 20 Schuß betrug 16,5 t, das mit der 12,8 cm K und 30 Schuß 17,8 t.

Im Dezember 1944 legte Hitler fest, daß auch in Zukunft überzählige 12,8 cm Pak aus der »Jagdtiger« Produktion in die noch in größeren Stückzahlen vorhandenen Lafetten 433 (r) einzulagern wären und zwar solange, bis der Waffenträger auf Basis 38 (t) einen Ersatz für die bisherigen Selbstfahrlafetten bringen würde.

Wegen der Kriegsereignisse kam die »Waffenträger« Entwicklung nicht mehr zum Abschluß.

Zusammenfassend werden noch einmal die Projekte, Prototypen und Entwicklungsfahrzeuge der Selbstfahrlafetten und Waffenträger aufgeführt, obwohl auch diese Liste keinen Anspruch auf Vollständigkeit erheben kann.

a) bewaffnet mit der 8,8 cm KwK oder Pak L/71
   leichter Waffenträger (16 t)
   leichter Waffenträger (15 t)
   leichter Waffenträger (14 t)
   Waffenträger mit 38 (t) Bauteilen
   Fahrzeug Steyr-Daimler-Puch
   schwerem Maultier
   Selbstfahrlafette (20 t)
   Selbstfahrlafette (21 t)
   Versuchsflakwagen
b) bewaffnet mit der leichten 10,5 cm Feldhaubitze
   Waffenträger mit 38 (t) Bauteilen (14 t)
   Heuschrecke 10 (23 t)
c) bewaffnet mit der 12,8 cm Pak 80
   Waffenträger
   Einheits-Waffenträger
   mittlere Waffenträger
   Waffenträger mit Panzer IV Bauteilen
   mit Panther-Einbauteilen (40 t)
d) bewaffnet mit der schweren 15 cm Feldhaubitze
   mittlerer Waffenträger mit Panther Bauteilen
   Waffenträger mit Erdsporn
   Einheits-Waffenträger
   mittlerer Waffenträger
   Waffenträger mit Panzer IV Bauteilen
   Heuschrecke (38 t)
   Feld-Selbstfahrlafette (23 t)
   Panzer-Selbstfahrlafette IV b 3 (19 t)
   Grille 15 (34 t)
   Grille 15 mit Absetzgerät
   Grille 15 mit Rundumfeuer
   Einheitsfahrzeug mit Absetzgerät
   Geschützwagen Panther
e) bewaffnet mit Flakgeschützen verschiedener Kaliber
   3,7 cm Flakzwilling auf Hummel-Fahrzeug
   Flakwagen M (3,7 cm)
   gepanzerte Selbstfahrlafette für leichte Flak (3,7 cm)
   gepanzerte Selbstfahrlafette für leichte Flak (5 cm)
   gepanzerte Selbstfahrlafette mit Pz. IV Bauteilen
f) sonstige Fahrzeuge
   gepanzerte Selbstfahrlafette für Gerät 42
   Hummel-Heuschrecke
   PWK 63/1 auf Kleinstzerstörer*
   Waffenträger Ardelt
   leichter Waffenträger mit tschechischem Motor AE
   Waffenträger für 7,5 cm Gebirgsgeschütz

Die Motorisierung schwerster Artillerie

Anfangs 1937 forderte das Oberkommando des Heeres ein selbstfahrendes, überschweres Geschütz zur Bekämpfung von starken Panzerwerken. Während die Rheinmetall-Borsig AG für den Gesamtentwurf verantwortlich zeichnete, wurde die Daimler-Benz AG beauftragt, die Motoren für diese Artillerie-Geräte zur Verfügung zu stellen. Am 6. Februar 1937 war ein diesbezügliches Angebot VOS-Nr. 38055 nebst Einbauzeichnung P 24 sowie Leistungskurven ObReg. Baurat Augustin Wa-Prüf 6 übergeben worden. Daraufhin erfolgte eine

* Panzerkleinzerstörer mit 150 PS Saurer Dieselmotor und Getriebe ZF FAK 45 P Entwicklung Daimler-Benz. Seit Frühjahr 1942 etwa 20 Entwürfe durchgearbeitet. Darunter BMW (Rutscher) und Weserhütte, auch Büssing-NAG.

Bestellung von zwei Triebwerken mit Auftrag Nummer 222218/219 RB 10503 001/002 und Schreiben von Wa-Prüf 6 vom 3. Juni 1937 in folgendem Umfang:

- Zwei Stück 700/800 PS 12-Zylindermotore „MB 503" Stückrichtpreis RM 40000,– RM 80000,–
- Kostenanteil für Modell und Gesenke RM 50000,–
- Kostenanteil für technische Erprobung im Werk RM 20000,–
- Anfertigung einer Einbau-Attrappe RM 3600,–

Der vorläufige Gesamtpreis betrug demnach RM 153 600,–. Die Lieferung der ersten Triebwerke wurde für Frühjahr 1938 abnahmebereit auf dem Prüfstand in Aussicht gestellt. Der Motor »MB 503« hatte Benzin-Einspritzung. Die Bremsleistung von 1000 PS wurde bei n = 2300 U/min erreicht. Er wurde im Fahrzeug jedoch mit nur einer Leistung von Ne = 580 PS bei ne = 1850 U/min betrieben. Bei der Erprobung des gesamten Maschinenraumes in Untertürkheim zeigte sich, daß das Triebwerk infolge der niedrigen Leistung einen hohen

Gerät 040 – linke Fahrzeugseite von schräg hinten gesehen.

Ölverbrauch hatte. Er lief dauernd nach der Drosselklappe im Unterdruckbereich. Rheinmetall wurde daher der Einbau des Dieselmotors »MB 507« empfohlen.

Rheinmetall-Borsig baute insgesamt eine Batterie, bestehend aus 6 Einsatz- und einem Reservefahrzeug.

Eine technische Besprechung, welche am 11. Oktober 1938 in Untertürkheim stattfand, ergab folgende Einzelheiten:

- Der Arbeitsstand erstreckte sich auf drei von HWA/WaPrüf 6 bestellte Versuchsmotoren,
- inzwischen wurden weitere 7 Stück »MB 503« von Rheinmetall-Borsig auf Veranlassung von WaPrüf 4/VII am 22. September 1938 (Nr. 47712) bestellt.

Davon ursprünglich 4 Stück für Benzinantrieb »MB 503 A«, 3 Stück für Dieselantrieb »MB 507«.

Die Auslieferung erfolgte in der Zeit von März 1940 bis August 1941 zum Stückpreis von RM 66 000,– für Benzinmotor »MB 503«, RM 71 000,– für Dieselantrieb »MB 507«.

Das erste Gerät stand mit 70 Schuß Munition am 15. 9. 1940 einsatzbereit zur Verfügung.

Insgesamt wurden folgende Triebwerke für Verwendung in Artillerie-Geräten ausgeliefert:

Die rechte Fahrzeugseite des Gerätes 040. Aufgebaut war der 60 cm Mörser »Karl« mit einer Rohrlänge von 5069 mm = L/8,44.

Motortyp	Anzahl	Besteller	Bestelldatum	Verwendungs-zweck	Abnahme-datum
MB 503 A	1	OKH	3. Juni 1937	Reservemotor für Artilleriegerät	26. Jan. 1942
MB 503 A	4	Rh. B.	22. Sept. 1938	Artilleriegerät	März 1940 – Aug. 1941
MB 507 C	3	Rh. B.	22. Sept. 1938	Artilleriegerät	Herbst 1940
MB 507 C	1	Rh. B.	13. Jan. 1942	Artilleriegerät	Nov. 1943
MB 507 C	1	Krupp	8. Okt. 1941	Artilleriegerät	Sommer 1944

Das Bild zeigt das vordere Ende des Fahrzeuges und den massiven Verschluß des Geschützes.

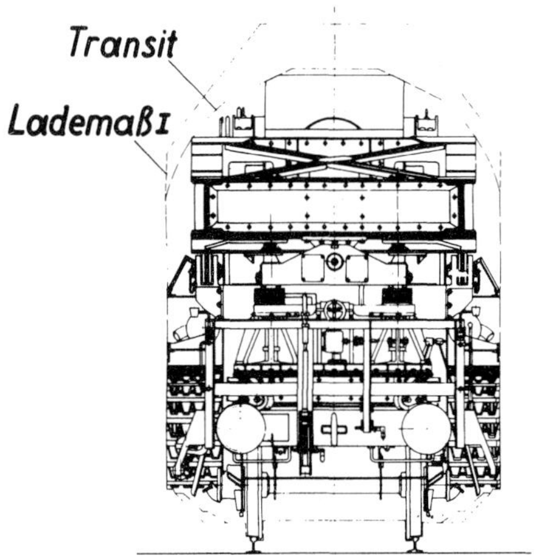

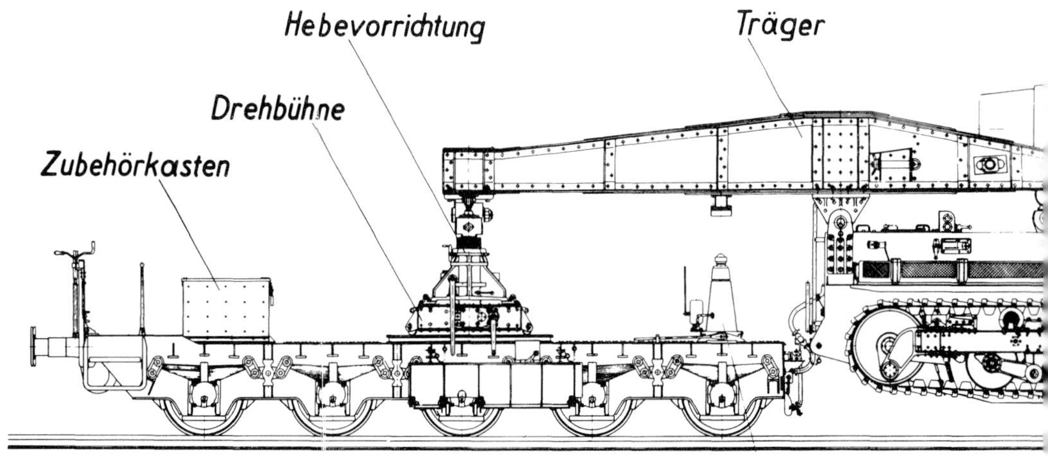

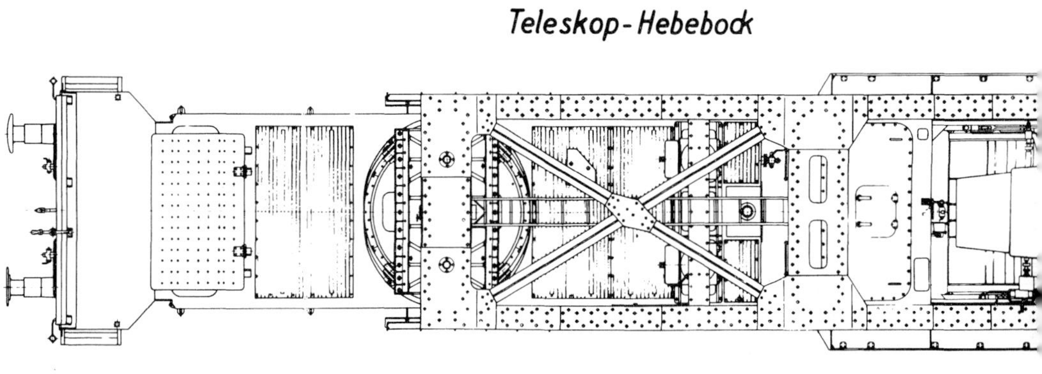

Das WKH »Gerät 040« der Rheinmetall-Borsig AG war als Selbstfahrlafette ausgelegt, wobei das Triebwerk über ein Ardelt Krangetriebe auf die beiden Lenkgetriebe wirkte. Der Antrieb lag vorne. Zwei Versionen des Laufwerkes wurden ausgeliefert, wobei beide zur Feuerabgabe mittels Schwenkhebelvorrichtung soweit abgesenkt werden konnten, daß der Fahrzeugkasten auf dem Erdboden auflag. Die 500 mm breiten Ketten hatten eine Länge von je 22,60 m. 1200 l Kraftstoff wurden in vier Behältern mitgeführt. Das Gesamtgewicht des Fahrzeuges betrug 54 t. Der 60 cm Mörser »Karl« hatte eine Rohrlänge von 5069 mm = L/8,44. Die größte Schußweite reichte bis ca. 4500 m. Das Geschoßgewicht betrug 2,2 t, das der Sprengladung 348 kp. Das Rohr war als Vollrohr ausgebildet und hatte einen Flachkeilverschluß. Das Höhenrichtfeld ging von 0° bis

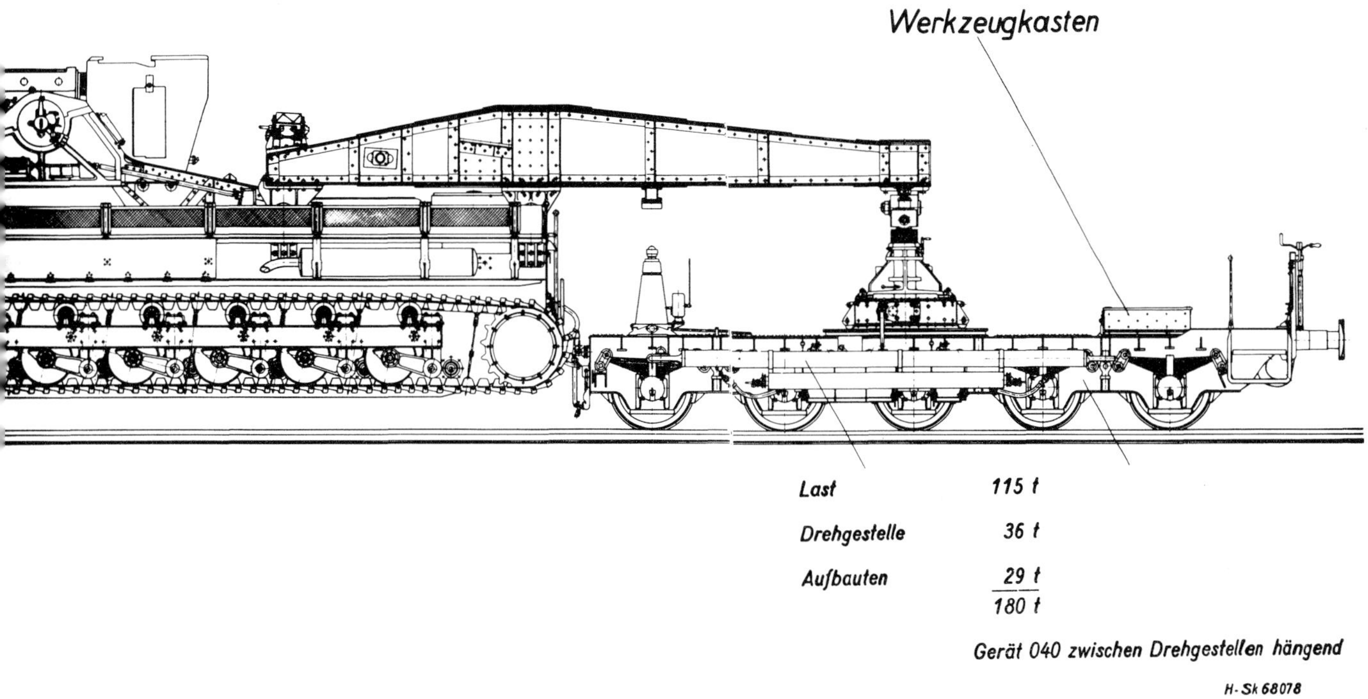

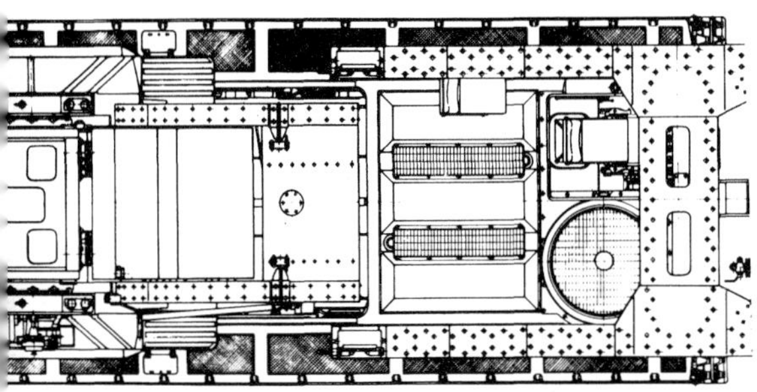

Die Beförderungsart des Geschützes bei Eisenbahntransport. Das Gerät wurde zwischen zwei Drehgestellen aufgehängt.

+70°, das Seitenrichtfeld betrug 4°. Weitere Richtungskorrekturen mußten mit dem Fahrzeug ausgeführt werden. Insgesamt wog die Waffe 69 t, wozu noch auf dem Marsch die Lademulde und der Lademuldenträger mit zusammen 1000 kp kamen. In Fahrstellung betrug das Gesamtgewicht 123 t, in Feuerstellung 124 t. Bei Eisenbahnverlastung ergab sich einschließlich Drehgestelle ein Gesamtgewicht von 180 t.

Für den Straßentransport über längere Entfernungen sowie bei nicht ausreichender Brückentragfähigkeit standen Culemeyer Straßenfahrzeuge der Deutschen Reichsbahn zur Verfügung. Dabei wurden Fahrzeug, Lafette, Rohr und Ladevorrichtung samt Brücke getrennt befördert. Bei Eisenbahntransport setzte man das Gesamtfahrzeug einlastig auf zwei fünfachsige Drehgestelle. Für je zwei Geschütze standen außerdem

Vor Schußabgabe wurde das Rohr überprüft.

WKH-Gerät 040
»Karl-Gerät«

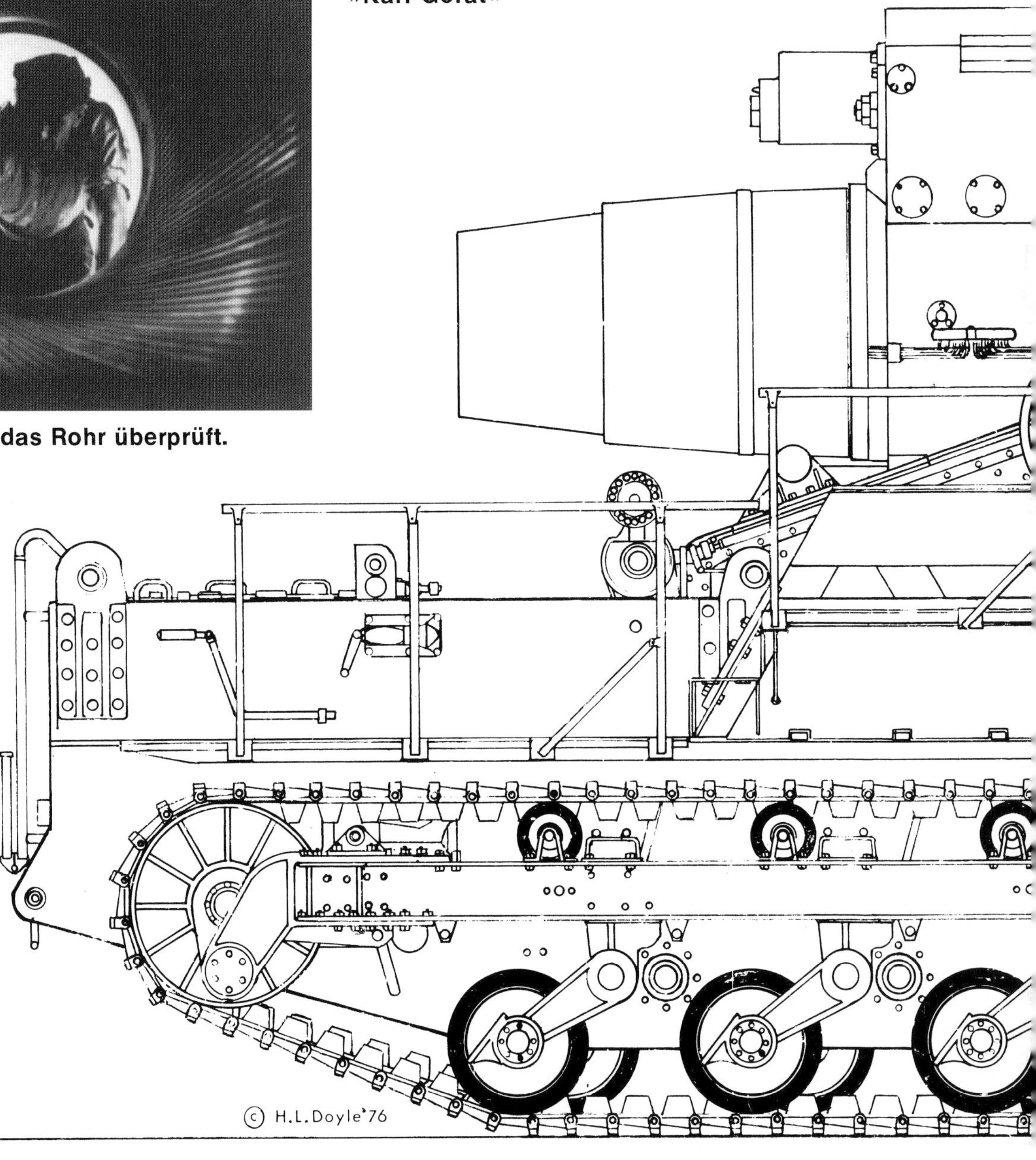

zum Aufbau ein 35 t und zwei 7 t Kräne zur Verfügung. Als Munitionsversorgungsfahrzeug war eine Spezialausführung des Panzers IV mit aufgebautem 2,5 t Kran vorgesehen. Jedes dieser Fahrzeuge konnte zwei Schuß Munition mitführen. Das WKH Gerät »040«, welches auch als »Karl-Gerät« bezeichnet wurde, kam während des Krieges u. a. vor Brest-Litowsk, Sewastopol und Warschau zum Einsatz.

Im Februar 1941 verlangte das Waffenamt von der Rheinmetall-Borsig AG eine Steigerung der Schußweite des »Gerätes 040« (Karl) durch Verminderung des Kalibers von 60 cm auf 54 cm. Das Gewicht in Fahrstel-

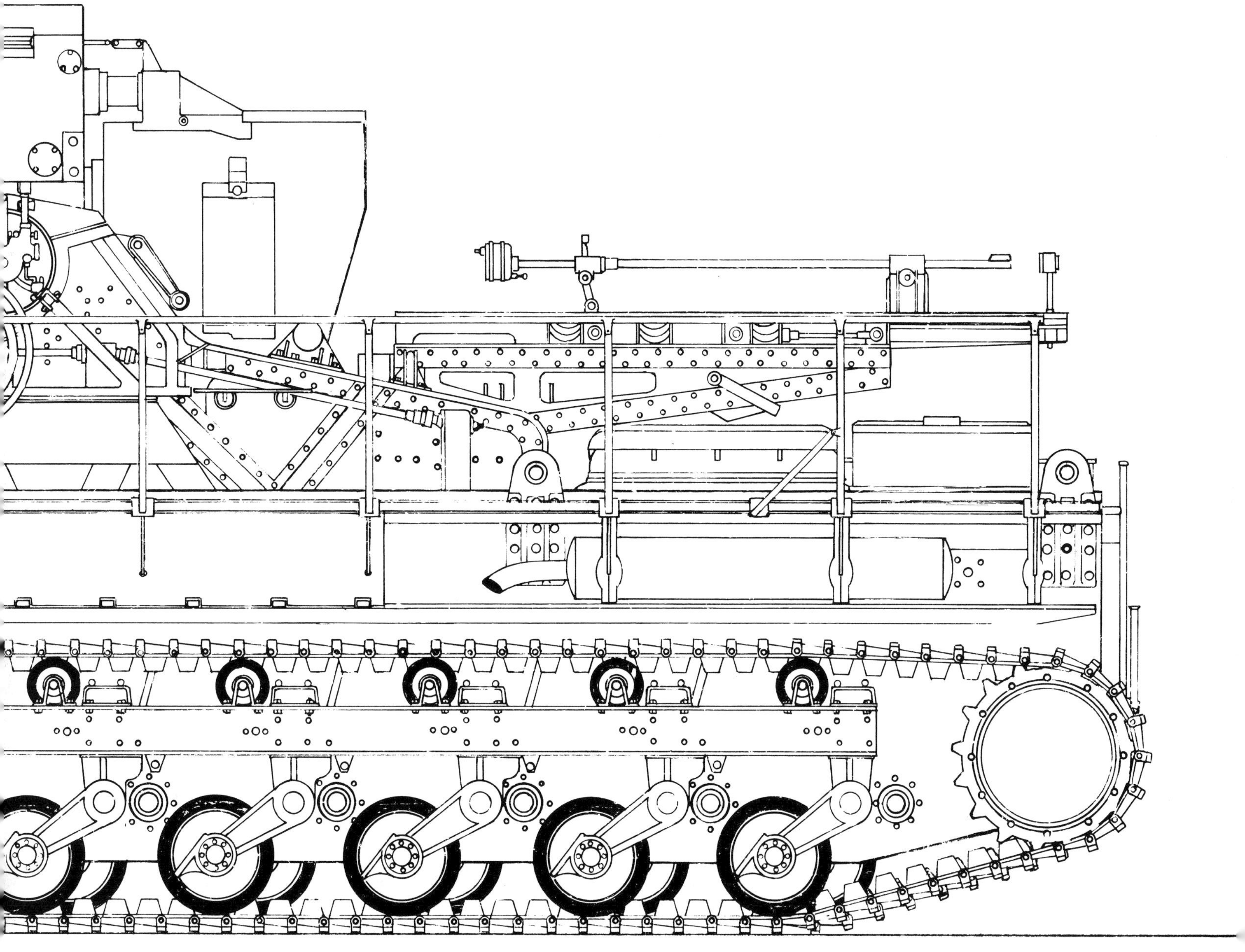

lung sollte 123 t betragen. Eine voraussichtliche Lieferung war für Mai 1942 vorgesehen. Insgesamt wurden für die vorhandenen sechs »Geräte 040« (Karl) sechs Rohre vom Kaliber 54 cm bestellt. Im März 1943 wurde Hitler mitgeteilt, daß das erste Rohr des »Gerätes 041« (54 cm) für »Karl-Geräte« zum 31. Mai, das zweite zum 30. Juni und das dritte zum 15. August geliefert würde. Jedoch konnte erst im Mai 1944 Hitler über die ersten positiven Schießversuche mit dem »Gerät 041« berichtet werden. Er erwartete dann die termingemäße Auslieferung der ersten drei Seriengeräte zum 15. Juni, 7. Juli und 25. Juli 1944. Die Waffe hatte bei einer Rohrlänge

In Feuerstellung wurde die Fahrzeugfederung dadurch ausgeschaltet, daß man den Wagenkörper absenkte. Neben dem Geschütz ein Munitionspanzer auf Panzer IV Fahrgestell.

Vom Munitionsfahrzeug wurde die Kartusche auf das Geschütz übergeladen.

Dann folgte die 2,2 t schwere Granate. ▼

Nachdem die Granate eingeführt war, wurde die Kartusche angesetzt. Das Rohr stand dabei in horizontaler Lage.

Die Rohrerhöhung wurde vorgenommen.

Das Geschütz beim Abfeuern. Die Zylinderstangen der Rohrvorholeinrichtung sind gut zu erkennen.

Nachdem die 60 cm Rohre verbraucht waren, setzte man neue 54 cm Rohre ein. Die Gerätebezeichnung lautete nun 041. Bei einigen der Fahrzeuge kam ein anderes Laufwerk zum Einbau. Das linke Bild zeigt das Gerät in Marschstellung, das rechte abgesenkt in Feuerstellung.

von L/11,5 und einer Vo von 378 m/sek eine Schußweite von ca. 10 km. Das Gewicht des Fahrzeuges betrug 126 350 kp.

Als Ersatz für die 24 cm Kanone 3 wurden Rheinmetall-Borsig und Krupp beauftragt, die Kanone 4 zu entwickeln. Der Auftrag über eine »K 4 F« erfolgte am 31. Januar 1941 und forderte eine Schußweite von 48 bis 49 km bei einem Geschoßgewicht von 160 kp. Hohe Beweglichkeit wurde verlangt, die von den Firmen auf verschiedene Weise gelöst wurde. Rheinmetall-Borsig setzte das Geschütz auf eine Selbstfahrlafette, welche bei längerem Marsch dreiteilig befördert wurde, um das Gesamtgewicht von 122 t zu reduzieren. Ein Versuchsstück wurde gefertigt. Das mit einer Mündungsbremse ausgestattete Rohr hatte eine Länge von ca. 16 m und erreichte bei einer Vo von 1160 m/sek eine Höchstschußweite von 48 km.

Krupp verwendete in seiner ersten Lösung ebenfalls ein Vollkettenfahrgestell zum Transport der Waffe. Die Auslieferung des dafür bestimmten Triebwerkes sollte im Sommer 1944 erfolgen. Der Fahrzeugkasten konnte wie beim »Gerät 040« bei der Schußabgabe auf den Erdboden abgesenkt werden.

Die Lösung Krupp II sah die Beweglichmachung der 24 cm Kanone 4 zwischen zwei »Tiger« Fahrgestellen vor. Diese ungepanzerten Fahrgestelle waren mit hydraulischen Hebevorrichtungen ausgerüstet, die ein Absenken des Geschützes in Feuerstellung ermöglichte. Während für das Geschütz mit Tragbrücke ein Gewicht von ca. 70 t angesetzt wurde, ergaben sich bei den Trägerfahrzeugen Gesamtgewichte von je 25 t. Der Bodendruck pro Fahrzeug mit verlastetem Geschütz überschritt somit nicht das Gefechtsgewicht eines Panzerkampfwagens »Tiger« mit ca. 60 t. Die Fahrgeschwindigkeit wurde zwischen beiden Trägerfahrzeugen synchronisiert, dabei ergab sich eine Straßengeschwindigkeit von 30 bis 35 km/h. Normalerweise betrug der Abstand zwischen beiden Fahrzeugen 20 bis 22 m, jedoch konnte durch besondere Vorrichtung dieser Abstand vergrößert werden, um Brücken geringerer Tragfähigkeit zu überqueren.

Eine ähnliche Transportart plante die Friedrich Krupp AG in Essen zum Transport der 28 cm K 5 Eisenbahnkanone. Im Januar 1941 wurde vom Heereswaffenamt die Forderung erhoben, die 28,3 cm Kanone 5 (E) als Raupengerät unter der Bezeichnung »K 5 F« zu entwikkeln. Das Gewicht in Fahrstellung wurde mit 160 t festgelegt. Hierbei sollten je zwei Zugmaschinen mit »Tiger B« Fahrgestellen (Gerät 566 Lastenträger 606/5 für K 5/3 (Tiger) zwischen sich entweder Rohr, Lafette oder Bodenplatte aufnehmen. Ein weiterer Lastenträger »Tiger« beförderte Verschlußstück und Verschluß. Wiederum wurden hydraulische Hebevorrichtungen zum Aufsetzen und Ablasten der Geschützteile verwendet. Die Grundplatte war mit Auslegern versehen und ermöglichte Rundumfeuer. Ein Versuchsstück war gegen Kriegsende im Bau.

Im Dezember 1944 erhielt Hitler die ersten beiden Entwürfe der Firma Škoda über einen 30,5 cm Granatwerfer. Er erwartete die sofortige Auflage einer 0-Serie und erklärte sich damit einverstanden, daß, bevor die Entwicklung eines 42 cm Granatwerfers aufgenommen werde, die Erfahrungen mit der 30,5 cm Waffe erst zu einem gewissen Abschluß gebracht werden sollten. Škodas Erfahrungen mit dem 42 cm Werfer erwiesen sich zu diesem Zeitpunkt als nicht besonders ermutigend. Für beide Werfer war eine Selbstfahrlafetten-Entwicklung vorgesehen. Im Januar 1945 sprach sich Hitler anerkennend über den Entwurf des 42 cm Granatwerfers aus und verlangte als zweites Muster eine Sonderausfertigung auf Sfl. Diese sollte vorerst nur zeichnerisch erfaßt werden. Für diese Ausführung war, wenn möglich, ein leichter Splitterschutz vorzusehen. Eine Versuchsserie der 30,5 cm Waffe von mindestens zehn Geräten sollte beschleunigt fertiggestellt werden. Diese unter wesentlich geringerem Arbeits- und Materialaufwand herzustellenden schweren Werfer sollten z. T. die nicht mehr vorhandene schwerste Artillerie ersetzen.

Während für den 21 cm Granatwerfer die Selbstfahrlafette Gerät 816 Gw 21 cm GrW Sfl (634/3) auf Panzer III zur Verfügung stand, ergab sich für den 30,5 cm Werfer das Gerät 565, der Lastenträger 604/14 für den 30,5 cm Mörser auf Panzer III/IV Fahrgestell. Ferner stand für diese Waffe das Gerät 817, der Geschützwagen für 30,5 cm GrW Sfl (606/9) auf »Tiger« Fahrgestell zur Verfügung. All diese Fahrzeuge waren für Rundumfeuer eingerichtet. Auch der 42cm Granatwerfer, Reichweite ca. 15km, und die aus »Tiger« Bauelementen zusammengestellte Selbstfahrlafette wurden nicht mehr gebaut.

Krupp versah einige Küstenverteidigungsgeschütze (28 cm R. 2) mit Kettenlaufwerken. Es blieb bei diesen Prototypen.*

Hitler rechnete schon bis Mitte April 1945 mit der Vorführung der ersten Panzerwerfer, bestückt mit dem 21 cm sowie dem 30,5 cm Granatwerfer. Am 22. März 1945 unterstrich er nochmals die Wichtigkeit der Entwicklung des 30,5 cm Werfers und betonte sein Interesse an der 21 cm Ausführung. Davon wurden allerdings noch 93 Stück im ersten Quartal 1945 fertiggestellt.

Für März 1945 erwartete Hitler, daß ihm auf Grund eines Speer Vorschlages gegen Mitte April u. a. die Fahrzeuge »Elefant 21 cm auf Fahrgestell Hummel« sowie »Elefant 30,5 cm« vorgeführt würden.

Schon zu Beginn des Krieges hatte die Kriegsmarine Versuche unternommen, schwere Küstengeschütze durch Raupenaggregate fahrfähig zu machen. Es wurden Lösungen für Geschütze unterschiedlichen Kalibers gesucht. Weitere Einzelheiten darüber waren bis heute noch nicht zu finden.

* Antrieb durch Maybach HL 230 P Motor
Getriebe ZF 12 E 170
Auftrag Krupp vom 21. 8. 1941

Sonstige Entwicklungen

Ende Mai 1940 versuchte man die Frage einer schnelleren Beweglichkeit beim Verschieben von Panzerkampfwagen dahingehend zu lösen, daß man sie auf einen Rollenuntersatz setzte, der auf Eisenbahnschienen laufen konnte. Der Untersatz sollte durch den Motor des Panzerkampfwagens getrieben werden.
Generaloberst Heinz Guderian erwähnt in seinem Buch »Erinnerungen eines Soldaten« den Besuch von maßgebenden Konstrukteuren, Industriellen und Offizieren des Heereswaffenamtes bei seiner Panzerarmee im November 1941. Dort wollte man sich an Ort und Stelle und anhand von frischen Kriegserfahrungen gegen den russischen »T 34« über die Maßnahmen klar werden, die der deutschen Panzertruppe wieder zur technischen Überlegenheit über die Russen verhelfen konnte. Der Gedanke, dieses russische Fahrzeug einfach nachzubauen, wurde zwar erwogen, jedoch bewies sich rasch die Unmöglichkeit, wesentliche Bestandteile des »T 34« in der zur Verfügung stehenden Zeit zu kopieren. Trotzdem wurde diese Möglichkeit näher untersucht.
Bis zum Frühjahr 1942 erwartete man 50 bis 60 Stück »Gigant«-Schlepper, die mit eigenem Antrieb Panzerkampfwagen bis zur Größe des Panzers IV, aber auch Zugkraftwagen mit angehängter 10 cm Kanone oder 8,8 cm Flak transportieren konnten.
Auf Grund der ersten Erfahrungen auf dem Kriegsschauplatz in Nordafrika wurde die Schaffung eines »Wüstenpanzers« erwogen. Am 6. März 1942 befahl Hitler die sofortige Durchführung von Beschußversuchen gegen die vordere Lukenabdeckung des »T 34«, da ihm für den geplanten »Wüstenpanzer« eine derartige Anordnung wegen des frischen Windes und der guten Sicht für den Fahrer als vorteilhaft erschien.
Zu diesem Zeitpunkt hielt Hitler eine hohe Geschwin-

Man beschäftigte sich deutscherseits ernsthaft mit dem Gedanken, den russischen T 34 nachzubauen. Das Fahrzeug galt als Vorbild für zahlreiche spätere Panzerkonstruktionen.

digkeit als Dauergeschwindigkeit bei den Panzern als nicht mehr notwendig. Es waren 60 km/h gefordert. Er glaubte, daß diese Geschwindigkeit bei weitem genüge. Für den »Wüstenpanzer« jedoch sollte die Frage einer Spezialuntersetzung sofort geprüft werden.
Am 16. März 1942 wurde der Plan fallengelassen, den russischen »T 34« nachzubauen, da die kommenden »Panther« und »Tiger« bezüglich Bewaffnung und Panzerung dem »T 34« überlegen waren.
Der Gedanke, einen speziellen »Wüstenpanzer« zu schaffen, wurde kurz darauf ebenfalls aufgegeben.
Neben einem Panzerkampfwagen Bär, von dem weitere Angaben fehlen, entwickelte Krupp ein VK. 7201, der als Panzerkampfwagen VII Löwe bis zum Modell gedieh. Gefordert waren neben 72 t Gefechtsgewicht eine Geschwindigkeit von 30 bis 35 km/h. Die Wannenstärke sollte vorne und hinten 100 mm, seitlich ca. 80 mm betragen. Dieselben Blechstärken galten auch für den Drehturm. In der Breite wurde das Bahnprofil mit 3150 mm voll ausgenützt. Unterwasserfahrten bis zu 8 m Tiefe wurden eingeplant. Während ursprünglich als Bewaffnung entweder eine 12,8 cm oder 15 cm Kanone vorgesehen war, beschäftigte man sich später mit einer 10 cm KwK L/70 oder wahlweise einer 15 cm L/35 Kanone. Außerdem waren 2–3 MG vorgesehen. Für die Hauptbewaffnung sollten 80 Schuß mitgeführt werden. Die Besatzungsstärke sollte 6 Mann betragen. Im Laufe der Entwicklung entstanden Studien über eine 80 t Version mit 8,8 cm KwK L/71 bzw. 15 cm L/37 Kanone. Dieselben Geschütze sollten auch für eine 90 t Version verwendet werden. Über einen Zwischentyp Tiger-Maus entwickelte sich der Panzerkampfwagen Löwe schließlich zum Fahrzeug Maus. Ein ähnlich ausgelegter Entwurf VK. 7001* sollte mit einer 10,5 cm KwK L/70 bestückt werden.
Wie schon in Kapitel 3 dieses Buches erwähnt, hatte Ministerialrat Dipl.-Ing. E. Kniepkamp 1944 Anstren-

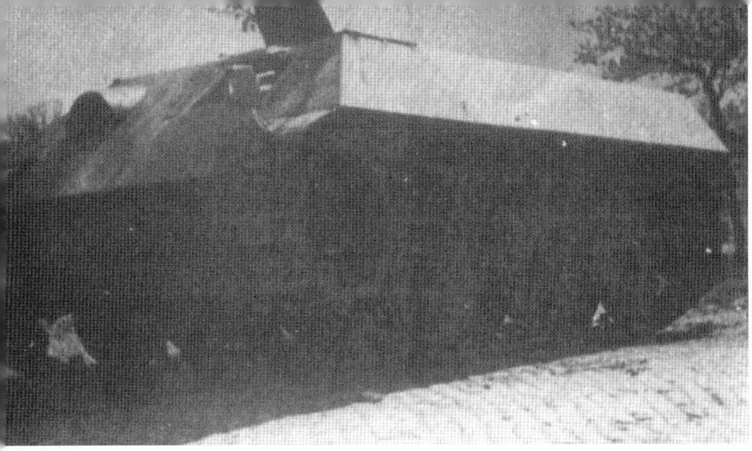

Zwei Prototypen dieses gepanzerten Mannschaftstransportfahrzeuges wurden von der Auto-Union 1944/1945 gebaut. Sie konnten 6 bis 8 Mann Besatzung aufnehmen, sie waren ein weiterer Schritt zur Schaffung eines Vollketten-Schützenpanzerwagens.**

* VK 7001 Kettenauflagelänge 4960 mm, Spurbreite 3160 mm – Getriebe KLL 800/320. Es war auch eine 15 cm Kanone L/37 vorgesehen.

** Bezeichnung des Fahrzeuges »Kätzchen« Motor Maybach HL 50Z, Getriebe ZF AK 8-45.

gungen unternommen, bisher noch nicht an der Panzerfertigung beteiligte Firmen für die Neuentwicklungen der E-Baureihe zu gewinnen. Unter ähnlichen Voraussetzungen entstanden bei der Auto-Union zwei Prototypen eines gepanzerten Mannschaftstransportwagens auf einem Vollkettenfahrgestell. Die Fahrzeuge waren für 6 bis 8 Mann Besatzung ausgelegt. Alle modernen Merkmale des deutschen Panzerbaus wie geneigte Wände, Stahllaufwerk, Schrittanordnung der Laufrollen, waren angewandt. Ein Maybach 6-Zylinder Vergasermotor war neben dem Fahrer angeordnet. Eine hydrostatische Lenkung war eingebaut, jedoch war die Füllpumpe der Lenkung zu schwach bemessen, daß es bei den Versuchsfahrten zu Schwierigkeiten kam. Eine neue, größer ausgelegte Pumpe sollte eingebaut werden, das Kriegsende ließ auch diese Entwicklung nicht mehr fertig werden. Die Außenmaße betrugen 4220 x 2130 x 1450 mm, die Bodenfreiheit maß 300 mm. Die vorne angetriebenen Ketten waren 330 mm breit.

Für Pioniereinheiten wurden noch Prototypen eines Schürfwagens auf Raupenfahrgestell beschafft, bei denen der Bedienungsstand leicht gepanzert war. Vorne am Fahrzeug befand sich nach Art der Planierraupen ein hydraulisch bewegbarer Räumschild.

Die Weserhütte AG schuf einen Kabelgrabenbagger. Dabei handelte es sich um ein Raupenfahrzeug mit Dieselantrieb und Eimerleiter für Erdaushub. Als gestellte Forderung ergab sich das Ausheben von 50 cm breiten und bis zu 1,5 m tiefen Kabelgräben mit möglichst geringem Aufwand an Menschen. Die Auftragserteilung erfolgte im April 1939 unter der Nr. 5556/40. Zwei Versuchsstücke waren im November 1942 fertiggestellt, insgesamt wurden zehn Stück bestellt.

Ein Schürfwagen auf Raupenfahrgestell mit gepanzerter Kabine.

Wie weit die Wünsche und Vorstellungen maßgeblicher deutscher Dienststellen gespannt waren, sei aus den folgenden zwei Beispielen ersichtlich:

Am 6. 1. 1944 wünschte Hitler die Vorführung von Zeichnungen und Skizzen über die damals projektierten Kleinstpanzer. Gleichzeitig sollten ihm die Unterlagen über den rumänischen Kleinstpanzer vorgelegt werden. Er hatte bereits Ende Dezember 1943 über diese neue rumänische Panzerkonstruktion gesprochen. Damals waren ihm Fotos, welche in Wünsdorf aufgenommen worden waren, gezeigt worden. Sie zeigten ein Fahrzeug der 6 t Klasse mit Bauelementen der Panzer I bis III. Das abgebildete Probefahrzeug war mit einer Holzgas-Generatoranlage ausgestattet.

Durch den Bau von eigenen Panzerjägern hatten die Rumänen zur Selbsthilfe gegriffen, nachdem die deutscherseits versprochenen Panzerlieferungen ausgeblieben waren. Die noch im Januar 1944 zugesagte Ausstattung einer rumänischen Panzerdivision konnte nicht erfüllt werden.

Am 7. 4. 1944 mußte Hitler mitgeteilt werden, daß die befohlene Abgabe von Panzerblechen für 487 rumänische Panzerjäger einen empfindlichen Einbruch in die deutsche Panzerfertigung mit sich ziehe und daß die gesamten dafür zur Verfügung gestellten Kapazitäten für die sonstigen Bestandteile wie Motor ein Ausmaß annähmen, welches einer nochmaligen Nachprüfung bedurfte. Es wurde darauf hingewiesen, daß es falsch war, der Abgabe von Panzerblechen für 487 Panzerjäger den Verlust von nur 70 Panzerkampfwagen IV gegenüberzustellen. Die Abgabe würde sich auch durch einen Einbruch bei der SPW-Fertigung auswirken, und zwar in mindest gleicher Größenordnung. Auf der anderen Seite würde eine Abgabe von Panzerkampfwagen 38 (t) in der für den rumänischen Hochlauf vorgesehenen Zahl ohne weiteres möglich sein, da bis zum September lediglich eine 0-Serie von 10 Stück erwartet wurde. Eine spätere Steigerung auf monatlich 100 Einheiten war geplant. Hitler meldete – besonders aus psychologischen Gründen – (das Fahrzeug sollte die Bezeichnung Marschall erhalten) – Bedenken gegen eine Kürzung, erklärte sich aber mit dem von Speer und General Buhle gemachten Vorschlag einverstanden, die Unterstützung der Rumänen in der bisher vorgesehenen Form weiterzuführen. Spätestens im Juni 1944 sollten ihnen 10 Panzerkampfwagen 38 (t) für Versuchs- und Vergleichsfahrten zur Verfügung gestellt werden. Hitler gefiel die Konstruktion des rumänischen Panzerjägers außerordentlich, er glaubte, daß unter Umständen auch beim deutschen Heer eine derartige Lösung größte Aussicht auf Erfolg hätte. Bis Kriegsende wurden ähnliche Kleinstpanzer Projekte unter den Bezeichnungen »Wanze« und »E 5« weiterverfolgt. Eine brauchbare Lösung war nicht mehr zu erzielen.

Auf der anderen Seite der Größenskala ergab sich im Juni 1942 ein Krupp Vorschlag über einen 1000 t Großpanzer. Hitler nahm am 23. 6. 1942 mit großem Interesse die Ausführungen des Ingenieurs Grote* der Firma Krupp über ein solches Fahrzeug zur Kenntnis. Er war damit einverstanden, daß in Skizzenform ein Großpanzerfahrzeug von etwa 1000t entwickelt wurde**. Grote sollte dazu zunächst mit Direktor Hacker eine Entwurfsskizze anfertigen. Dieser Auftrag führte zu einem Reißbrettentwurf für einen 1500 t Panzer mit 80 cm Geschütz und zwei hinteren 15 cm Panzertürmen. Das Fahrzeug sollte einen 250 mm starken Bugpanzer erhalten. Als Antrieb hatte man vier U-Boot Dieselmotoren vorgesehen.

Guderians Meinung zu diesem Projekt besagte lediglich, daß . . . »Hitlers Phantasie eben manchmal ins Gigantische schweifte«.

Der rumänische Panzerjäger »Marschall«, welcher größtenteils aus deutschen Baugruppen gebaut werden sollte. Es wurden nur noch Prototypen gefertigt. Die Bilder zeigen die Vorderansicht des Fahrzeuges, wobei unten die vordere Platte abgenommen ist, um einen Einblick in den Kampfraum zu ermöglichen.

* Dir. Dipl.-Ing. Grote, der Sonderbeauftragte für den U-Bootsbau

** Krupp Entwurf P 1000, OKH Auftrag Nr. 30404 vom 3. 12. 1942 – Bewaffnung 28 cm Doppelturm der Kriegsmarine, hinten eine 12,8 cm Kanone – Acht 2 cm Flak in HD 151 Drehringlafetten. Gewichte: Artillerie 300t, Panzerung 200t, Rahmen 200t, Ketten 100t, Antriebsaggregate 100t, 3 Ketten pro Seite mit je 1,2 m Breite. Gesamtlänge 35 m, Gesamtbreite 14 m, Auflagelänge der Ketten 21 m. Bodendruck 0,54 kg/cm². Motoren entweder MAN V. 12Z32/44 mit zusammen 8500 PS bei n = 600 oder acht Daimler-Benz Schnellboot-Motoren mit je 2000 PS bei n = 1650. Pittler-Tomas Getriebe – Vmax 40 km/h.

Anlage A

Artillerie auf Selbstfahrlafetten (Stand 25. Januar 1943)

	Hersteller: Typ:	Krupp le FH 43 (Sfl) »Heuschrecke 10«	Krupp le FH 43 (Sfl) »Grille 10«	Rheinm./DB le FH 43 (Sfl) »Rh B«	Škoda le FH 43 (Sfl) »Škoda«	Krupp 12,8 K 43 (Sfl) »Grille 12«
Konstruktions- und Leistungszahlen						
Hauptangaben:						
Kaliber	cm	10,5	10,5	10,5	10,5	12,8
Kaliberlänge	L/–	35	28	30	30	51
Gewicht der Sprenggranate	kg	14,81	14,81	14,81	14,81	28
Anzahl der Ladungen		9	9	7	8	3
Gewicht der größten Ladung	kg	2,8	2,8	2,78	1,85	11,5
Größte Mündungsgeschwindigkeit	m/sek	645	585	600	610	850
Rohrbremskraft mit Mündungsbremse	kg	12000	8600	5450/9300	4000/9000	9000/11400
Geschütz abgesetzt:						
Größte Schußweite	m	14500	13000	13000	13000	22000
Höhenrichtfeld	Grad	0 – +68	–10 – +70	–8 – +70	–5 – +75	–8 – +45
Seitenrichtfeld	Grad	360	360	360	360	360
Feuerstellungsgewicht	kg	4300	2500	2150	2200	8900
Stabilität bei größter Ladung	Grad	-5	0	0	0	-8
Feuerhöhe	mm	720	1100	1050	1150	1360
Gesamthöhe	mm	1226	1750	1580	1500	1990
Panzerung, vorne	mm	30	liegt	2 x 14,5	30	30
Seite	mm	16/20	noch	2 x 14,5	20	16
hinten	mm	16/20	nicht	14,5	10	16
Decke	mm	16	fest	14,5	16	16
Geschütz auf Sfl:						
Größte Schußweite	m	14500	13000	13000	13000	24000
Höhenrichtfeld	Grad	–8 – +45	–10 – +70	–8 – +70	–5 – +75	–8 – +75
Seitenrichtfeld	Grad	360	360	360	360	360
Gefechtsgewicht	kg	23000	25000	22200	24200	34000
Stabilität bei größter Ladung	Grad	-8	0	0	-5	0
Feuerhöhe	mm	2100	2250	2250	2620	2635
Leistungsgewicht	PS/t	17	16	24,8	18,6	20,6
Munitionsausstattung		60		62	60	30
Selbstfahrlafette:						
Fahrgestell, Typ oder Bauteile		Panzer IV *)	Panzer IV *)	Leopard	T 25	Panther
Länge über alles	mm	6000	6730	6800	6835	6970
Länge des Fahrzeuges	mm	6000	5640	6450	6035	6970
Breite des Fahrzeuges	mm	3000	2900	3270	2750	3270
Höhe über alles	mm	3000	2610	2800	3127	3550
Breite über Kettenaußenkante	mm	2832	2832	3080	2710	3270
Breite der Kette	mm	400	400	650	460	660
Länge der Kettenauflage	mm	3517	3517	3475	3867	4200
Lenkfaktor		1 : 1,45	1 : 1,45	1 : 1,43	1 : 1,72	1 : 1,61
Spez. Bodendruck	kg/cm^2	0,89	0,72	0,49	0,68	0,61
Bodenfreiheit	mm	400	400	510	450	546
Watfähigkeit	mm	1400	1700	1750	1200	1500
Kletterfähigkeit	mm	750	750	750	700	700
Überschreitfähigkeit	mm	2300	2300	2500	2650	2400
Steigfähigkeit	Grad	30	30	40	40	30
Fahrgeschwindigkeit, höchste	km/h	45	45	60	60	55
mittlere	km/h	40	40	40	45	40
im Gelände	km/h	30	30	25	30	30
Fahrbereich, auf Straße	km	300	300	300	keine	300
im Gelände	km	150	150	150	Angaben	200
Kraftstoffvorrat	l	500	500	520	300	800
Kraftstoffverbrauch, auf Straße	l/100 km	160	160	170	keine	270
im Gelände	l/100 km	300	250	340	Angaben	400
Panzerung, Bug	mm	30	30	30	30	30
Seite	mm	16	16	20	20	16
Heck	mm	16	16	20	20	16
Boden	mm	10	10	10	20	10
Decke	mm	10	10	10	16	10
Motorstärke	PS	400 **)	400 **)	550	450	700
Ausrüstung und Besatzung:						
Richtmittel, für direkten Schuß		Sfl Z.F.2	Sfl Z.F.2	Sfl Z.F.2	Pak Z.F. 3x8	Pak Z.F. 3x8
für indirekten Schuß		Rdbl F.32	Rdbl F.32	Rdbl F.36	Rdbl F.36	Rdbl F.32
Nachrichtengerät		Fu Spr F Bord spr	Fu Spr F Bord spr	Fu Spr F Bord spr	Fu Spr F Bord spr	Fu Spr F Bord spr
Besatzung:		F+1+3	F+1+3	F+1+3	F+1+3	F+1+4
Bemerkungen: **) mit Maybach HL 90 (350 PS) und endgültig HL 100 (400 PS)		*) nur Versuch, endgültig »Leopard«	*) nur Versuch, endgültig »Leopard«			
Geräte Bezeichnung:		5-1026	5-1027	5-1028		5-1211
Ähnlich						5-1212 auf »Leopard«

Rheinm./DB 12,8 K 43 (Sfl) »Rh B«	Krupp sFH 43 (Sfl) »Grille 15«	Rheinm./DB sFH 43 (Sfl) »Rh B«	Krupp 17 cm K 18 (Sfl) »Grille 17«	Alkett le FH 18/2 (Sfl) »Sfl II« (Wespe)	Alkett sFH 18/1 (Sfl) Gw III/IV »Hummel«	Krupp le FH 18/1 (Sfl) »Gw IV b«	Rheinmetall-Borsig 60 cm Mrs WKH – 040	 54 cm Mrs WKH – 041
12,8	14,9	14,9	17	10,5	14,9	10,5	60	54
51	40	40	50	28	30	28		
28	43,5	43,5	68	14,81	43,5	14,81	2200	1250
3	8	8	3	6	8	6		
11,5	11	6,85	29,15	1,022	3,665	1,022	348	220
850	715	600	860	470	520	470	220	378
9000/11400	16300/26800	12400/22000	55000		13500		530000	690000
22000	18000	15000	28000	–	–	–	–	–
−8 – +45	−8 – +70	−8 – +70	−2 – +48	–	–	–	–	–
360	360	360	360	–	–	–	–	–
8900	7500	7600	15000	–	–	–	–	–
−8	+15	+20	+6	–	–	–	–	–
1360	1350	1360	2265	–	–	–	–	–
1990	2200	1990	2950	–	–	–	–	–
14,5	liegt	14,5	keine	–	–	–	–	–
14,5	noch	14,5	Panzerung	–	–	–	–	–
14,5	nicht	14,5	–	–	–	–	–	–
14,5	fest	14,5	–	–	–	–	–	–
22000	18000	15000	28000	10650	13250	10500	4500	10000
−8 – +45	−8 – +70	−8 – +70	−2 – +48	−5 – +42	−3 – +42	−10 – +40	0 – +70	0 – +70
360	360 (bis 7. Lg.)	360	360	±20	−13 – +15	−35 – +35	4	4
38230	34000	38230	48000	11000	21000	17000	123000	126350
keine Angabe	0	keine Angabe	−2	–	–	–	–	–
2635	2635	2635	2280/2500	1940	2300	1840	3050	3050
17	20,6	17	14,6	12,7	14,3	9,5	100	100
30	30	30	5	32	20	60	–	–
Panther	Panther	Panther	Tiger	Panzer II	Panzer III/IV	Panzer IV	Sonderlafette	–
10225	6970	8800	13000	4810	7400	5900	11150	11370
6960	6970	6960	9500	4810	6200	5900	11150	11370
3270	3270	3270	3150	2280	2860	2870	3160	3160
3250	3550	3250	3150	2300	2750	2250	4780	4780
3270	3270	3270	3270	2180	2856	2856	3160	3160
660	660	660	660	300	400	400	500	500
4220	4200	4220	4080	2400	3600		7000	7000
1 : 1,62	1 : 1,6	1 : 1,62	1 : 1,56	1 : 1,28	1 : 1,46		1 : 2,64	1 : 2,64
0,69	0,61	0,69	0,89	0,76	0,73	0,73	1,77	1,77
550	546	550	500	340	400	400	350	350
1855	1500	1855	1200	800	800	800		
870	700	870	850	420	600	600	–	–
3000	2400	3000	3000	1700	2300	2100	–	–
40	30	40	30	30	30	30		
60	55	60	50	40	42	45	10	10
40	40	40	35					
25	30	25	25	20	20	20	–	–
300	300	300	300	140	215	240		
150	200	150	150	95	130	130		
700	800	700	950	200	470	410	1200	1200
230	270	230	375	90	220			
460	400	460	600	135	360			
30	30	30	30	18	50	20	–	–
16	16	16	16	15	30	14,5	–	–
20	16	20	16	15	20	14,5	–	–
10	10	10	10	12	10	10	–	–
10	10	10	16	12	10		–	–
650	700	650	700	140	300	188 *)	1200	1200
Sfl Z.F.	Pak Z.F. 3x8	Sfl Z.F.	Sfl Z.F.	–	–	–	–	–
Rdbl F.36	Rdbl F.32	Rdbl F.36	Rdbl F.36	Rdbl F.36	Rdbl F.36	Rdbl F.36		
Fu Spr F	Fu Spr F	Fu Spr F	Fu Spr F	Fu Spr F	Fu Spr F	Fu Spr F		
Bord Spr	Bord Spr	Bord Spr	Bord Spr	Bord Spr	Bord Spr	Bord Spr		
F+1+4	F+1+4	F+1+4	F+1+6	F+1+3	F+1+4	F+1+3		
						*) in Serie mit HL 90 (320 PS)		
5-1213	5-1528	5-1530	5-1702				040	041
	5-1529 auf »Leopard«		5-2107 mit 21 cm Mrs					

Anlage B

1945 — Kriegsprogramm Kraftfahrzeuge — **1945**

Produktionsplanung der Kraftfahrzeugfabriken

2. Ausgabe vom 26. 10. 1944 — (Fertige Fahrzeuge und Fahrgestelle) — 2. Ausgabe vom 26. 10. 1944

	Lfd. Nr.	Firma	Fahrzeug		Einsatzgew.	Reifengröße	Produkt.-Aufg. pro Quart.	Jan.	Febr.	März	April	Mai	Juni	Juli	Aug.	Sept.	Okt.	Nov.	Dez.	Gesamt
			Typ	Baumusterbezeichnung	kg			Stück	Stück	Stück	Stück	Stück	Stück	Stück	Stück	Stück	Stück	Stück	Stück	Stück
VW	1	V.W.-Werk	Kübelsitzwg.	82 C u. D	963	4x 5,25-16	12000	2750	3250	3750	4000	4000	4000	4000	4000	4000	4000	4000	4000	45750
LKW	2	Vidal & Sohn	0,65 t Dreir.	A 400 3R	643	1x 5,25-16 2x 5,50-16	1060	350	350	360	350	350	360	350	350	360	350	350	360	4240
1,5 t LKW	3	Phänomen	1,5 t A	Granit 1500 A	3133	4x 190-20	770	260	260	250	260	260	250	260	260	250	260	260	250	3080
	4	Steyr	1,5 t A	2000 A	3101	4x 190-20	3000	1000	1000	1000	1000	1000	1000	1000	1000	1000	1000	1000	1000	12000
	5	Auto U/Steyr	1,5 t A	2000 A	3101	4x 190-20	2250	750	750	750	750	750	750	750	750	750	750	750	750	9000
		Gesamt:					19080	2010	2010	2000	2010	2010	2000	2010	2010	2000	2010	2010	2000	24080
3 t LKW	6	Borgward	3 t A	B 3000 A	4065	6x 190-20	750	[4]	[4]	[4]	250	250	250	250	250	250	250	250	250	2250
	7		3 t S	B 3000 S	3541	6x 190-20	2250	[4]	[4]	[4]	750	750	750	750	750	750	750	750	750	6750
	8	Daimler-Benz	3 t S	3,6 – 36	2951	6x 190-20	7500	1200	1400	1800	2000	2000	2000	2000	2000	2000	2000	2000	2000	22400
	9	Ford	3 t S	V 3000 W	3162	6x 190-20	6000	700	700	700	700	700	700	700	700	700	700	700	700	8400
	10	Opel	3 t A	6700	3491	6x 190-20	7500	0	500	750	960	1000	1040	800	840	1000	1080	1040	800	9810
	11		3 t S	3,6 – 36	2951	6x 190-20	0	1000	1000	1250	1440	1750	1820	1400	1470	1750	1890	1820	1400	17990
		Gesamt:					24000	2900	3600	4500	6100	6450	6560	5900	6010	6450	6670	6560	5900	67600
4,5 t	12	Büssing-NAG	4,5 t A	4500 A	6958	6x 270-20	1300	430	430	440	430	430	440	430	430	440	430	430	440	5200
	13		Kom.	4500 T	7960	6x 270-20	200	70	70	60	70	70	60	70	70	60	70	70	60	800
	14	Daimler-Benz	4,5 t A	L 4500 A	6575	6x 270-20	1500	[4]	[4]	[4]	150	150	150	150	150	150	150	150	150	1350
	15		4,5 t S	L 4500 S	6202	6x 270-20	0	[4]	[4]	[4]	350	350	350	350	350	350	350	350	350	3150
LKW	16	G.W.A. [1]	4,5 t A	L 4500 A	6572	6x 270-20	1350	450	450	450	450	450	450	450	450	450	450	450	450	5400
		Gesamt:					4350	950	950	950	1450	1450	1450	1450	1450	1450	1450	1450	1450	15900
8 t	17	Tatra	8 t 3achs.	111	10560	10 x 9,75-20	240	80	80	80	80	80	80	80	80	80	80	80	80	960
RSO	18	Klöckner	75 PS RSO	RSO	5043	–	2550	850	850	850	850	850	850	850	850	850	850	850	850	10200
	19	Gräf & Stift	75 PS RSO	RSO	5043	–	1050	350	350	350	350	350	350	350	350	350	350	350	350	4200
		Gesamt:					3600	1200	1200	1200	1200	1200	1200	1200	1200	1200	1200	1200	1200	14400
Schlepper	20	Hanomag	100 PS Schl.	SS 100 LN	8760	6x 9,75-20	225	75	75	75	75	75	75	75	75	75	75	75	75	900
	21	Kaelble	135 PS Schl.	Z 6 W 2 AL 30	13628	6x 9,75-20	45	15	15	15	15	15	15	15	15	15	15	15	15	180
	22	Faun	150 PS Schl.	ZR	10357	6x 9,75-20	150	50	50	50	50	50	50	50	50	50	50	50	50	600
		Gesamt:					420	140	140	140	140	140	140	140	140	140	140	140	140	1680
Ketten-Krad	23	NSU	Kettenkrad [2]	HK 101	2542	1x 3,50-19	1500	500	500	500	500	500	500	500	500	500	500	500	500	6000
	24	Stoewer	Kettenkrad [2]	HK 101	2542	1x 3,50-19	900	300	300	300	300	300	300	300	300	300	300	300	300	3600
	25	Weißwasser	Springer	S.-Kfz. 304	4235	–	300	100	100	100	100	100	100	100	100	100	100	100	100	1200
		Gesamt:					2700	900	900	900	900	900	900	900	900	900	900	900	900	10800
Kräder	26	Petri & Lehr	Krankenfahrst.	Typ 8 – 1c	157	3x 2,50-19	90	30	30	30	30	30	30	30	30	30	30	30	30	360
	27	Auto Union	125 ccm Krad	RT 125	112	2x 2,50-19	1800	600	600	600	600	600	600	600	600	600	600	600	600	7200
	28		350 ccm Krad	NZ 350	248	2x 3,25-19	3800	1250	1250	1300	1250	1250	1300	1250	1250	1300	1250	1250	1300	15200
		Gesamt:					5690	1880	1880	1930	1880	1880	1930	1880	1880	1930	1880	1880	1930	22760
	29	Posekel	Schleppachse		295	2x 6,50-17 [3]	750	250	250	250	250	250	250	250	250	250	250	250	250	3000
		Gesamt: ohne Schleppachse					59840	13160	14360	15810	18110	18460	18620	17910	18020	18510	18680	18570	17960	208170

Die Spalte Produktionsaufgabe enthält die Stückzahlen, die die einzelnen Firmen im Endziel erreichen sollen.

[1] Gemeinschaft Wiener Automobilfabriken, bestehend aus den Firmen: Froß-Büssing, Ö.A.F. und Saurer.

[2] Mit Anhänger, Hersteller NSU.

[3] Regelgröße, nur aus Lagerbeständen. Wenn erforderlich auch kleinere Reifen bis 5,50-17.

[4] Genaue Planungszahlen können hierfür noch nicht gegeben werden.

21/He.
26. 10. 1944

Anlage C

VORLÄUFIGES RICHTWERTPROGRAMM IV vom 14. Juli 1944

Mit Anlage zum Schreiben OKH Wa J Rü (W u G 6) Villa Az 76 g 31a Nr. 364/44 g Kdos. Die Einleitung besagt folgendes:
„. . . Es wird ausdrücklich darauf hingewiesen, daß das anliegende Programm nicht mit dem Hauptausschuß Panzerwagen abgestimmt ist und daher keine Gültigkeit für die Allgemeinheit hat, sondern nur zur Unterrichtung militärischer Dienststellen dient.
Gez. Keitel . . ."

Firma	Type	April 1944	Mai	Juni	Juli	Aug.	Sept.	Okt.	Nov.	Dez.	Jan. 1945	Febr.	März	April	Mai	Juni
Alkett	7,5 cm StuG L/48	235	230	235	195	205	225	225	225	195	155	75	–	–	–	–
	10,5 cm StuH 42	65	70	75	125	125	125	125	125	125	125	120	20	–	–	–
	*7,5 cm StuG III/IV L/70	–	–	–	–	–	–	–	10	50	100	200	300	295	295	295
	*10,5 cm StuH III/IV	–	–	–	–	–	–	–	–	–	–	–	–	105	125	125
Vomag	Pz Kpfwg IV	40	28	–	–	–	–	–	–	–	–	–	–	–	–	–
	StuG n.A. L/48	120	120	120	90	60	60	54	–	–	–	–	–	–	–	–
	StuG n.A. L/70	–	–	–	40	60	90	105	180	180	180	180	130	80	–	–
	*7,5 cm StuG III/IV L/70	–	–	–	–	–	–	–	–	–	–	–	50	160	160	160
Krupp-Gruson	StuG IV L/48	100	100	90	90	90	90	90	90	90	75	45	–	–	–	–
	*7,5 cm StuG III/IV L/70	–	–	–	–	–	–	–	–	–	5	25	100	100	100	100
	Fgst. Flakpz	20	20	30	30	30	30	30	30	30	30	30	–	–	–	–
MIAG	7,5 cm StuG L/48	150	150	150	150	150	150	150	145	120	50	40	10	–	–	–
	*7,5 cm StuG III/IV L/70	–	–	–	–	–	–	–	5	15	30	70	110	140	150	150
	Jagdpanther	24	26	40	55	75	90	110	130	150	150	150	150	150	150	150
Daimler-Benz	Panther	105	110	120	130	130	140	140	150	150	150	150	150	150	150	150
MAN	Panther	128	125	130	130	130	130	130	130	130	130	130	130	130	130	130
MNH	Panther	110	110	120	120	120	120	120	120	120	120	120	120	120	120	120
Demag-Benrath	Bergepanther	10	15	20	30	30	30	30	30	30	30	30	30	30	30	30
Demag-Falkensee	Ostwallturm	15	15	15	15	15	10	10	5	–	–	–	–	–	–	–
Henschel	Tiger I	95	95	75	58	–	–	–	–	–	–	–	–	–	–	–
	Tiger II	12	15	40	45	100	100	120	140	140	140	140	140	140	140	140
Ni-Werke	Pz Kpfwg IV	280	280	300	300	300	250	250	200	150	100	50	–	–	–	–
	*7,5 cm StuG III/IV L/70	–	–	–	–	–	–	–	–	–	–	2	3	5	100	100
	Fgst. für StuPz.	20	20	20	20	20	20	20	20	20	20	–	–	–	–	–
	Jagdtiger	–	–	3	6	12	20	25	30	35	35	40	50	50	50	50
	*StuG n.A. L/70	–	–	–	–	50	100	150	200	250	300	350	348	347	345	345
Stahlindustrie	Nashorn	12	24	5	30	30	29	–	–	–	–	–	–	–	–	–
	Hummel	41	33	–	30	50	51	25	25	25	25	25	25	25	25	25
	Mun Fz f s PzH	–	–	–	–	–	–	4	4	4	4	4	4	4	4	4
	le PzH	–	–	–	–	–	–	45	45	45	45	45	45	45	–	–
	Mun Fz f le PzH	–	–	–	–	–	–	6	6	6	6	6	6	6	–	–
	*s PzH	–	–	–	–	–	–	–	–	–	–	–	–	–	25	45
	*Mun Fz f s PzH	–	–	–	–	–	–	–	–	–	–	–	–	–	4	4
	*le Pz H	–	–	–	–	–	–	–	–	–	–	–	–	–	45	45
	*Mun Fz f le PzH	–	–	–	–	–	–	–	–	–	–	–	–	–	6	6
	Aufbau für StuPz.	20	20	20	20	20	20	20	20	20	–	–	–	–	–	–
	*StuPz III/IV vollst.	–	–	–	–	–	–	–	–	–	20	20	20	20	20	20
	Aufbau f 3,7 cm Flak	30	30	30	30	30	30	20	10	–	–	–	–	–	–	–
	Aufbau f 3 cm Flak Zwill.	–	–	–	–	–	5**	10	20	30	30	30	–	–	–	–
	*Flapz Kugelblitz vollst. III/IV	–	–	–	–	–	–	–	–	–	–	–	30	30	30	30
BMM	le Pz Jg 38	23	50	100	200	250	300	350	400	400	400	450	500	500	500	500
Škoda	le Pz Jg 38	–	–	–	10	50	100	150	200	300	400	450	500	500	500	500

* Fahrzeuge mit Einheitsfahrgestell
** Die ersten 5 Fahrzeuge fertigt Daimler-Benz

Anlage D

Tatsächliche Produktionszahlen vom Juli 1944

Gerät	Soll	Ist
Zgkw 1 t ungp. mit 2 cm Flak	55	55
Zgkw 3 t ungp.***	105	105
Zgkw 5 t ungp.	–	–
Zgkw 8 t ungp.	240	240
Zgkw 8 t ungp. mit 2 cm Vierl.	37	37
Zgkw 8 t ungp. mit 3,7 cm Flak	79	79
Zgkw 12 t ungp.	113	111
Zgkw 18 t ungp.	77	77+8 Fgst.*
sWS	90	90
Zgkw 1 t gp.****	100	100
Zgkw 3 t gp.	654	568
Kettenkrad	118	118
Fgst. Pz II als Mun Sf	2	2
Fgst. Pz 38(t) als Mun Sf	–	–
Pz Bergegerät Panther I	20	20
Sf Fgst Pz II Pak 40	5	5 inst.**
Sf Fgst Pz II Pak(r)	–	–
Sf Fgst Pz II leFH 18	5	5 inst.
Sf Fgst Pz 38(t) Pak 40	–	–
Sf Fgst Pz 38(t) Pak(r)	–	–
Sf Fgst Pz 38(t) sIG 33 „Grille"	14	14
Sf Fgst Pz III/IV „Hornisse"	3	3
Sf Fgst PZ III/IV „Heuschrecke"	–	–
Sf Fgst Pz III/IV „Hummel"	–	–
Fgst Pz IV mit 3,7 cm Flak	31	31

Gerät	Soll	Ist
le Pz Jg IV 7,5 cm L/48	140	125
s Pz Jg V „Jagdpanther"	15	15
s Pz Jg VI „Jagdtiger"	–	–
Pz Jg 39 7,5 cm	–	–
Pz Jg 38(t) 7,5 cm	101	83
StuG III 7,5 cm	369	369+9 inst.
StuH III 10,5 cm	92	92
StuPz IV 15 cm	30	30
StuG IV 7,5 cm	90	90+30 Fgst. +3 inst.
Pz II nA VK 1303 „Luchs"	–	–
Pz III 5 cm L/60	–	–
Pz III 7,5 cm L/24	4	4 inst.
Pz III Flamm	–	–
Pz III Befehl	1	1 inst.
Pz IV 7,5 cm L/24	–	–
Pz IV 7,5 cm L/43 und 48	146	146+154
Pz Panther I	385	370
Pz Panther II	–	–
Pz Tiger I	–	–
Pz Tiger II	45	45

* Fahrgestell
** instandgesetzt
*** ungepanzert
**** gepanzert

Anlage E

Geräteverluste der deutschen Panzerwaffe im Osten und Westen (ohne Süden und Südosten)

vom Dezember 1943 bis November 1944

Gerät	Vom 1. 12. 1943 bis 30. 6. 1944 Osten	bis 31. 7. 1944 Osten	bis 30. 9. 1944 Osten	bis 31. 10. 1944 Osten	bis 30. 11. 1944 Osten	1. 9. 1944 bis 30. 11. 1944 Westen
Pz Kpfwg II (2 cm)	28	85	102	118	119	11
Pz Kpfwg II (Mun)	34	42	42			
Pz Kpfwg III L/42	11	11	11			
Pz Kpfwg III L/60	140	140	143	154	154	
Pz Kpfwg III L/24	22	27	27	27	27	
Pz Kpfwg III (Berge)				8	8	5
Pz Kpfwg III (Beobachtung)	92	116	125	126	129	21
Pz Kpfwg III (Flamm)	27	27	35			
Pz Kpfwg III (Mun)	1	11	12			
Pz Kpfwg 38(t)	10	10	12			
Pz Kpfwg 38(t) (2 cm Flak)				2	2	4
Pz Kpfwg 38(t) (Berge)						
Pz Kpfwg IV L/24	21	21	27	30	30	12
Pz Kpfwg IV L/43	61	61	64	64	69	10
Pz Kpfwg IV L/48	1046	1302	1743	1991	2283	618
Pz Kpfwg IV L/70				14	19	23
Pz Kpfwg IV (3,7 cm Flak)				3	4	6
Pz Kpfwg IV (2 cm Vierling)				3	3	6
Pz Kpfwg IV (Beobachtung)				3	6	

Gerät	Vom 1. 12. 1943 bis 30. 6. 1944 Osten	bis 31. 7. 1944 Osten	bis 30. 9. 1944 Osten	bis 31. 10. 1944 Osten	bis 30. 11. 1944 Osten	1. 9. 1944 bis 30. 11. 1944 Westen
Pz Kpfwg IV (Mun)	26	41	49	53	54	14
Pz Kpfwg IV (Berge)					6	
Pz Kpfwg V L/70	713	932	1303	1684	2116	613
Pz Kpfwg V L/100						
Pz Kpfwg V (Berge)	4	14	27			
Pz Kpfwg VI L/56	271	435	539			
Pz Kpfwg VI L/71				5	8	36
Pz Bef Wg (groß)	133	133	133			
Pz Bef Wg III L/42	54	69	69			
Pz Bef Wg III L/60			5	19	23	49
Pz Bef Wg IV				1	1	2
Pz Bef Wg V L/70	23	45	56	74	78	17
Pz Bef Wg VI L/56	14	16	18	20	20	2
StuG III L/24	11		16	20	20	3
StuG III L/43	23					6
StuG III L/48	1361				1881	436
StuH III 10,5 cm	91	170	274	396	423	62
StuG IV L/48				77	85	24
StuPz IV 15 cm			5	7	7	7
Sf Pz II 7,5 cm Pak	98	147	161	170	176	9
Sf Pz II 10,5 cm leFH	166	209	232	253	257	35
Sf Pz 38(t) 7,62 cm Pak				2	4	1
Sf Pz 38(t) 7,5 cm Pak	306	570	679	725	737	60
Sf Pz 38(t) 15 cm sIG	52	75	89	94	98	38
Sf Pz Lorraine	4	20	21			
Sf Pz III/IV 8,8 cm Pak	131	165	204	241	241	
Sf Pz VI(P) 8,8 cm Pak	7	30	32	32	32	
Sf Pz III/IV 15 cm sFH	111	181	206	228	240	29
Jg Pz IV L/48				55	59	21
Jg Pz 38(t) L/48				101	110	113
Jg Pz V L/71						46
StuM VI 38 cm						
Sprengstofftr. B IV				50	50	7
le Pz Sp Wg (MG)	94	116	136	149	150	29
le Pz Sp Wg (2 cm)	173	206	224	240	240	39
s Pz Sp Wg (2 cm)	99	138	147	165	167	94
s Pz Sp Wg (5 cm)					2	2
s Pz Sp Wg (7,5 cm)	27	33	40	44	45	9
Pz Sp Wg II (Luchs)	11	11	11	13	14	
le Pz Fu Wg	101	110	112	116	116	6
s Pz Fu Wg	21	24	25	26	26	3
le SPW	486	659	804	918	949	258
le SPW (250/9)	125	149	175	193	196	67
le SPW (250/8)				2	2	1
le SPW (250/10)	44	48	49			
m SPW	782	987	1307	1608	1703	1471
m SPW (251/9)	132			41 im Monat	15 im Monat	146
m SPW (251/10)	61	68	76			
m SPW (251/7)	265	325	373			
m SPW (251/8)	53	65	77			
m SPW (251/6)	23	27	28			
m SPW (251/18)	185	217	235			
m SPW (251/16)	74	94	121	161	164	8
m SPW (251/17)				11	15	15
m SPW (251/21)				24	30	23

Technische Daten ➡

Bezeichnung des Fahrzeuges	Minenräumwagen (kleiner ferngesteuerter Minenkarren)	Minenräumwagen (Sd. Kfz. 300)	leichter Ladungsträger (Sd. Kfz. 302) (E-Motor)
Ausführung	I	II	
Typ	B I	B II	Goliath
Hersteller	Borgward	Borgward	Borgward
Baujahr	1939–1940	1940	1942
Informationsquelle	D 690/6 vom 10. 12. 1940	D 690/6 vom 10. 12. 1940	Handbuch WaA, Blatt 382
Motor			
Hersteller, Typ	Borgward »4 M 1,5 R II«	Borgward »6 M 2,3 RTBV«	Bosch MM/RQL 2500/24 RL 2
Zylinderanzahl, Anordnung	4, Reihe	6, Reihe	2 Elektromotoren
Bohrung/Hub (mm)	72 x 92	72 x 92	–
Hubraum (ccm)	1498	2247	–
Verdichtungsverhältnis	6 : 1	6 : 1	–
Drehzahl, normal/maximal	2500	3500	2500
Höchstleistung (PS)	29	49	je 2,5 kW = 6,8 PS
Ventilanordnung	hängend	hängend	–
Kurbelwellenlager	3 Gleit-	4 Gleit-	–
Vergaser	1 Solex 26 BFLH	1 Solex 30	–
Zündfolge	1-3-4-2	1-5-3-6-2-4	–
Anlasser	Bosch EGD 1,0/12	Bosch EGD 1,0/12	–
Lichtmaschine	Bosch RJJN 130/12-1300	Bosch RJJN 130/12-1300	–
Batterie: Anzahl/Volt/Ah	1/12	1/12	2/12/75
Kraftstofförderung	Pumpe	Pumpe	–
Kühlung	Wasser	Wasser	Luft
Kupplung	elektromagnetische Einscheiben-		–
Getriebe	Kettengetriebe		2 Fahrstufen
Anzahl der Gänge V/R	2/1		–
Kettenantriebsräder	vorne		vorne
Vorgelegeübersetzung	1:		1:
Höchstgeschwindigkeit (km/h)	2 bzw. 5		8–10
Fahrbereich Straße/Gelände			1,5/0,8
Art der Lenkung	elektromagnetisch		elektromagnetisch
Wendekreis ∅ (m)			3–4
Federung	Drehstäbe		Blattfedern
Fahrgestellschmiersystem	Hochdruck		Hochdruck
Bremsanlage Hersteller	Borgward		ohne
Wirkungsweise	mechanisch		–
Bremsart	Bandbremsen		–
Bremssystem wirkt auf	Antrieb		–
Art des Laufwerkes	gelochte Scheiben	Lauf- und Stützrollen	Lauf- und Stützrollen
Größe der Laufrollen			
Spurweite (mm)			680
Kettenauflagelänge (mm)			730
Kettenbreite (mm)			160
Anzahl der Glieder pro Kette			48
Kettentyp			
Bodenfreiheit (mm)			114
Länge über alles (mm)			1500
Breite über alles (mm)			850
Höhe über alles (mm)			560
Bodendruck (kp/cm²)			
Gefechtsgewicht (kp)			370
Besatzung	1 bzw. Fernlenkung		ohne
Kraftstoffverbrauch (l/100 km)		15–25	–
Kraftstoffvorrat (l)			–
Panzerung Wanne vorne (mm)			5
seitlich (mm)			–
hinten (mm)			–
Turm vorne (mm)	–	–	–
seitlich (mm)	–	–	–
hinten (mm)	–	–	–
Leistungen steigt (°)			
klettert (mm)			
watet (mm)			
überschreitet (mm)			600
Bewaffnung Haupt-			Sprengladung 60 kp
Neben-			
Bemerkung			

leichter Ladungsträger (Sd. Kfz. 303) (V-Motor)	gepanzerter Munitionsschlepper VK. 301	schwerer Ladungsträger (Sd. Kfz. 301)	schwerer Ladungsträger (Sd. Kfz. 301)
A und B (Angaben für B in ())		A und B (Angaben für B in ())	C
Goliath	VK. 301	B IV	B IV
Zündapp und Zachertz	Borgward	Borgward	Borgward
1942–1944	1940–1942	1942–1943	1943–1944
D 654/10 vom 1. 4. 1943	Handbuch WaA, Blatt D 13	Handbuch WaA, Blatt D 3	Handbuch WaA, Blatt G 387
Zündapp		Borgward »6 M 2,3 RTBV«	Borgward »6 B 3,8«
2, Reihe		6, Reihe	6, Reihe
70 x 80		72 x 92	85 x 110
703		2247	3745
5,8 : 1		6 : 1	6 : 1
2000/4500		3300	3000
7,5/12,5		49	78
ohne – Zweitakt		hängend	hängend
2 Kugel-		4 Gleit-	4 Gleit-
1 Solex 30 BFRH		1 Solex 30 F II	1 Solex 35 JFP
1-2/-2		1-5-3-6-2-4	1-5-3-6-2-4
Noris MLZS 2/12/30/50		Bosch EGD 1,0/12	Bosch EJD 1,8/12
–		Bosch RJJN 130/12-1300	Bosch RJJN 130/12-1500
1/12 (2/6)	1/12/105	2/12/62,5	2/12/62,5
Gefälle		Pumpe	Pumpe
Luft, Gebläse		Wasser	Wasser
elektromagnetisch		hydraulisch	hydraulisch
Kettengetriebe		Drehmomentwandler	Drehmomentwandler
2/–		2/1	2/1
vorne		vorne	vorne
1 : 21,08		1 : 3,9	1 : 3,9
11	30	38	40
12/6-8	150	212/125	212/125
elektromagnetisch		Cletrac, Außenband	Cletrac, Außenband
3–4	11,5	11,5	
Schrauben		Drehstäbe, quer	Drehstäbe, quer
Hochdruck		Zentral und Hochdruck	Zentral
ohne	Deutsche Perrot	ATE-Lockheed	ATE-Lockheed
–	mechanisch	hydraulisch	hydraulisch
–		Innenbacken	Innenbacken
–		Antrieb	Antrieb
Lauf- und Stützrollen		Laufräder	Stahlspeichenräder
680	1580	1600	1600
730	1790	1790	1790
160	200	200	200
48	–	55	77
		Kgw 53/200/140	
168		305	305
1600 (1630)	3570	3650	4100
850 (910)	1830	1800	1830
600 (620)		1185	1250
	0,66	0,66	
365 (430)	3500	3600 (4000)	5000
ohne	2	1 bzw. Fernlenkung	1 bzw. Fernlenkung
	S = 58/G = 100	S = 58/G = 100	80
6	95 + 28 = 123	100 + 30 = 130	123
10	14,5	10	20
–	10	5+8	20
–	10	5+8	
–	–	–	–
–	–	–	–
–	–	–	–
70	24	24	24
			–
220			
850 (1000)		1340	1340
Sprengladung 75 (100) kp	ohne	Sprengladung 500 kp	Sprengladung 500 kp
–	–	–	–

Bezeichnung des Fahrzeuges	mittlerer Ladungsträger (Sd. Kfz. 304) »Springer«	Panzerkampfwagen VK. 3001 (P)	Panzerkampfwagen VI, Tiger (P) VK. 4501 (P)
Ausführung			
Typ	Springer	100	101
Hersteller	NSU	Nibelungenwerke	Nibelungenwerke
Baujahr	1944–1945	1939–1941	1941–1942
Informationsquelle	Handbuch WaA, Blatt G 386	Porsche Zeichnung vom 26. 4. 1940	Handbuch WaA, Blatt D 41
Motor			
Hersteller, Typ	Opel »1,5 ltr.«	Porsche »100« – 2 Stück	Porsche »101/1« – 2 Stück
Zylinderanzahl, Anordnung	4, Reihe	10, V Form 72°	10, V Form 72°
Bohrung/Hub (mm)	80 x 74	105 x 115	115 x 145
Hubraum (ccm)	1488	10000	15060
Verdichtungsverhältnis	6 : 1	5,9 : 1	5,9 : 1
Drehzahl, normal/maximal	3400	2500	2000/2200
Höchstleistung (PS)	37	210 zusammen 410	320 zusammen 640
Ventilanordnung	hängend	hängend	hängend
Kurbelwellenlager	4 Gleit-	6 Gleit-	6 Gleit-
Vergaser	1 Solex 32 FJ II	1 Solex 50 JFF II	1 Solex 50 JFF II
Zündfolge	1-3-4-2	1-8-3-10-5-9-4-7-2-6	1-8-3-10-5-9-4-7-2-6
Anlasser	Bosch EGD 1/12	Bosch AL 24 V	Bosch AL/SED 24 V
Lichtmaschine	Bosch RKCN 300/12-1300	Bosch GQL 300/12-900	Bosch LQ 3000
Batterie: Anzahl/Volt/Ah	1/12/75	2/12/120	2/12/150
Kraftstofförderung	Pumpe und Gefälle	Pumpen	Pumpen
Kühlung	Wasser	Luft, Gebläse	Luft, Gebläse
Kupplung	Einscheiben, tr.	ohne, benzin-elektrisch	ohne, benzin-elektrisch
Getriebe	Drehmomentwandler	Porsche/Siemens	Porsche/Siemens
Anzahl der Gänge V/R	6/2	2/2	3/3
Kettenantriebsräder	vorne	vorne	hinten
Vorgelegeübersetzung	1 : 4,09	1 :	1 : 15
Höchstgeschwindigkeit (km/h)	42	60	35
Fahrbereich Straße/Gelände	200/80		80
Art der Lenkung	mech. Innenbacken	Porsche/Siemens	Porsche/Siemens
Wendekreis ∅ (m)	4,0		2,15
Federung	Drehstäbe, quer	Drehstäbe, längs	Drehstäbe, längs
Fahrgestellschmiersystem	Hochdruck	Zentral und Hochdruck	Schmierbatterien und Hochdruck
Bremsanlage Hersteller	NSU	Porsche/Siemens	Porsche/Siemens
Wirkungsweise	mechanisch	elektrisch	hydraulisch/mechanisch
Bremsart	Innenbacken	Scheiben	Scheiben
Bremssystem wirkt auf	Antrieb	Antrieb	Antrieb
Art des Laufwerkes	Schrittlaufwerk	Lauf- und Stützrollen	Stahllaufräder
Größe der Laufrollen		600 mm	794 mm
Spurweite (mm)	1260	2600	2640
Kettenauflagelänge (mm)		3225	4175
Kettenbreite (mm)	170	600	640
Anzahl der Glieder pro Kette	100	88	109
Kettentyp	Zgw 51/170/120	Kgs 62/600/160	Kgs 62/640/130
Bodenfreiheit (mm)	230	490	480
Länge über alles (mm)	3150	6600	-9340/6700
Breite über alles (mm)	1430	3200	3140
Höhe über alles (mm)	1450	3030	2800
Bodendruck (kp/cm²)		0,9	1,06
Gefechtsgewicht (kp)	2400	30000	57000-59000
Besatzung	1 bzw. Fernlenkung	4	5
Kraftstoffverbrauch (l/100 km)	22	230–250 g/PS/h	250–270 g/PS/h pro Motor
Kraftstoffvorrat (l)	65		520
Panzerung Wanne vorne (mm)	10	50	100
seitlich (mm)	5	40	80
hinten (mm)		30	80
Turm vorne (mm)	–	–	100
seitlich (mm)	–	–	80
hinten (mm)	–	–	80
Leistungen steigt (°)	–	–	30
klettert (mm)	–	–	780
watet (mm)	–	–	1000
überschreitet (mm)			2640
Bewaffnung Haupt-	Sprengladung 300 kp	7,5 cm bzw. 10,5 cm KwK	1 8,8 cm KwK 36 L/56 (70)
Neben-	–	2 MG 34	2 MG 34
Bemerkung			

Panzerjäger Tiger (P) »Elefant« (Sd. Kfz. 184), früher »Ferdinand«	Panzerkampfwagen »Maus« Versuchsgerät	leichtes, gepanzertes Mehrzweckefahrzeug für Aufklärung und Begleitung	leichter Panzerkampfwagen / leichter Mehrzwecke-Panzerkampfwagen
	I		
101	205	245	245
Nibelungenwerke	Alkett	Porsche (Entwurf)	Porsche (Entwurf)
1942–1943	1942–1944	1943	1943
D 656/1 vom 1. 5. 1943	D Prüf-Nr. 13 vom 1. 7. 1944	Porsche Zeichnung 245 00 011	Porsche Zeichnung 245 00 010
Maybach »HL 120 TRM« – 2 Stück	Daimler-Benz »MB 509«	Maybach »HL 116« – Quereinbau	Porsche »101« – Quereinbau
12, V Form 60°	12, V Form 60°	6, Reihe	10, V Form 72°
105 x 115	162 x 180	125 x 150	115 x 145
11867	44500	11045	15060
6,2–6,5 : 1	5,9 : 1 links – 6,1 : 1 rechts	6,5 : 1	5,9 : 1
2600	2300	2600/3300	2350/2500
265, zusammen 530	1080	250	350
hängend	hängend	hängend	hängend
7 Rollen-	7 Gleit-	8 Gleit-	6 Gleit-
2 Solex 40 JFF II	1 Bosch Benzineinspritzp. PZ 12	2 Solex 40 JFF II	1 Solex 50 JFF II
1-12-5-8-3-10-6-7-2-11-4-9	1-11-2-9-4-7-6-8-5-10-3-12	1-5-3-6-2-4	1-8-3-10-5-9-4-7-2-6
Bosch BNG 4/24	Riedel ALM Gerät Nr. 9-7033 A	Bosch BNG 4/24	Bosch AL/SED
Bosch GQL 300/12-900	2 Bosch LX 2000/12-5800	Bosch GQL 300/12-900	Bosch
4/12/120	4/24/	2/12/105	2/12/105
Pumpen	Ehrich & Graetz ZD 1000 B	Pumpe	Pumpen
Wasser	Wasser	Wasser	Luft, Gebläse
ohne, benzin-elektrisch	ohne, benzin-elektrisch	hydraulisch	hydraulisch
Porsche/Siemens	SSW LK 1000/12-2000	Voith Drehmomentwandler	Voith Drehmomentwandler
3/3	2/2	3/1	3/1
hinten	hinten	hinten	hinten
1 : 16,75	1 : 25,44/Berg 1 : 48,68	1 :	1 :
20	20	58	65
150/90	186/68, ohne Zusatztanks 42		240/150
Porsche/Siemens	Porsche/Siemens	hydraulisch	hydraulisch
2,15	Stelle	Stelle	Stelle
Drehstäbe, längs	Kegelstumpffedern (Škoda)	Kegelstumpffedern	Kegelstumpffedern
Schmierbatterien und Hochdruck	Schmierbatterien und Hochdruck	Hochdruck	Hochdruck
Porsche/Siemens	Südd. Arguswerke	Südd. Arguswerke	Südd. Arguswerke
Druckluft/elektrisch	hydraulisch	hydr.	hydr.
Innenbacken	Scheiben	Scheiben	Scheiben
Antrieb	Antrieb	Antrieb	Antrieb
Stahllaufräder	Lauf- und Stützrollen	Scheibenräder	Scheibenräder
794 mm	550 mm		
2680	2335	2350	2330
4175	5880	2840	2920
640	1100	450	480
109			
Kgs 62/640/130			
480	570	400	450
8140	9034/–10085/12659–	4800	4900
3380	3670	2920	2920
2970	3630	1450	2420
1,23	1,31	0,686	0,64
65000	187998	15000	18000
6	6	2	3
1200	S=1400/G=3800		250–270 g/PS/h
540 + 540 = 1080	1600 + 1600 = 3200 + 1000 (abwerfbar)	650	650
100 + 100	200	60	60
80	180	40	40
80	160	25	25
200	240	–	40
80	200	–	40
80	200	–	40
22	30	30	40
780	720		
1000	2000/6000		1600
2640	4500		
1 8,8 cm StuK 43/1 (55)	1 12,8 cm KwK 44 (68) + 1 7,5 cm KwK 44	1 5,5 cm MK (280)	1 5,5 cm MK (350)
1 MG 34 (lose) (600)	1 MG 151/20	1 MG 42	1 MG 42

Bezeichnung des Fahrzeuges	Sturmgeschütz 27 t	Panzerkampfwagen E. 25 (Argus) Versuchsgerät	Panzerkampfwagen E. 100 (Adler) Versuchsgerät
Ausführung			
Typ	250/255	E. 25	E. 100
Hersteller	Porsche (Entwurf)	Alkett	Henschel (Haustenbeck)
Baujahr	1944	1943–1945	1944–1945
Informationsquelle	Porsche Archiv	PB 16717 vom 28. 8. 1945	Bericht Nr. 291 vom 15. 1. 1945
Motor			
Hersteller, Typ	Porsche »250« – Quereinbau	Maybach »HL 230 P 30«	Maybach »HL 230 P 30«
Zylinderanzahl, Anordnung	12, V Form 72°	12, V Form 60°	
Bohrung/Hub (mm)	115 x 145	130 x 145	
Hubraum (ccm)	18000	23880	
Verdichtungsverhältnis	5,9–6 : 1	6,8 : 1	
Drehzahl, normal/maximal	2500	2500/3000	
Höchstleistung (PS)	500	600/700	
Ventilanordnung	hängend	hängend	
Kurbelwellenlager	7 Gleit-	7+1 Rollen-	
Vergaser	1 Bosch Benzineinspritzp. PZ 12	4 Solex 52 JFF II D	
Zündfolge	1-8-5-10-3-7-6-11-2-9-4-12	12-1-8-5-10-3-7-6-11-2-9-4	
Anlasser	Bosch AL/SED	Bosch BPD 6/24	
Lichtmaschine	Bosch	Bosch GULN 1000/12-1000	
Batterie: Anzahl/Volt/Ah	2/12/105	2/12/150	
Kraftstofförderung	Pumpen	2 Doppelpumpen	
Kühlung	Luft, Gebläse	Wasser	
Kupplung	hydraulisch	hydraulisch	Mehrscheiben, naß
Getriebe	Voith Drehmomentwandler	Planeten-	Maybach OLVAR »B 401216«
Anzahl der Gänge V/R	3/1	8/8	8/4
Kettenantriebsräder	hinten	hinten	vorne
Vorgelegeübersetzung	1 :	1 :	1 : 333,3
Höchstgeschwindigkeit (km/h)	60	65	23
Fahrbereich Straße/Gelände	250	450/225	120
Art der Lenkung	hydr. Überlagerung	hydrostatische Überlagerung	HS »L 801« Zweiradien-
Wendekreis ∅ (m)	Stelle	Stelle	Stelle
Federung	Drehstäbe, später Kegelstumpf-	Tellerfedern (MAN)	Tellerfedern (MAN)
Fahrgestellschmiersystem	Hochdruck	Hochdruck	Schmierbatterien und Hochdruck
Bremsanlage Hersteller	Südd. Arguswerke	Südd. Arguswerke	Südd. Arguswerke
Wirkungsweise	hydr.	mechanisch (hydr. unterstützt)	mechanisch
Bremsart	Scheiben	Scheiben	Scheiben
Bremssystem wirkt auf	Antrieb	Antrieb	Antrieb
Art des Laufwerkes	Scheibenräder	Staffellaufwerk	Staffellaufwerk
Größe der Laufrollen		860/100 D	800 mm
Spurweite (mm)	2520	2610	3175
Kettenauflagelänge (mm)		2660	4900
Kettenbreite (mm)	480	660	1000/530 Verladekette
Anzahl der Glieder pro Kette			
Kettentyp			
Bodenfreiheit (mm)	500	500	570
Länge über alles (mm)	4900		8690 (ohne Turm)
Breite über alles (mm)	3100	3270	4480
Höhe über alles (mm)	1500		3320
Bodendruck (kp/cm²)	0,65	0,7	1,43
Gefechtsgewicht (kp)	27100	26300	140000
Besatzung	4 (bei vollautom. Bewaffnung 3)	4	6
Kraftstoffverbrauch (l/100 km)		350	1000
Kraftstoffvorrat (l)		600	1200
Panzerung Wanne vorne (mm)	120		200
seitlich (mm)	45		120
hinten (mm)	30		150
Turm vorne (mm)	–	–	240
seitlich (mm)	–	–	200
hinten (mm)	–	–	200
Leistungen steigt (°)	30		30
klettert (mm)	600		
watet (mm)	1300		
überschreitet (mm)	2450		
Bewaffnung Haupt-	1 10,5 cm MK (50) + 1 3 cm MK	1 7,5 cm Pak 39 L/48 bzw. L/70	1 17,4 cm KwK bzw. 15 cm KwK*
Neben-		1 2 cm Flak	1–2 MG 42
Bemerkung			*endgültig 12,8 cm KwK

Kraftwagen 19 als Geschützkraftwagen oder Zugkraftwagen (Sd. Kfz. 1)	Flakpanzer für schwere Flak auf Sonderfahrgestell	leichte Feldhaubitze 18/2 auf Fgst. PzKpfwg. II (Sf) (Sd. Kfz. 124) »Wespe«	leichte Feldhaubitze 18/1 (Sf)/ Geschützwagen IV b (Sd. Kfz. 165/1)
KW 19	VFW	LaS 100/Gw II	Gw IV b
Daimler	Krupp	Famo/Ursus	Krupp-Gruson
1918/1919–1930	1942–1944	1942–1944	1942
Daimler-Benz Beschreibung Nr. 8241	Handbuch WaA, Blatt D 50	Handbuch WaA, Blatt G 365	Handbuch WaA, Blatt G 361
Daimler »M 1574«	Maybach »HL 90«	Maybach »HL 62 TRM«	Maybach »HL 66 P«
4, Reihe	12, V Form 60°	6, Reihe	6, Reihe
150 x 170	100 x 106	105 x 120	105 x 130
12020	9990	6191	6754
4,5 : 1	6,5 : 1	6,5 : 1	6,7 : 1
1200	3600	2600	3200
100	360	140	180
E = hängend/A = stehend	hängend	hängend	hängend
3 Gleit-	7 Gleit-	8 Gleit-	8 Gleit-
1 Mercedes Kolben-	2 Solex 50 JFF II	1 Solex 40 JFF II	2 Solex 40 JFF II
1-3-4-2	1-12-5-8-3-10-6-7-2-11-4-9	1-5-3-6-2-4	1-5-3-6-2-4
Bosch R 2 a	Bosch BNG 4/24	Bosch BNG 2,5/12	Bosch BNG 2,5/12
Bosch D 4 130 W	Bosch GTLN 600/12	Bosch GTLN 600/12-1500	Bosch RKCK 130/12-825
1/12	4/12/105	1/12/120	2/12/105
Druckluft	Pumpen	Pallaspumpe Nr. 62601	Pumpen
Wasser	Wasser	Wasser	Wasser
Doppelkonus-	Dreischeiben, tr.	Zweischeiben, tr. F&S K 230 K	Dreischeiben, tr.
Daimler Spezialschub-	ZF »SSG 77« Aphon-	ZF »SSG 46« Aphon-	ZF »SSG 76« Aphon-
4/1 x 2	6/1	6/1	6/1
Allradantrieb	vorne	vorne	vorne
1 :	1 :	1 :	1 :
35	35	40	45
230/150		140/95	240/130
Schraubenspindel-	Krupp/Wilson Kupplungs-	MAN/Wilson Kupplungs-	Krupp/Wilson Kupplungs-
12,6		4,8	5,92
Halbfedern, längs	Drehstäbe, quer	Blattfedern, längs	Viertelfedern, längs
Zentral	Hochdruck	Hochdruck	Hochdruck
Daimler	Krupp	MAN/Famo	Krupp
mechanisch	mechanisch	mechanisch	mechanisch
Außenbacken auf Getriebe	Außenband	Außenband	Außenband
Innenbacken auf Hinterräder	Antrieb	Antrieb	Antrieb
Holzspeichen	Schrittlaufwerk	Lauf- und Stützrollen	Lauf- und Stützrollen
1130 x 180, hinten doppelt*		550 x 100 – 55	520 x 95
1670/1676	2480	1880	2450
Radstand 3750	3844	2400	2500
–	520	300	400
–			81
–			Kgs 61/400/120
400	400	340	400
6700	7000	4810	5900
2200	3000	2280	2870
3000	2800	2300	2250
–	0,6	0,76	0,73
11250	26000	11480	17000
1+8	10	5	5
S = 100/G = 150	S = 160/G = 300	S = 90/G = 135	S = 170/G = 315
200		200	410
–	10–50, später 10–80	18	20
–	–	15	14,5
–		15	14,5
–		10 rundum	20
–		–	14,5
–		–	14,5
25%		30	30
250		420	600
700		800	800
		1700	2100
1 7,7 cm BAK	1 8,8 cm Flak 37 (später Flak 4)	1 10,5 cm leFH 18/2 (32)	1 10,5 cm leFH 18/1 (60)

*Bereifung

<table>
<tr><th>Bezeichnung des Fahrzeuges</th><th>8,8 cm Pak 43/1 auf Fgst. PzKpfwg. III/IV (Sf) »Nashorn« (Sd. Kfz. 164)</th><th>15 cm Pz. Haub. 18/1 auf Fgst. Pz. Kpfwg. III/IV (Sf) »Hummel« (Sd.Kfz.165)</th><th>leichte Feldhaubitze 43 (Sfl) »Heuschrecke 10/Grille 10«</th></tr>
<tr><td>Ausführung</td><td></td><td></td><td></td></tr>
<tr><td>Typ</td><td>Gw III/IW</td><td>Gw III/IV</td><td>BW</td></tr>
<tr><td>Hersteller</td><td>Deutsche Eisenwerke</td><td>Deutsche Eisenwerke</td><td>Krupp</td></tr>
<tr><td>Baujahr</td><td>1942–1945</td><td>1942–1945</td><td>1942–1943</td></tr>
<tr><td>Informationsquelle</td><td>D 653/42 vom 15. 10. 1943</td><td>D 653/42 vom 15. 10. 1943</td><td>Bericht Nr. 1269/43 g vom 22. 2. 1943</td></tr>
<tr><td>Motor</td><td colspan="2"></td><td></td></tr>
<tr><td>Hersteller, Typ</td><td colspan="2">Maybach »HL 120 TRM« Ausf. A</td><td>Maybach »HL 90/100«</td></tr>
<tr><td>Zylinderanzahl, Anordnung</td><td colspan="2">12, V Form 60°</td><td>12, V Form 60°</td></tr>
<tr><td>Bohrung/Hub (mm)</td><td colspan="2">105 x 115</td><td>100 x 106</td></tr>
<tr><td>Hubraum (ccm)</td><td colspan="2">11867</td><td>9990</td></tr>
<tr><td>Verdichtungsverhältnis</td><td colspan="2">6,2–6,5 : 1</td><td>6,5 : 1</td></tr>
<tr><td>Drehzahl, normal/maximal</td><td colspan="2">2600/3000</td><td>4000</td></tr>
<tr><td>Höchstleistung (PS)</td><td colspan="2">265/300</td><td>400</td></tr>
<tr><td>Ventilanordnung</td><td colspan="2">hängend</td><td>hängend</td></tr>
<tr><td>Kurbelwellenlager</td><td colspan="2">7 Rollen-</td><td>7 Gleit-</td></tr>
<tr><td>Vergaser</td><td colspan="2">2 Solex 40 JFF II</td><td>2 Solex 40 JFF II</td></tr>
<tr><td>Zündfolge</td><td colspan="2">1-12-5-8-3-10-6-7-2-11-4-9</td><td></td></tr>
<tr><td>Anlasser</td><td colspan="2">Bosch BNG 4/24</td><td></td></tr>
<tr><td>Lichtmaschine</td><td colspan="2">Bosch GTLN 600/12-1500</td><td></td></tr>
<tr><td>Batterie: Anzahl/Volt/Ah</td><td colspan="2">2/12/105</td><td></td></tr>
<tr><td>Kraftstofförderung</td><td colspan="2">2 mech. und 1 elektrische Pumpen</td><td></td></tr>
<tr><td>Kühlung</td><td colspan="2">Wasser</td><td></td></tr>
<tr><td>Kupplung</td><td colspan="2">Dreischeiben, tr. F&S La 120/HDA</td><td></td></tr>
<tr><td>Getriebe</td><td colspan="2">ZF »SSG 77« Aphon</td><td></td></tr>
<tr><td>Anzahl der Gänge V/R</td><td colspan="2">6/1</td><td></td></tr>
<tr><td>Kettenantriebsräder</td><td colspan="2">vorne</td><td></td></tr>
<tr><td>Vorgelegeübersetzung</td><td colspan="2">1 : 4</td><td></td></tr>
<tr><td>Höchstgeschwindigkeit (km/h)</td><td>40</td><td>42</td><td>S = 45/G = 30</td></tr>
<tr><td>Fahrbereich Straße/Gelände</td><td>260/130</td><td>215/130</td><td>300/150</td></tr>
<tr><td>Art der Lenkung</td><td colspan="2">Daimler-Benz/Wilson Kupplungs-</td><td></td></tr>
<tr><td>Wendekreis ∅ (m)</td><td colspan="2">5,92</td><td></td></tr>
<tr><td>Federung</td><td colspan="2">Viertelfedern, längs in Doppelaufhängung</td><td></td></tr>
<tr><td>Fahrgestellschmiersystem</td><td colspan="2">Hochdruck</td><td></td></tr>
<tr><td>Bremsanlage Hersteller</td><td colspan="2">Daimler-Benz</td><td></td></tr>
<tr><td>Wirkungsweise</td><td colspan="2">mechanisch</td><td></td></tr>
<tr><td>Bremsart</td><td colspan="2">Innenbacken</td><td></td></tr>
<tr><td>Bremssystem wirkt auf</td><td colspan="2">Antrieb</td><td></td></tr>
<tr><td>Art des Laufwerkes</td><td colspan="2">Lauf- und Stützrollen</td><td></td></tr>
<tr><td>Größe der Laufrollen</td><td colspan="2">470 x 90 – 359</td><td></td></tr>
<tr><td>Spurweite (mm)</td><td colspan="2">2450</td><td></td></tr>
<tr><td>Kettenauflagelänge (mm)</td><td colspan="2">3800 (ohne Eindrückung)</td><td>3517</td></tr>
<tr><td>Kettenbreite (mm)</td><td colspan="2">400</td><td></td></tr>
<tr><td>Anzahl der Glieder pro Kette</td><td colspan="2">104</td><td>108</td></tr>
<tr><td>Kettentyp</td><td colspan="2">Kgs 61/400/120</td><td></td></tr>
<tr><td>Bodenfreiheit (mm)</td><td colspan="2">400</td><td></td></tr>
<tr><td>Länge über alles (mm)</td><td>8440</td><td>7170</td><td>6000/Grille 10 6730</td></tr>
<tr><td>Breite über alles (mm)</td><td>2950/mit Ostkette 3176</td><td>2970/mit Ostkette 3260</td><td>3000/Grille 10 2900</td></tr>
<tr><td>Höhe über alles (mm)</td><td>2940</td><td>2810</td><td>3000/Grille 10 2610</td></tr>
<tr><td>Bodendruck (kp/cm^2)</td><td>0,85</td><td>0,85</td><td>0,72/Grille 10 0,89</td></tr>
<tr><td>Gefechtsgewicht (kp)</td><td>24000</td><td>23458</td><td>23000/Grille 10 25000</td></tr>
<tr><td>Besatzung</td><td>4–5</td><td>6</td><td>5</td></tr>
<tr><td>Kraftstoffverbrauch (l/100 km)</td><td colspan="2">S = 300/G = 430</td><td>S = 160/G = 300</td></tr>
<tr><td>Kraftstoffvorrat (l)</td><td colspan="2">470 (2 Behälter)</td><td>500</td></tr>
<tr><td>Panzerung Wanne vorne (mm)</td><td>30</td><td>20</td><td>30</td></tr>
<tr><td>seitlich (mm)</td><td>20</td><td>20</td><td>16</td></tr>
<tr><td>hinten (mm)</td><td>20</td><td>20</td><td>16</td></tr>
<tr><td>Turm vorne (mm)</td><td>10</td><td>10</td><td>30</td></tr>
<tr><td>seitlich (mm)</td><td>10</td><td>10</td><td>16</td></tr>
<tr><td>hinten (mm)</td><td>10</td><td>10</td><td>16</td></tr>
<tr><td>Leistungen steigt (°)</td><td>30</td><td>30</td><td>30</td></tr>
<tr><td>klettert (mm)</td><td>600</td><td>600</td><td>750</td></tr>
<tr><td>watet (mm)</td><td>800</td><td>1000</td><td>1400</td></tr>
<tr><td>überschreitet (mm)</td><td>2300</td><td>2300</td><td>2300</td></tr>
<tr><td>Bewaffnung Haupt-</td><td>1 8,8 cm Pak 43/1 (40)</td><td>1 15 cm sFH 18(M) (18)</td><td>1 10,5 cm leFH 43 (60)</td></tr>
<tr><td>Neben-</td><td>1 MG 34 (lose) (600)</td><td></td><td></td></tr>
<tr><td>Bemerkung</td><td></td><td></td><td></td></tr>
</table>

WKH Gerät 040/041 »Karl-Mörser«	leichter Waffenträger	Einheitswaffenträger
Gerät 040/041	I	II
Rheinmetall-Borsig	Ardelt	Ardelt
1940–1944	1944–1945	1944–1945
Rheinmetall Beschreibung	Krupp Zeichnung 4 U 23659	Krupp Zeichnung 4 U 23656
Daimler-Benz »MB 503«	Praga »EPA«	Tatra »TD 103 P«
12, V Form 60°	6, Reihe	12, V Form
162 x 180	110 x 136	110 x 130
44500	7750	14825
7,3 : 1 links/7,5 : 1 rechts	6,2 : 1	16,5 : 1
1850	2200	2250
580	125	207
hängend	hängend	hängend
7 Gleit-	7 Gleit-	7 Gleit-
1 Bosch Benzineinspritzp. PZ 12	1 Solex 48 FNVP	2 Bosch PE 6 Dieseleinspritzp.
1-11-2-9-4-7-6-8-5-10-3-12	1-5-3-6-2-4	1-8-5-10-3-7-6-11-2-9-4-12
Riedel ALM Gerät Nr. 9-7033 A	Bosch BPD 3/12	Bosch BPD 6/24
Bosch LX 2000/12-5800	Bosch GQLN 300/12	Bosch RKCK 300/12-1400
2/12/120	1/12/100	2/12/150
Pumpen	Pumpen	Pumpen
Wasser	Wasser	Luft, 2 Gebläse
Ardelt bzw. Voith hydraulisch	Scheiben, tr.	Mehrscheiben, tr.
3 Schaltgetriebe	Praga-Wilson Umlauf-	ZF Aphon
4/1	5/1	6/1
hinten	vorne	vorne
1 :	1 : 6,33	1 :
10	20	20
	150	200
hydraulisch	Praga/Wilson Kupplungs-	Krupp/Wilson Kupplungs-
Drehstäbe, quer (abschaltbar)	Blattfedern, längs	
Zentral und Hochdruck	Hochdruck	
Rheinmetall-Borsig	Praga	
mechanisch	mechanisch	
Backen	Band	
Antrieb	Antrieb	
Lauf- und Stützrollen	Lauf- und Stützrollen	
	775 mm	
2650	2700	
7000	3100	4400
500	460	460
350	450	450
11150/Gerät 041 11370	6350	6500
3160	3160	3160
4780	2250	2350
1,77		
124000/Gerät 041 126350	14000	17800
2+	4–5	4–5
	125	
1200		
ohne	20	20
–	10	10
–		
–		
–		
–		
1 60 cm Karl Mörser L/8,44	10,5 cm leFH/8,8 cm Pak/3,7 cm Flak	15 cm sFH/12,8 cm K 81
1 54 cm Karl Mörser (Gerät 041)		

Literaturverzeichnis

Erwin Aders
Memoiren (unveröffentlicht)

Willi A. Boelcke
Deutschlands Rüstung im Zweiten Weltkrieg

Otto Carius
Tiger im Schlamm

Peter Chamberlain und Chris Ellis
Profile: Panzerkampfwagen VI Tiger 1 (H)

Duncan Crow und Robert J. Icks
Encyclopedia of Tanks

Uwe Feist
Tigers in Action

Will Fey
Panzer im Brennpunkt der Fronten

Heinz Guderian
Erinnerungen eines Soldaten

Franz Halder
Kriegstagebuch

Robert J. Icks
Tanks and armored vehicles

Janusz Magnuski
Wozy Bojowe

Oskar Munzel
Die deutschen gepanzerten Truppen bis 1945

F. W. von Mellenthin
Panzer Battles

Walther K. Nehring
Die Geschichte der deutschen Panzerwaffe 1916–1945

R. M. Ogorkiewicz
Armour

Werner Oswald
Kraftfahrzeuge und Panzer der Reichswehr, Wehrmacht und Bundeswehr

Norbert Schausberger
Rüstung in Österreich 1939–1945

H. Scheibert und C. Wagener
Die deutsche Panzertruppe 1939–1945

F. M. von Senger und Etterlin
Die deutschen Panzer 1926–1945

Walter J. Spielberger – Uwe Feist
Panzerkampfwagen VI Tiger I and II Königstiger

Walter J. Spielberger
Der Panzerkampfwagen VI and its variations

Walter J. Spielberger
Profile: Panzerjäger Tiger (P) Elefant

Walter J. Spielberger
Die Kraftfahrzeuge und Panzer des österreichischen Heeres

Rolf Stoves
Die 1. Panzerdivision

Tiger-Fibel
Generalinspekteur der Panzertruppen 1. 8. 1943
(Dienstvorschrift D 656/27)

Erläuterungen der gebräuchlichen Abkürzungen

a/A	alte Art, alte Ausführung
A (2)	Infanterieabteilung des Kriegsministeriums
A (4)	Feldartillerieabteilung des Kriegsministeriums
A (5)	Fußartillerieabteilung des Kriegsministeriums
A 7 V	Verkehrsabteilung des Kriegsministeriums
AD (2)	Allgemeines Kriegsdepartment, Abteilung 2 (Infanterie)
AD (4)	Allgemeines Kriegsdepartment, Abteilung 4 (Feldartillerie)
AD (5)	Allgemeines Kriegsdepartment, Abteilung 5 (Fußartillerie)
AHA/Ag K	Allgemeines Heeresamt, Amtsgruppe Kraftfahrwesen
AK	Artillerie-Konstruktionsbüro
AKK	Armeekraftwagenkolonne
ALkW	Armee-Lastkraftwagen
ALZ	Armee-Lastzug
AOK	Armee-Oberkommando
APK	Artillerieprüfungskommission
ARW	Achtradwagen
A-Typen	mit Allradantrieb (Schell-Typ)
BAK	Ballon-Abwehr-Kanone
Bekraft	Betriebsstoffabteilung des Feldkraftfahrwesens
BMW	Bayerische Motoren Werke
Chefkraft	Chef des Feldkraftfahrwesens
(DB)	Daimler-Benz
DMG	Daimler-Motoren-Gesellschaft
Dtschr. Krprz.	Deutscher Kronprinz
E-Fahrgestell	Einheitsfahrgestell
E-Pkw	Einheits-Personenkraftwagen
E-Lkw	Einheits-Lastkraftwagen
Fa	Feldartillerie
FAMO	Fahrzeug- und Motorenbau GmbH
Fgst	Fahrgestell
FF-Kabel	Feldfernkabel
FH	Feldhaubitze
FK	Feldkanone
Flak	Flugabwehrkanone
F. T.	Funk/Telegraph
Fu	Funk
Fu Ger	Funkgerät
Fu Spr Ger	Funksprechgerät
g	geheim
Gen. St. d. H.	Generalstab des Heeres
Gengas	Generatorgas
G. I. d. MV	Generalinspektion des Militärverkehrswesens
g. Kdos	geheime Kommandosache
gp	gepanzert
g RS	geheime Reichssache
gl	geländegängig
GPD	Gewehrprüfungskommission
Gw	Geschützwagen
(H)	Heckmotoranordnung
Hanomag	Hannoversche Maschinenbau AG
HK	Halbkette, Halbkettenfahrzeug
H Techn. V Bl	Heerestechnisches Verordnungsblatt
HWA	Heereswaffenamt
I. D.	Infanteriedivision
I. G.	Infanteriegeschütz
In.	Inspektion
In. 6	Inspektion des Kraftfahrwesens
Ikraft	Inspektion des Feldkraftfahrwesens
ILuk	Inspektion des Luft- und Kraftfahrwesens
K	Kanone
KD	Krupp-Daimler
K. D.	Kavaileriedivision
KdF	Kraft durch Freude (NS-Organisation)
K. d. K.	Kommandeur der Kraftfahrtruppen
K. Flak	Kraftwagen-Flugabwehrkanone
Kfz.	Kraftfahrzeug
K	klein, -ner, kleines
KM	Kriegsministerium
KP	Kraftprotze
(Kp)	Krupp
Kogenluft	Kommandierender General der Luftstreitkräfte
Krad	Kraftrad
Kr. Zgm.	Kraftzugmaschine
KS	Kraftspritze
Kw	Kraftwagen, auch Kampfwagen
KrKW	Krankenkraftwagen
KOM	Kraftomnibus
KwK	Kampfwagenkanone
l	leicht
L/	Kaliberlänge
le	leicht
le FH	leichte Feldhaubitze
le FK	leichte Feldkanone
l. F. H.	leichte Feldhaubitze
le. I. G.	leichtes Infanteriegeschütz
le. W. S.	leichter Wehrmachtsschlepper
LHB	Linke-Hoffman-Busch
l. I. G.	leichtes Infanteriegeschütz
Lkw	Lastkraftwagen
LWS	Land-Wasser-Schlepper
m	mittel, mittlerer
MAN	Maschinenfabrik Augsburg-Nürnberg AG
MG	Maschinengewehr
MP	Maschinenpistole
MTW	Mannschaftstransportwagen
Mun.Pz	Munitionspanzer
n	Umdrehungen pro Minute
n/A	neue Art/neue Ausführung
NAG	Nationale Automobilgesellschaft
(o)	handelsüblich
Ob. d. H.	Oberbefehlshaber des Heeres
O. H. L.	Oberste Heeresleitung

O. K. H. Oberkommando des Heeres
O. K. W. Oberkommando der Wehrmacht
Pak Panzerabwehrkanone
P. D. Panzerdivision
Pf Pionierfahrzeug
Pakw Personenkraftwagen
Pz. F. Panzerfähre
Pz. Kpfwg. Panzerkampfwagen
Pz. Spwg. Panzerspähwagen
Pz. Jg Panzerjäger
Pz. Bef. Wg Panzerbefehlswagen
(R) Raupen
R/R Räder/Raupenantrieb
(RhB) Rheinmetall Borsig
RS Raupenschlepper
RSG Gebirgsraupenschlepper
RSO Raupenschlepper Ost (Radschlepper Ost)
RV Richtverbindung
Sankra Sanitätskraftwagen
s schwer
sFH schwere Feldhaubitze
schg. schienengängig
Schlp. Schlepper
schf. schwimmfähig
Sd. Kfz. Sonderkraftfahrzeug
Sfl. Selbstfahrlafette
Sf Selbstfahrlafette
S-Typen mit Hinterradantrieb (Schell-Typ)
SmK Spitzgeschoß mit Kern
SPW Schützenpanzerwagen
SSW-Zug Siemens-Schuckert-Werke-Zug
s. W. S. schwerer Wehrmachtsschlepper
StuG Sturmgeschütz
StuK Sturmkanone
StuH Sturmhaubitze
Tak Tankabwehrkanone
Takraft Technische Abteilung der Inspektion des Kraftfahrwesens
TF Tragefrequenz (funktechnisch)
Tp Tropenausführung
Vakraft Versuchsabteilung des Feldkraftfahrwesens (Erster Weltkrieg), Versuchsabteilung der Inspektion des Kraftfahrwesens (Reichswehr und Wehrmacht)
ve voll entstört
v/max Höchstgeschwindigkeit
V Mündungsgeschwindigkeit
VPK Verkehrstechnische Prüfungskommission
Vs. Kfz. Versuchsfahrzeug
VKz Versuchsfahrzeug
ZF Zahnradfabrik Friedrichshafen
ZRW Zahnradwagen
Zgkw Zugkraftwagen
WaPrüf/WaPrw Waffenprüfungsamt
Wumba Waffen- und Munitionsbeschaffungsamt
wg wassergängig

Faszination Panzer

Walter J. Spielberger
Hilary Louis Doyle/Thomas L Jentz

Schwere Jagdpanzer
Entwicklung – Fertigung – Einsatz

Die schweren Jagdpanzer waren wirkungsvolle Waffen und in der Lage, Gegner aus größter Entfernung auszuschalten. Dieser Band dokumentiert die Entwicklung der rollenden Festungen und stellt ihr Innenleben mit vielen Fotos vor.

204 Seiten, 197 Bilder, 70 Zeichnungen,
Format 230 x 265 mm

ISBN 978-3-613-03296-5 € 19,95

Walter J. Spielberger/Hilary Louis Doyle

Panzer VI Tiger und seine Abarten
Walter J. Spielberger und Hilary L. Doyle stellen in dieser reich bebilderten technischen Dokumentation die verschiedenen »Tiger«-Ausführungen von allen Seiten vor.

216 Seiten, 494 Bilder, 95 Zeichnungen,
Format 230 x 265 mm

ISBN 978-3-613-03164-7 € 19,95

Walter J. Spielberger/Thomas L Jentz
Hilary Louis Doyle

Panzer IV und seine Abarten
Walter J. Spielberger thematisiert in diesem Band den Panzerkampfwagen IV und seine Abarten, der von Beginn des Zweiten Weltkriegs bis zu seinem Ende durchgängig im Einsatz war.

304 Seiten, 241 Bilder, 230 Zeichnungen,
Format 230 x 265 mm

ISBN 978-3-613-03231-6 € 19,95

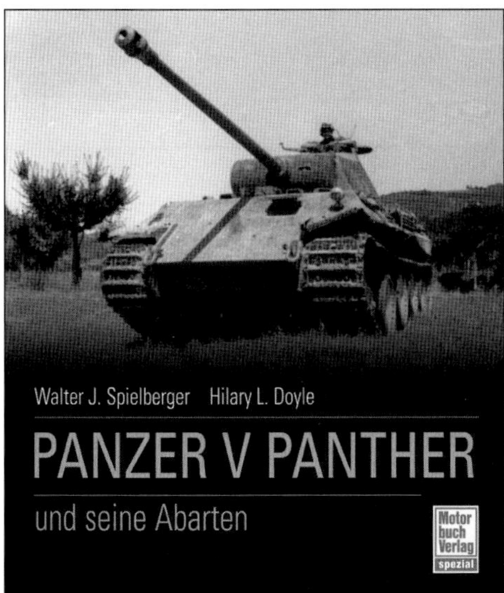

Walter J. Spielberger/Hilary Louis Doyle

Panzer V Panther und seine Abarten
Die Entstehung und der Weg des Panther und seiner Abarten werden in diesem Buch wissenschaftlich untermauert und dokumentiert.

280 Seiten, 373 Bilder, 207 Zeichnungen,
Format 230 x 265 mm

ISBN 978-3-613-03165-4 € 19,95

IHR VERLAG FÜR PANZER-BÜCHER
Postfach 10 37 43 · 70032 Stuttgart
Telefon: 01805/00 41 55*; Fax: 01805/959 729*
www.motorbuch.de
*0,14 €/Min. aus dem dt. Festnetz, max 0,42 € pro Minute aus Mobilfunknetzen

Motor buch Verlag

Stand Juni 2011
Änderungen in Preis und Lieferfähigkeit vorbehalten